普通高等院校“十四五”规划化学专业特色教材
普通高等院校化学实验类精品教材

化学实验室安全与防护

主　编　张艳波　陈飞飞
副主编　涂　超　李永强　蔡永双
　　　　余振国　罗梦婷　王　权
编　者　刘　磊　张圣祖　张　然
　　　　倪丽杰　路　婧

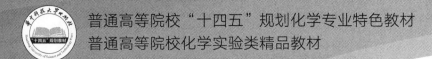

華中科技大學出版社
http://press.hust.edu.cn
中国·武汉

内 容 简 介

为了进一步加强高校实验室安全工作，有效防范和消除安全隐患，最大限度减少实验室安全事故，保障校园安全、师生生命安全和学校财产安全，根据《中华人民共和国安全生产法》《中华人民共和国消防法》《生产安全事故报告和调查处理条例》等国家法律法规，结合高校实际情况，我们编写了本书。本书共分8章，从实验室安全、化学品安全、化学反应安全、实验室废弃物处置、化学仪器安全使用和实验室事故与应急等方面介绍了化学实验室安全与操作规范及风险管理与防范的知识。

本书内容简明、实用，通俗易懂，既讲理论和规范，又介绍相关案例，虚实结合，突出重点和细节，有很强的针对性和可操作性。

本书可作为化学相关专业学生安全培训的教材，也可作为化学实验室研究人员、管理人员、工作人员的参考书。

图书在版编目(CIP)数据

化学实验室安全与防护/张艳波，陈飞飞主编. —武汉：华中科技大学出版社，2023.8
ISBN 978-7-5680-9728-4

Ⅰ.①化…　Ⅱ.①张…　②陈…　Ⅲ.① 化学实验-实验室管理-安全管理　Ⅳ.①O6-37

中国国家版本馆 CIP 数据核字(2023)第 131296 号

化学实验室安全与防护
Huaxue Shiyanshi Anquan yu Fanghu

张艳波　陈飞飞　主编

策划编辑：王汉江
责任编辑：刘艳花
封面设计：廖亚萍
责任校对：谢　源
责任监印：周治超

出版发行：华中科技大学出版社(中国·武汉)　电话：(027)81321913
武汉市东湖新技术开发区华工科技园　邮编：430223

录　排：武汉楚海文化传播有限公司
印　刷：武汉洪林印务有限公司
开　本：787mm×1092mm　1/16
印　张：17.5
字　数：404 千字
版　次：2023 年 8 月第 1 版第 1 次印刷
定　价：49.80 元

PREFACE

前言

高校化学实验室具有危险化学品种类多，且常用到高温、高压等特种设备的特点，近年来国内外化学实验室发生重大安全事故的案例屡见不鲜，安全问题日益突出。对高校化学实验室安全事故进行归纳、分析可知，化学实验室发生安全事故的主要原因有：①高校师生对化学实验室危险源的认识不足，只有科学、系统、全面地辨识和分析危险源，才能实现危险源控制以及减少安全事故的发生；②实验室安全管理缺失，部分化学实验室缺少明确的安全管理制度；③师生的安全意识普遍不强，化学实验室安全文化建设任重道远。

本书系统地介绍了高校化学实验室常见危险源辨识和实验规范操作，以期进一步增强广大师生的安全意识，使学生们掌握化学安全基础知识、具备必要的安全防护能力；本书对化学实验室中危险化学品和化学实验废弃物的安全管理制度及处置流程等进行了详细介绍，可以为高校化学实验室的管理人员提供参考依据。

本书由武汉纺织大学化学与化工学院的教师共同编写而成，分工如下：第 1 章由张艳波、王权编写；第 2 章由余振国、张艳波编写；第 3 章由涂超编写；第 4 章由李永强编写；第 5 章由余振国编写；第 6 章由蔡永双编写；第 7 章由罗梦婷编写；第 8 章由罗梦婷、余振国编写。全书由张艳波和陈飞飞统稿。

本书受到了武汉纺织大学教育教学项目建设经费的资助，同时引用了大量相关资料，在此一并表示感谢。

由于化学实验室安全涉及面广、专业性强，加之编者的水平和时间有限，书中疏漏、错误之处在所难免，敬请读者批评指正。

编　者

2023 年 6 月

CONTENTS

目录

第1章

实验室安全概述

实验室是高等学校进行教学实践和开展科学研究的重要基地，也是学校对学生全面实施综合素质教育，培养学生实验技能、知识创新和科技创新能力的必备场所。实验室安全是高等学校实验室建设与管理的重要组成部分。它关系到学校实验教学和科学研究能否顺利开展、国家财产能否免受损失、师生员工的人身安全能否得到保障，对高校乃至全社会的安全和稳定都至关重要。近年来，实验室安全事故引发人员伤亡和财产损失的事件时有发生，为人们敲响了警钟，使人们不得不对实验室安全予以高度的关注和重视。事实证明，各类安全事故的发生，往往有多种多样直接和间接的原因，而其中人们对安全问题的意识是决定性因素。如果广大师生在思想上高度重视安全问题，行动上就会变被动为主动，通过认真学习安全知识、提高应急救援能力，将安全防范落实到日常工作之中，势必能够减少安全隐患，为创建平安、绿色、生态、和谐的校园打下坚实的基础。

1.1 高校化学实验室的现状

实验室是高等学校进行教学和研究的重要基地，也是新形势下培养高素质人才和高水平成果的重要场所，就像我们国家著名物理学家冯瑞院士所说，"实验室是现代大学的心脏"。随着我国高校对外开放力度的加大和学校内部管理体制改革的深入，高校实验室使用频繁，人员集中且流动性大，加之种类繁多的化学药品、易燃易爆物品、剧毒物品和大量的仪器设备及其技术资料都存放在实验室，这就更容易造成实验室安全事故。实验室事故的发生，不仅会造成人员伤亡和财产损失，也会造成严重的环境污染。这些问题的不断出现让人们深刻意识到实验室安全的重要性。因此，重视实验室安全，保障实验者的人身安全、实验室财产安全，防止环境污染在当前显得尤为重要。

常见实验室安全问题表现在以下几个方面。

(1)进入实验室的教师和学生的人身安全问题。很多学生和老师的安全意识不强，进入实验室的时候，没有按照规范操作，实验室的管理不到位，学生的安全意识不高，存在许多的安全隐患，实验室的易燃易爆物品又非常多，这些隐患很容易就引发了安全事故。

(2)实验室的设备管理问题。实验室的管理不到位，近年来实验室有许多高端器材出现，大量的硬件没有做到好的管理，设备损坏率较高。这些设备损坏除了对学生的学习和科研影响之外，还存在安全隐患。

(3)安全管理制度不完善。各高校在实验室的建设阶段投入大量的人力、物力和财力，但是到了后期的运行中，对实验室的管理工作不够重视，多数仅限于让实验室能用就行，对实验室的安全管理工作不重视，缺乏系统的安全管理规章制度，甚至沿用过去的老规章制度，很多规章制度停留在过去的水平上，没有与时俱进。

(4)主观意识的问题。许多学生和教师在实验室的安全问题上抱有侥幸心理，对实验中的安全问题重视不够，做实验时，经常会出现不按实验操作流程进行操作的现象，极易引起安全事故，轻则毁坏实验设备，重则伤人害己。这些问题有的不会对学生的安全有影响，有的会对学生的安全造成很大的影响。

1.2 化学实验室常见事故及原因

化学实验室常见的事故包括燃烧、爆炸、中毒、触电、玻璃和机械割伤、化学灼伤(皮肤、眼睛)、冻伤、烫伤、窒息、严重环境污染等。引发事故发生的因素有很多，原因也各不相同。

1.2.1 化学实验室常见危险品

化学实验室事故很多源于室内易燃易爆品、毒害品、腐蚀品等危险品，化学实验室常见危险品有以下几类。

1. 爆炸品

爆炸品具有猛烈的爆炸性。当受到高热摩擦、撞击、振动等外来因素的作用或与其他性能相抵触的物质接触，就会发生剧烈的化学反应，产生大量的气体和高热，引起爆炸。例如，三硝基甲苯(TNT)、苦味酸、硝酸铵、叠氮化物、雷酸盐及其他超过三个硝基的有机化合物等。

2. 氧化剂

氧化剂具有强烈的氧化性，遇酸、碱、受潮、强热，或与易燃物、有机物、还原剂等性质有抵触的物质混存能发生分解，引起燃烧和爆炸。例如，碱金属和碱土金属的氯酸盐、硝酸盐、过氧化物、高氯酸及其盐、高锰酸盐、重铬酸盐、亚硝酸盐等。

3. 压缩气体和液化气体

气体压缩后贮存于耐压钢瓶内，在使用时具有危险性。钢瓶如果在太阳下暴晒或受热，当瓶内压力升高至大于容器耐压限度时，即能引起爆炸。钢瓶内气体按性质分为四类。

(1)剧毒气体，如液氯、液氨等。

(2)易燃气体，如乙炔、氢气等。

(3)助燃气体，如氧气等。

(4)不可燃气体，如氮气、氩气、氦气等。

4. 自燃物品

此类物质暴露在空气中，依靠自身的分解、氧化产生热量，使其温度升高到自燃点即能发生燃烧，如白磷等。

5. 遇水燃烧物品

此类物质遇水或在潮湿空气中能迅速分解，产生高热，并放出易燃易爆气体，引起燃烧爆炸，如钾、钠、电石等。

6. 易燃液体

这类液体极易挥发成气体，遇明火即燃烧。可燃液体以闪点作为评定液体火灾危险性的主要根据，闪点越低，危险性越大。闪点在 45 ℃以下的称为易燃液体，45 ℃以上的称为可燃液体(可燃液体不纳入危险品管理)。易燃液体根据其危险程度分为以下两种。

(1)一级易燃液体闪点在 28 ℃以下(包括 28 ℃)，如乙醚、石油醚、汽油、甲醇、乙醇、苯、甲苯、乙酸乙酯、丙酮、二硫化碳、硝基苯等。

(2)二级易燃液体闪点在 29～45 ℃(包括 45 ℃)，如煤油等。

7. 易燃固体

此类物品着火点低，如受热、遇火星、受撞击、摩擦或氧化剂作用等能引起急剧的燃烧或爆炸，同时放出大量毒害性气体，如赤磷、硫黄、萘、硝化纤维素等。

8. 毒害品

此类物品具有强烈的毒害性，少量进入人体或接触皮肤即能造成中毒甚至死亡。例如，汞和汞盐(升汞、硝酸汞等)、砷和砷化物(三氧化二砷，即砒霜)、磷和磷化物(黄磷，即白磷，误食 0.1 g 黄磷即能致死)、铅和铅盐(一氧化铅等)、氢氰酸和氰化物(HCN、NaCN、KCN)，以及氟化钠、四氯化碳、三氯甲烷等；有毒气体，如醛类、氨气、氢氟酸、二氧化硫、三氧化硫和铬酸等。

9. 腐蚀性物品

此类物品具有强腐蚀性，与人体接触引起化学烧伤。有的腐蚀物品有双重性和多重性，如苯酚既有腐蚀性，还有毒性和燃烧性。腐蚀物品有硫酸、盐酸、硝酸、氢氟酸、氟酸、冰乙酸、甲酸、氢氧化钠、氢氧化钾、氨水、甲醛、液溴等。

10. 致癌物质

此类物质（如多环芳香烃类、3，4-苯并芘、1，2-苯并蒽、亚硝胺类、氮芥烷化剂、α-萘胺、β-萘胺、联苯胺、芳胺，以及一些无机元素、As、Cl、Be 等）都有较明显的致癌作用，要谨防侵入体内。

11. 诱变性物品

此类物品，如溴化乙锭(EB)，具强诱变致癌性。在使用此类物品时一定要戴一次性手套，注意操作规范，不要随便触摸别的物品。

12. 放射性物品

此类物品具有反射性，人体受到过量照射或吸入放射性粉尘能引起放射病，如硝酸钍及放射性矿物独居石等。

1.2.2 化学实验室常见事故分类及引发因素

1. 燃烧

(1)人为因素：不规范操作、疲劳、倦怠、轻视、疏忽、脱岗等。例如，反应过程（尤其在连续过夜时）无人监管，因加热、油浴、失控等因素引起燃烧或其他事故。

(2)电的因素：用电设备超负荷使用导致电力线路发热，电火花、静电、超载造成电插座打火等。

(3)水的因素：化学物质遇水反应后放强热和生成易燃物，引起燃烧。

(4)压缩气体：钢瓶阀门质量差，导致易燃易爆气体泄漏；接气管道选用错误，导致漏气、产生静电。

(5)特殊易自燃物：遇空气自燃。

(6)化学作用：易燃物质受强氧化作用等。例如，对易燃易爆物品操作不慎或保管不当，使火源接触易燃物质，引起着火。

2. 爆炸

1)化学爆炸

(1)结构敏感型爆炸物：复分解爆炸物；单分解爆炸物（结构极不稳定）。该类物品（如三硝基甲苯、苦味酸、硝酸铵、叠氮化物等）受到高热摩擦、撞击、振动等外来因素的作用或与其他性能相抵触的物质接触，就会发生剧烈的化学反应，产生大量的气体和高热，引起爆炸。

（2）可燃性气体：可燃性气体在空气中的浓度达到爆炸极限，遇明火引发爆炸；低沸点有机物蒸气在空气中的浓度达到爆炸极限，遇明火引发爆炸。

（3）可燃性粉末：与空气混合后，与空气中的氧气作用所产生的瞬间轰然爆炸，如金属粉末、面粉、煤粉、纤维粉末等。

（4）强氧化剂与性质有抵触的物质混存能发生分解，引起燃烧和爆炸。

2）物理爆炸

（1）受压密闭容器：容器内物体因环境温度和压力的变化瞬间引起自身形态（固态、液态迅速变成气态）和体积的极大变化；容器的性能因受外界影响而退化；容器内物品发生化学反应，导致内部压力突然增大。

（2）由火灾事故引起仪器设备、药品等的爆炸。

3. 中毒

人为因素、环境因素：防护失当、误食、毒气泄漏、环境污染。

4. 触电

人为因素、基础设施：未进行适当防护，电气和电力线路问题，接地等保护装置问题。

5. 窒息

人为因素、对某些因素认识不足：违规在实验室睡觉，对氩气、二氧化碳等非有毒气体掉以轻心。

6. 环境污染

实验废弃物违规排放或化学品泄漏。

7. 割伤

化学反应系统搭建时玻璃破裂等。

8. 烫伤

在烧制、加工玻璃器皿时或实验后处理过程中烫伤。

9. 灼伤

腐蚀性化学物质。例如，三氟乙酸残留物接触皮肤，浓硫酸等接触皮肤，氨水溅入眼睛等。

10. 冻伤

低温物质使用、防护不当，如液氮、液氦、液氩、干冰等。

1.2.3 实验室安全事故与原因分析

案例一:中南大学实验室爆燃事故

1. 事故情况

2022 年 4 月 20 日,中南大学实验室内发生爆燃事故,该校材料科学与工程学院一博士生在事故中大面积烧伤。据爆料,伤者在做实验时由于高温金属粉末进入气管和食道,覆盖全身 80%以上的皮肤,皮肤大面积烧伤。

2. 原因分析

据报道,爆燃实验室是粉末冶金实验室,原因或与镁铝粉末爆燃有关。学院工作人员表示部分实验室不符合安全条例。本来这些实验就是非常危险的,也可能由于实验者操作不规范、安全防范意识不够高导致了意外事故的发生。

3. 教育警示

要严格规划实验室的建设,从根本上保证实验室安全,从源头上杜绝实验室安全漏洞和风险;学院及实验室负责人要加强实验室安全检查,全面排查各环节风险隐患;同时狠抓安全教育培训,不断提高广大师生安全知识水平。

案例二:南京航空航天大学实验室爆燃事故

1. 事故情况

2021 年 10 月 24 日 15 时 54 分,江苏省南京市江宁区南京航空航天大学将军路校区材料科学与技术学院材料实验室发生爆燃。这起事故造成 2 人死亡、9 人受伤。据报道,爆燃实验室所在的教学楼是一栋新楼,头一年才建好投入使用。爆燃实验室是位于三楼的粉末冶金实验室,爆燃原因或与镁铝粉末爆燃有关,镁铝粉末遇到水、氧化铜,都会迅速发热并爆炸,威力巨大。

2. 原因分析

发生爆炸的实验室内有大量镁铝粉末和丙酮,此次爆燃系学生引燃了镁铝合金。在前期燃烧爆炸时,很多学生身上着火,有人跑出实验室,有人被困在里面或爬上阳台,后明火引燃空气中挥发的丙酮,导致最后一次更剧烈的爆炸。

3. 教育警示

实验室贮存大量易燃、易爆物品和有毒化学品的安全管理至关重要,尤其要注意防水、防火、防爆炸等。要重视对实验室危险物品采购、运输、贮存、使用等各环节的管理,同时狠抓实验安全教育，以及实验过程中的安全检查。

案例三：2018 年北京交通大学实验室爆炸事故

1. 事故情况

2018 年 12 月 26 日 9 时 34 分，北京交通大学市政环境工程系学生在学校东校区 2 号楼环境工程实验室进行垃圾渗滤液污水处理科研实验期间，实验现场发生爆炸，事故造成 2 名博士研究生、1 名硕士研究生死亡，过火面积 60 余平方米。

2. 原因分析

这起事故的直接原因是在使用搅拌机对镁粉和磷酸搅拌、反应过程中，料斗内产生的氢气被搅拌机转轴处金属摩擦、碰撞产生的火花点燃爆炸，继而引发镁粉粉尘云爆炸，爆炸引起周边镁粉和其他可燃物燃烧，造成现场 3 名学生烧死。事故调查组认定，北京交通大学有关人员违规开展试验、冒险作业，违规购买、违法贮存危险化学品，对实验室和科研项目安全管理不到位。在事故发生之前，实验室存放了 30 桶镁粉、40 袋水泥（每袋 25 kg）、28 袋磷酸钠、8 桶催化剂以及 6 桶磷酸钠。

3. 教育警示

这起事故充分暴露出一些实验人员特别是项目教师安全意识淡薄，违规开展实验、冒险作业，违规购买、违规贮存危险化学品，不遵守相关法律法规、学校管理制度和实验操作规程。

（1）全方位加强实验室安全管理。完善实验室管理制度，实现分级、分类管理，加大实验室基础建设投入；明确各实验室开展试验的范围、人员及审批权限，严格落实实验室使用登记相关制度；结合实验室安全管理实际，配备具有相应专业能力和工作经验的人员负责实验室安全管理。

（2）全过程强化科研项目安全管理。健全学校科研项目安全管理各项措施，建立完备的科研项目安全风险评估体系，对科研项目涉及的安全内容进行实质性审核；对科研项目试验所需的危险化学品、仪器器材和试验场地进行备案审查，并采取必要的安全防护措施。

（3）全覆盖管控危险化学品。建立集中、统一的危险化学品全过程管理平台，加强对危险化学品购买、运输、贮存、使用管理；严控校内运输环节，坚决杜绝不具备资质的危险品运输车辆进入校园；设立符合安全条件的危险化学品贮存场所，建立危险化学品集中使用制度，严肃查处违规贮存危险化学品的行为；开展有针对性的危险化学品安全培训和应急演练。

案例四：2017 年复旦大学一实验室爆炸

1. 事故情况

2017 年 3 月 27 日傍晚，复旦大学化学西楼一实验室发生烟雾报警，同时楼内疑似发出轻微爆炸声。安保人员和院系老师第一时间赶到现场，发现一学生在实验中手部受伤，随后立即将其送医院治疗，学生无生命危险。据悉，该学生在实验处理一个约100 mL的反应釜时，反应釜发生爆炸，导致左手大面积创伤，右臂贯穿伤。

2. 原因分析

事故系高温高压反应釜爆炸所致。

3. 教育警示

仪器设备使用前，师生要认真学习相关操作技能，了解仪器设备存在的危险因素。仪器设备使用时，要严格按照操作规范进行，若不了解仪器设备的功能，切勿轻易使用。

案例五：2016 年东华大学实验室爆炸事故

1. 事故情况

2016 年 9 月 21 日上午 10 时 30 分左右，东华大学松江校区化学化工与生物工程学院 3 名研究生在进行化学实验时，现场发生爆炸。其中 2 人面部、眼部受重伤被送医救治。爆燃导致实验室学生被化学试剂（高锰酸钾等）灼伤到头部、面部和眼睛，另外还有多处被玻璃碎片划伤。

2. 原因分析

这起事故的直接原因是添加高锰酸钾的速度过快，高锰酸钾没有称量，即使称量过，也应该一点点加入，并保证均匀搅拌。另外，实验人员安全意识淡薄，不穿实验服、不戴护目镜，缺少必要的防护措施，加重了事故造成的伤害。

3. 教育警示

开展实验前，相关人员应充分了解实验原理，掌握开展实验必备的实验常识，进行实验安全风险分析和评估。实验过程中，应严格遵守操作规程，按要求穿戴实验服、防护口罩、防护手套和护目镜，做好自身安全防护。

案例六：2016 年北京化工大学实验室起火

1. 事故情况

2016 年 1 月 10 日上午 11 时许，北京化工大学一化学实验室突然起火，并伴有刺鼻气味的黑烟冒出。消防人员到达现场后，实验室工作人员已将明火扑灭，事故未造成人员伤亡。

2. 原因分析

起火系实验室内存放化学药剂的冰箱的电线老化短路引发自燃所致。

3. 教育警示

冰箱可以自动调节温度，当实际温度低于或者高于额定温度时，冰箱内开关就会自动开合、频繁跳动，特别是老旧的冰箱，容易产生电火花。很多实验室贮存实验试剂时，使用的是非专业的普通冰箱甚至是家用冰箱，这种冰箱不具备防电火花和防爆功能，再加上冰箱处于近乎封闭状态，一旦爆炸，产生的威力巨大。因此冰箱（特别是普通冰箱）内存放药品必须慎重，非低温保存药品不得存放在冰箱内，易燃试剂存放时一定要防止泄漏。

案例七：清华大学何添楼火灾爆炸事故

1. 事故情况

2015 年 12 月 18 日上午 10 时左右，清华大学化学系何添楼二层的一间实验室发生火灾爆炸事故，一名正在做实验的博士后当场死亡。根据安监部门通报，爆炸是死者在使用氢气做化学实验时发生的。

2. 原因分析

实验过程中使用的氢气瓶有泄漏，遇明火发生爆炸。

3. 教育警示

实验室气体钢瓶属于危险品，使用和贮存时应加强安全管理，在确保安全的前提下方能使用。气体钢瓶应加强日常检查，注意气瓶是否固定良好，周围是否有热源，气阀是否完好、是否漏气。使用时应对操作人员进行必要的安全技术培训，严格按照规范使用。

案例八：中国矿业大学爆炸事故

1. 事故情况

2015 年 4 月 5 日中午，中国矿业大学化工学院的一个实验室发生爆炸，爆炸造成 5 人受伤，其中 1 人抢救无效身亡。发生事故的实验室为化工学院科研工作室，当天上午，刘、向、宋三位同学先后完成与该项目和毕业设计相关的实验后，汪同学与三恒公司江某 12 时 30 分后进入实验室做实验过程中储气钢瓶发生爆炸。

2. 原因分析

发生爆炸的直接原因是违规配置试验用气，气瓶内甲烷含量达到爆炸极限，开启气瓶阀门时，气流快速流出引起摩擦热能或静电，导致瓶内气体发生爆炸；而实验人员在实验时操作不当，是事故发生的间接原因。

3. 教育警示

实验中应严格遵守实验室的各项规章制度和规定，严格遵守仪器设备的操作规程，禁止违规操作。就算在探究实验过程，也要一步一步排除存在的任何安全隐患，同时加强日常检查，进行实验总结与反思，从源头上杜绝发生危险事故。

案例九：中南大学试剂贮存不当事故

1. 事故情况

2011 年 10 月 10 日，中南大学化学化工实验室因药物储柜内的三氯氧磷、氰乙酸乙酯等化学试剂存放不当遇水自燃，引起火灾。整个四层楼楼内全部烧为灰烬，实验室的电脑和资料全部烧毁，导致火灾面积近 790 m^2，直接财产损失 42.97 万元。

2. 原因分析

实验室西侧操作台有漏水现象，未将遇水自燃试剂放置在符合安全贮存条件的场所，对遇湿易燃物品管理不严。

3. 教育警示

遇湿易燃物品的共性是遇水反应，放出可燃性气体，易发生爆炸，有以下几类物质：①活泼金属，如钾、钠、锂等及其氢化物；②碳的金属化合物，如碳化钙（电石）、碳化铝等；③磷化物，如磷化钙等。

案例十：浙江工业大学化工楼实验室爆炸起火

1. 事故情况

2010 年 5 月 25 日，浙江工业大学一实验室突发火情，并发出两声巨大的爆炸声，火苗不停往外窜，整栋楼都弥漫在浓烟中，起火的是一间电化学综合测试室，明火扑灭后，室内留下遍地的干粉和水渍，玻璃窗也没有逃脱被烤裂的厄运。

2. 原因分析

起火实验室内无人，因学生做完实验后出门前忘记关电路引发火灾。

3. 教育警示

完成实验后离开实验室之前，一定要进行检查，检查电源是否断开、检查水龙头是否拧紧、检查窗户是否关好、检查有无明火、检查门是否上锁等，确保安全。

1.3　化学实验室安全工作的中心任务和对策

实验室安全工作的中心任务是防止实验室发生人员伤亡事故和财产损失事故。实验室安全工作的对策主要有以下几点。

(1)加强安全教育,加大宣传力度,营造安全文化氛围。事故的发生有着偶然性和突发性的特点,安全意识的淡薄、安全素质的欠缺、安全行为的背离是导致事故发生的直接原因。因此,加强安全教育、加大宣传力度、营造浓厚的安全氛围是确保实验室安全的重要措施之一。要充分利用各种载体和安全宣传阵地,广泛开展安全教育活动,大力倡导安全文化,在不断创建安全文化建设的活动中,树立安全的价值观念、安全的责任意识,培养"我懂安全、我要安全、我保安全"的思想意识,形成人人重视安全、人人具备安全技能的良好氛围。此外,还要加强对实验室人力资源的管理和人员素质的培养,开展安全教育、安全技能培训、安全知识竞赛和安全维护等。

(2)以人为本,把安全管理落到实处。人既是管理的主体,又是管理的客体,每个人都在一定的管理层面上行使各自的权利、职责和义务。人是安全工作的决定性因素,以人为本抓安全,才能抓到安全工作的实质。按照科学的人力资源管理理论,每个人都有自身的能量,都能发挥各自的积极性、能动性和创造性,只有充分调动人的积极性,激发人的内在潜力,使每个人主动参与安全管理,形成全员参与、齐抓共管、人人要安全、人人管安全的共识,才能确保安全管理的稳定性和有效性。

(3)建立长效机制,促使安全管理制度化、规范化、标准化。建立长效机制是安全管理的关键环节,是引导实验室安全发展的客观要求。建立长效机制,一是要建立和完善实验室安全管理的各项规章制度;二是要构建学校、职能处室、学院、实验室、实验技术人员、实验者的安全管理网络体系,使实验室安全管理横向到边,纵向到底,一层抓一层,一环连一环,层层相促,环环相扣;三是要加强制度的落实与执行力度,制度是安全保障的基础,严格执行制度才是确保安全的关键,在安全管理中要加大监督、监控、检查、整改和责任追究的力度;在执行层面上要运作规范,依法按章办事,工作落实到点、到位;四是要尽快制定实验室安全运行、安全条件以及安全操作的标准化文件,同时制定以实验室安全运行为目标的实验室安全管理全过程的各项详细的、可操作的管理标准,并在管理中严格贯彻和执行。

(4)加大对实验室安全的投入,提高安全设施的科技含量。实验室安全防护硬件设施和仪器设备安全运行状态是保证实验室安全的重要条件。一些实验室安全事故的发生往往是由于安全设施的欠缺或仪器设备运行状态不良所造成的。因此,增加实验室安全投入,加强实验室安全设施的建设和仪器设备的管理,可以将实验室安全事故消灭于萌芽状态。安全经济观认为,预防性安全投入是最经济、最可行的措施之一,是确保实验室安全的重要手段。

(5)依法制定和完善规章制度,加大执法力度。随着时代的进步、科技水平的提高、人们法律意识的不断增强,以及世界有关组织的实验室标准制定的出台,各高校必须认真审视原先制定的实验室规章制度,摒弃与法律和有关标准相违背的条款,吸纳新的标准和规定。同时,政府主管部门应加大对实验室安全的执法力度。

1.4 实验室安全工作的重要性

高校实验室中各种潜在的不安全因素变异性大、危害种类繁多,这对学生的安全有很大的影响。一旦发生实验室安全事故,轻则造成仪器设备损毁,重则使整个教学科研停滞,使师生员工的家庭以及社会、国家蒙受重大的损失,甚至还有可能连带发生其他民事或刑事诉讼,这对整个学校的教育来说都是非常不好的。

随着社会的进步,人们逐渐认识到人的生命是无价的,安全需求是人的不同需求中最为基本而又最为重要的需求。科研实验虽然重要,但是减少其中的安全隐患更加重要,实验室安全工作的目的就是建立安全的教学和研究的实验环境,从而让实验者在更加安全的场所工作和学习,降低实验过程中发生灾害的风险,确保人员的健康及安全,从而满足我们每一个人对安全感的基本需要。

实验室安全关系着高校教学和科研活动能否顺利开展,同时也关系着广大师生安全与否。高校大量的课程在实验室完成,实验室里面集中了大量的师生,因此实验室安全管理十分必要。近年来高校安全事故频繁发生,引发事故的原因层出不穷,实验室安全管理刻不容缓。

总之,实验室安全关系着每一个进入实验室人员的人身、财产安全,每一个学校都应该高度重视。强化实验室安全标准的建设,制定严格的实验室安全管理规章制度,并投入足够的资源,明确实验室工作人员责任,加强师生的安全知识教育,严格落实各项规章制度,确保师生安全。

第2章

实验室安全基础

实验室安全设施是保障实验室安全、平稳运行的物质保障。2015 年 8 月 12 日，天津港危险品仓库发生特重火灾爆炸事故，国务院安委会随即下发了 2015 年 2 号文《国务院安委会关于全面开展安全生产大检查深化"打非治违"和专项整治工作的通知》，揭开了高校实验室安全系统性检查的序幕。同月教育部科技司下发 2015 年 265 号文《关于开展高等学校实验室危险品安全自查工作的通知》，委托教育部科技发展中心，以高校自查、现场检查的方式，进行专项检查，其中一项重点检查内容就是"实验室基本安全设施运行情况包括但不限于：重点部位自动监控、泄漏检测报警、通风、防火防爆设施设置维护及运行情况是否良好；是否定期检测、维护其报警装置和应急救援设备、设施，确保其状态良好、使用正常"。诚然，选用合适的实验室安全设施，保障设备处在最佳使用状态，为实验人员的安全保驾护航，笔者等实验室工作者一直在路上。

目前，市面上在售的实验室安全设施有个人防护用品、急救用品、普通药品柜和气瓶柜、防爆防静电设施、通排风设施、消防设施、警报系统、冲洗装置。

2.1 实验室基础安全设施

2.1.1 消防设施

实验人员要了解实验药品、实验设备的特性，及时做好防护措施，具有潜在火灾危险的实验室内应配备合适的消防器材。实验人员确保灭火器在有效期内(压力指针位置正常等)，安全销(拉针)正常，瓶身无破损、腐蚀，确保器材正常有效、方便拿取；实验楼宇显著位置需张贴紧急逃生疏散路线图，图上逃生路线有两条以上，路线要与现场情况符合；主要逃生路径(室内、楼梯、通道和出口处)有足够的紧急照明灯，功能正常；定期开展消防设备、灭火器的使用训练；熟悉紧急疏散路线及火场逃生注意事项。

实验人员要了解消火栓、灭火器、灭火毯、冰箱等消防器材的使用方法。

消火栓：打开箱门，拉出水带，理直水带。水带一头接消火栓接口，另一头接消防水枪。打开消火栓上的水阀开关。用箱内小榔头击碎消防箱内上端的按钮玻璃，按下启泵按钮，按钮上端的指示灯亮，说明消防泵已启动，消防水可不停地喷射灭火。出水前，要确保关闭火场电源。

干粉灭火器：主要针对各种易燃、可燃液体及带电设备的初起火灾，不宜扑灭精密机械设备、精密仪器、旋转电动机的火灾。

二氧化碳灭火器：主要用于扑灭各种易燃、可燃液体火灾，扑救仪器仪表、图书档案和低压电器设备等初起火灾。

灭火器操作要领：将灭火器提到距离燃烧物 3～5 m 处，放下灭火器，拉开保险插销，握住皮管，将喷嘴对准火焰根部，用力握下手压柄喷射，待火熄灭后将操作杆松开，即可停止喷射。

灭火毯：又称消防被、灭火被、防火毯、消防毯、阻燃毯、逃生毯等，是由玻璃纤维等材料经过特殊处理编织而成的织物，能起到隔离热源及火焰的作用，可用于扑灭油锅火，或者披覆在身上逃生。

砂箱：其工作原理是利用砂箱中贮存的沙子将火焰熄灭，沙子隔绝外部的氧气，使火焰无法继续在氧气中燃烧，从而达到灭火的效果。与灭火器一样，一般摆放在方便拿取的地方。

2.1.2 警报系统

警报系统可以对实验现场各相关参数实时监控，一旦出现危险情况，就自动、及时报警。包括：火灾探测器、水浸探测器、气体探测器、人体探测器和警报器等。

1. 火灾探测器

火灾探测器是消防火灾自动报警系统中，对现场进行探查，发现火灾的设备。主要有感烟火灾探测器、感温火灾探测器及复合式感烟感温火灾探测器。

传统的感烟火灾探测器主要是利用红外散射技术对烟雾、火焰的光学等物理特性进行识别。这种监测方式方便但不完善，如对早期火灾无法报警，必须等火灾达到一定程度后，才进行报警，且对部分特殊火焰燃烧还无法识别。

感温火灾探测器就是利用热敏元件对温度的敏感性来检测环境温度，内置单片机，固化高可靠火灾判断程序，并采用特殊工艺进行处理，工作稳定、可靠，且具有良好的抗化学腐蚀性。其分为定温式、差温式和差定温式三种火灾探测器。特别是空气管线型差温式火灾传感器，当环境温度发生缓慢变化时，空气管内空气受热膨胀并从膜盒漏气孔泄出，波纹片的闭合电接点未能闭合。如果环境温度上升很快，空气管内的空气受热迅速膨胀，则一些来不及从膜盒漏气孔中泄出的气体会增加盒内压力，使波纹片闭合接点因受到推动而发生接点位移，处于闭合中，从而给出火灾报警信号。

复合探测技术是目前国际上流行的新型多功能、高可靠性的火灾探测技术。点型复合式感烟感温火灾探测器是由烟雾传感器和半导体温度传感器从工艺结构和电路结构上共同构成的多元复合探测器。它不仅具有普通散射型光电感烟火灾探测器的性能，而且兼有定温式、差定温式火灾探测器的性能。正是由于感烟与感温的复合技术，使得该类复合探测器能够对国家标准试验火 SH3（聚氨酯塑料火）和 SH4（正庚烷火）的燃烧进行探测和报警。同时该款探测器也能对酒精燃烧等有明显温升的明火进行探测报警，扩大了光电感烟探测器的应用范围。

2. 水浸探测器

水浸探测器是检测被测范围内是否发生漏水的传感器，一旦发生漏水，就立即发出警报，防止漏水事故造成相关损失和危害。水浸探测器广泛应用于数据中心、通信机房、发电站、仓库、档案馆等一切需要防水的场所。

水浸探测器按检测原理分为光电式水浸探测器和探针式水浸探测器。

光电式水浸探测器：光电式水浸探测器与探针式水浸探测器最大的区别就是不依赖液体导电性，而是当液体接触探头时，探头与空气接触表面的折射率发生巨大变化，以探头内部光线的改变来判断漏水情况，且发出漏水报警信号。光电式水浸探测器具有探针式水浸探测器无可比拟的优势，但因技术要求高，生产成本相对较高。

探针式水浸探测器：目前市面上能见到的最简单且廉价的水浸探测器，当水接触探针的两脚时，探针阻抗出现较大变化，即空气电阻和水电阻的区别，通过相应电路判断是否出现漏水和是否发出漏水报警信号。

探针式水浸探测器根据是否具有准确定位水浸位置分为不定位水浸探测器和定位水浸探测器。

不定位水浸探测器：不定位水浸探测器的检测原理类似于探针式，不定位漏水感应线的两个线芯相当于探针的两脚，通过相应电路判断是否出现漏水和是否发出漏水报警信号。只是不定位感应线监测面积更大、灵敏度更高，同时不定位漏水线芯由导电聚合物材料加工而成，相对于探针，具有抗氧化和使用寿命长等特点。

定位水浸探测器：定位水浸探测器同样是利用水的导电性来检测漏水，定位漏水检测线在不定位的基础上增加 2 芯信号线的同时，为了达到精准定位的功能，对 2 芯传感线的电阻提出了很高的要求，即电阻率一致，这也是定位水浸探测器的难点及高价格的原因所在。

水浸探测器按是否与水接触分为接触式水浸探测器和非接触式水浸探测器。

接触式水浸探测器利用液体导电原理进行检测。正常时两极探头被空气绝缘；在浸水状态下探头导通，传感器输出信号。

非接触式水浸探测器利用光在不同介质截面的折射与反射原理进行检测。塑料半球内放置 LED 和光电接收器，当探测器置于空气中时，因全反射，绝大部分 LED 光子被光电接收器接收；当靠近半球表面时，由于光的折射，光电接收器接收到的 LED 光子就会减少，从而输出也发生改变。非接触式水浸探测器适合部署在一般腐蚀导电液体泄漏地点。

3. 气体探测器

气体探测器是一种检测气体浓度的仪器，又称人工鼻子。其在正常工作状态下，需每年标定一次。该仪器适用于存在可燃或有毒气体的危险场所，能长期连续检测空气中被测气体爆炸下限以内的气体含量，可广泛应用于燃气、石油化工、冶金、钢铁、炼焦、电力等存在可燃或有毒气体的各个行业，是保证财产和人身安全的理想监测仪器。

气体探测器可以检测到以下气体：天然气（甲烷）、液化气（异丁烷、丙烷）、煤气（氢气）、乙炔、戊烷、炔类、烯类、酒精、丙酮、甲苯、醇类、烃类、轻油等多种可燃液体蒸气；一氧化碳、硫化氢、氨气、氯气、氧气、磷化氢、二氧化硫、氯化氢、二氧化氯等多种有毒有害气体。

气体探测器的检测原理可分为电化学式、催化燃烧式和红外式。

电化学式：气体通过多孔膜背面扩散到传感器的工作电极，在此处气体被氧化或还原，这种电化学反应引起流经外部线路电流的变化，通过测量电流的大小就可测得气体浓度。

催化燃烧式：催化燃烧式传感器属于高温传感器，催化元件的检测元件是在铂丝线圈（Φ0.025～Φ0.05）上包氧化铝和黏合剂形成球状，经烧结而成，其外表面敷有铂、钯等稀有金属的催化层，对铂丝通以电流，使检测元件保持高温（300～400 ℃），此时若与可燃气体接触，如甲烷气体，甲烷就会在催化剂层上燃烧，燃烧的实质是元件表面吸附的甲烷与吸附的氧离子之间的反应，反应完成后生成 CO_2 和 H_2O，而气相中的氧被元件吸附并解离，重新补充元件表面的氧离子。利用元件测量甲烷是基于在其表面测量甲烷燃烧反应放出热量的原理，即燃烧使铂丝线圈的温度升高，线圈的电阻值就上升，测量铂丝电阻值变化的大小就可以知道可燃气体的浓度。

红外式：由不同原子构成的分子会有独特的振动、转动频率，当其受到相同频率的红外线照射时，就会发生红外吸收，从而引起红外光强的变化，通过测量红外线强度的变化就可以测得气体浓度。

气体探测器按安装方式可分为固定式气体探测器、便携式气体探测器和复合式气体探测器。

固定式气体探测器是在工业装置上和生产过程中使用较多的探测器。它可以安装在特定的检测点上对特定的气体泄漏进行检测。固定式气体探测器一般为两体式，有传感器和变送器组成的检测头为一体，安装在检测现场，有电路、电源和显示报警装置组成的二次仪表为一体，安装在安全场所，便于监视，该类气体探测器具有在固定场所长时间、连续、稳定检测的特点。对它们要根据现场气体的种类和浓度进行选择，还要注意将它们安装在特定气体最可能泄漏的部位，如要根据气体的比重选择传感器安装的最有效的高度等。

由于便携式气体探测器操作方便、体积小巧、自带电源，可以被携带至不同的待测场所，这类仪器在各类工厂和卫生部门的应用越来越广。在开放的环境使用这类仪器作为安全报警，可以使用随身佩戴的扩散式气体探测器连续、实时、准确地显示现场有毒有害气体的浓度。

复合式气体探测器可以在一台仪器上配备所需的多个气体检测传感器，所以它具有体积小、重量轻、响应快、同时多气体浓度显示的特点。更重要的是，复合式气体探测器的价格要比多个单一扩散式气体探测器便宜一些，使用起来也更加方便。需要注意的是在选择这类探测器时，最好选择具有单独开关各个传感器功能的仪器，以防止由于一个传感器损害就影响其他传感器使用的情况。

4. 人体探测器

实验室人体探测器可以用来记录实验室人员活动情况（实时监控）和检测实验室是否有人员存在（人体存在监测器或生命探测器）。

管理单位在存放易制毒品、易制爆品、剧毒品、病原微生物、特种设备和放射源等物品的重点场所安装门禁、监控设施和人体存在监测器，并接入学校的安防系统；安防设施由专人管理，确保其运转正常；监控不留死角，图像清晰，人员出入记录可查，视频记录贮存时间不少于30天；实验室采用与准入制度相匹配的门禁系统；停电时，电子门禁系统应是开启状态。

生命探测仪一般用于严重事故引起的生命救援，使搜救工作比以往更迅速、更精确、更安全，是世界上最先进的生命探测系统。

2.1.3　防爆防静电设施

实验室防爆设施包括盛放危险化学品的安全柜（又称防爆柜），盛放气体钢瓶的气瓶柜、盛放仪器的安全罩、防爆开关和防爆灯等防爆设施。

有防爆需求的实验室需符合防爆设计要求，安装防爆开关、防爆灯等，安装必要的气体报警系统、监控系统及断电断水应急系统等；对可燃气体管道，应科学选用和安装阻火器。采取有效措施，避免或减少出现危险爆炸性环境，避免出现任何潜在的有效点燃源；对于有爆炸危险的仪器设备，应使用合适的安全罩防护。

1. 化学品安全柜

化学品柜体具有不同颜色，用来识别、整理、盛放不同类型的化学品。这样做能在发生火灾时方便消防人员快速识别危险。其主要分为红色、黄色、蓝色、灰色四种。黄色：用于存放汽油、酒精、煤油、甲醇、乙醇、丙酮、二甲苯等易燃液体（低、中闪点的液体，液体闪点＜45 ℃）。红色：用于存放柴油、机油、润滑油、桐油等可燃液体（高闪点液体，液体闪点＞45 ℃）。蓝色：用于存放弱腐蚀性液体。灰色：用于存放毒性化学品。

2. 气体钢瓶

气体钢瓶是贮存压缩气体的高压容器，其容积一般为40～60 L，最高工作压力为15 MPa(150 atm)，最低工作压力应在0.6 MPa(6 atm)以上。气体钢瓶使用单位需确保采购的气体钢瓶质量可靠，标识准确、完好，专瓶专用，不得擅自更改气体钢瓶的钢印和颜色标记。气体钢瓶的颜色标志应符合GB/T 7144《气瓶颜色标志》和TSG R0006《气瓶安全技术监察规程》的要求，在钢瓶肩部应有制造厂、制造日期、气瓶型号及编号、气瓶重量、气体容积、工作压力、水压试验压力、水压试验日期和下次送检日期等标记。

根据采购的实验气体种类，使用单位应检查气体钢瓶外部技术检验标签、钢印、标识、油漆颜色、字样等是否正确，以免因误用造成事故。使用单位需拒绝接收没有安全帽和防振圈、颜色缺失、缺乏检定标识的气体钢瓶，不得使用过期、未经检验和不合格的气体钢瓶。

使用单位要确认每个气体钢瓶是否配有状态标识牌，根据气体钢瓶的实际状态，及时将"满瓶""使用中""空瓶"等状态栏更新，保证标识牌与气体实际状态相符，且完善标识牌上的名称、纯度、购入时间和供应商等信息。

气体钢瓶要固定并尽量直立放置于室外，在室内放置应使用常时排风且带监测报警装置的气瓶柜，保持通风和干燥，避免阳光直射和强烈振动，防止跌倒。气体钢瓶必须远离热源、火源、易燃易爆和腐蚀物品，实行分类隔离存放，禁止可燃性和助燃性气体钢瓶混放，不得存放在走廊和公共场所。

实验室内不得存放过量气体钢瓶，使用易燃易爆、有毒气体的实验室应配备气体监控和报警装置；窒息性气体房应安装氧含量报警装置。值得注意的是，有可燃气体的实验室不设吊顶。严禁氧气与乙炔气、油脂类、易燃物品混存，阀门口绝对不许沾染油污、油脂。

合理布置气体管路并做好气体钢瓶和气体管路标识，易燃、易爆、有毒的危险气体连接管必须使用金属管；其中，乙炔、氨气、氢气的连接管不得使用铜管。有多种气体或多条管路时，需制定详细的供气管路图。在可能造成回流的使用场合，使用设备或系统管路上必须配置防止倒灌的装置，如单向阀、止回阀、缓冲罐等。

开、关减压器和总阀时，动作必须缓慢；使用时应先旋动总阀，后开减压器；用完，先关闭总阀，放尽余气后，再关减压器，切不可只关减压器，不关总阀。使用前后，应检查气体管道、接头、开关及器具是否有气体泄漏，确认盛装气体类型，并做好可能造成的突发事件的应急准备。若发现气体泄漏，应立即采取关闭气源、开窗通风、疏散人员等应急措施。切忌在易燃易爆气体泄漏时开关电源。

空瓶内应保留一定的剩余压力，与实瓶应分开放置，并有明显标识。

移动气体钢瓶使用手推车，切勿拖拉、滚动或滑动气体钢瓶。严禁敲击、碰撞气体钢瓶。

气体钢瓶瓶体具有不同颜色，用来识别、盛放不同类型的气体。黑色：氮气、空气。银灰色：氩气、氖气、氦气、二氧化硫气体、一氧化碳气体、一氧化二氮气体、六氟化硫气体、氟化氢气体。白色：乙炔、氟、一氧化氮、二氧化氮、碳酰氯、砷化氢、磷化氢、乙硼烷。铝白色：二氧化碳气体、四氟甲烷气体。淡黄色：氨气。棕色：乙烯气体、丙烯气体、甲烷气体、丙烷气体、环丙烷气体。淡蓝色：氧气。淡绿色：氢气。深绿色：氯气。与空气混合的某些气体的爆炸极限(20 ℃，101.325 kPa)如表2.1所示。

表2.1　与空气混合的某些气体的爆炸极限(20 ℃，101.325 kPa)

气体	爆炸极限/(V%)	气体	爆炸极限/(V%)
氢气	4.0～74.2	对二甲苯	1.1～7.0
乙烯	2.8～28.6	乙醇	3.3～19.0
乙炔	2.5～80.0	乙酸乙酯	2.2～11.4
苯	1.4～6.8	一氧化碳	12.5～74.2
甲苯	1.3～7.8	煤气	5.3～32.0

3. 静电

静电是指在一定的物体中或其表面存在的电荷，一般接触 3～4 kV 的静电电压，人就会有不同程度的电击感觉。实验室应该配备防静电装置，做好静电防护。

实验室防静电区可使用导电性地板，不要使用塑料地板、地毯或其他绝缘性的地面材料；实验室高压带电体应有屏蔽措施；增加实验室环境空气中的相对湿度，当相对湿度超过 65%时，便于静电逸散。

实验人员需穿戴防静电服、鞋袜、手套和帽子等，进入实验室应徒手接触金属接地棒。

2.1.4　通排风设施

实验室通排风是一项复杂的工程，通常需要多种组件配合使用。常用的通排风组件有落地型通风(橱)柜、桌上型通风(橱)柜、(万向或原子)通风罩、通风管道、气体处理设备、防腐风机。

有需要的实验场所可选择配备符合通风要求的落地型通风(橱)柜或桌上型通风(橱)柜。通风柜直接摆放于实验室的某处，当需要使用时，开启通风柜，然后将实验的环境转移至通风柜的柜体内，由于柜体内部是与外界隔离的，因此当通风柜工作时，会将污染气体牢牢地控制在柜体内部，在排出污染气体的同时，也避免了污染气体与外界接触。通风柜的优点是隔离性和排出效果，由于实验直接在通风柜内部进行，因此对实验人员起到了一定的保护作用。通风柜的缺点是设备占用位置很大，并且无法随意移动，使用起来比较呆板，不够灵活。通风柜顶部含照明、自动门、排风系统；中部为负压操作区域，下柜为可移动模块化结构。任何可能产生高浓度有害气体而导致个人暴露，或产生可燃、可爆炸气体或蒸气而导致积聚的实验，都应在通风橱内进行。通风柜正前方安装有玻璃视窗，通风柜内及其下方的柜子不能存放化学品，涉及易燃易爆有机试剂的通风橱内不得安装电源插座。

如果对安全防护需求不高，可使用通风罩。通风(橱)柜和抽气罩都是用作实验室通风的设备，但两者的使用范围有所不同。通风柜起控制并排出污染气体的作用。而万向抽气罩、原子吸收罩虽然也具备排气功能，但却无法很好地控制气流走向，不能做到隔离污染气体，防止污染气体溢出的功能。

万向排气罩一般采用 PP 材质，关节连接处可 360°旋转，高机械强度、耐腐蚀、较灵活，但不耐高温。抽气罩多安装于实验台的上方。当实验进行时，可以移动万向抽气罩的活动臂，直接将罩面覆盖于实验位置的正上方，这样可以保证污染气体能够顺利被吸收并排出。万向抽气罩的优点是灵活、可移动，能够在最大半径内进行任意移动。万向抽气罩的缺点是吸收面积不够大，无法做到完全吸收有害气体，因此安全性较差。

原子吸收罩的全套设备采用不锈钢材质，可调节风量，实验室化学实验使用的很多溶剂都是易燃易爆的，会用到原子吸收罩，但是原子吸收罩不能移动。

通排风设施交付使用前，必须进行现场检测，末端通风系统的最终性能得到验证，允许交付实验人员使用。

通排风设施使用前，必须检查设施内的抽风系统和其他功能是否运作正常。若发现故障，切勿进行实验，应立即关闭设施并联系维修人员检修。

使用通风柜时，应在距离通风柜内至少 15 cm 的地方进行操作；操作时应尽量减少在通风柜内以及调节门前进行大幅度动作，减少实验室内人员移动。切勿贮存会伸出柜外或妨碍玻璃视窗开合或者会阻挡导流板下方开口处的物品或设备。切勿用物件阻挡通风柜口和柜内后方的排气槽；确需在柜内储放必要物品时，应将其垫高置于左右侧边上，与通风柜台面隔空，以使气流能从其下方通过，且远离污染产生源。切勿把纸张或较轻的物件堵塞于排气出口处。定期检测通风柜的抽风能力，确保通风效果。在进行实验时，人员头部以及上半身绝不可伸进通风柜内；操作人员应将玻璃视窗调节至手肘处，使胸部以上受玻璃视窗屏护。人员不操作时，应确保玻璃视窗处于关闭状态。定期检测通风柜的抽风能力，保持其通风效果。每次使用完毕，必须彻底清理工作台和仪器。对被污染的通风柜，应挂上明显的警示牌，并告知其他人员，以免造成不必要的伤害。

通风管道、风机需防腐，对使用可燃气体的场所应采用防爆风机；实验室通风系统运行正常，柜口面风速为 0.35～0.75 m/s，定期进行维护、检修，有记录；屋顶风机固定无松动、无异常噪声。吸附箱：多为活性炭吸附箱，主体采用抗腐蚀、抗 UV、抗老化 PP 板材制作而成，要求设备强度高、韧度大、结构紧凑、过滤面积大、阻力小、活性炭装卸方便、使用寿命长、整体防腐，能处理苯类、酮类、醇类、醚类、烷类及其混合类有机废气。

2.1.5 冲洗装置

紧急冲洗装置是在有毒有害危险作业环境下使用的应急救援设施。当现场作业者的眼睛或者身体接触有毒有害以及具有其他腐蚀性化学物质时，可以用这些装置对眼睛和身体进行紧急冲洗或者冲淋，主要是避免化学物质对人体造成进一步的伤害。冲洗装置包括紧急洗眼器、紧急淋浴器和紧急喷淋洗眼器，紧急喷淋洗眼器既有喷淋系统，又有洗眼系统。

在可能受到化学和生物伤害的实验区域，需配置冲洗装置，保护半径为 15 m，必须张贴显著引导标识；冲洗装置安装地点与工作区域之间畅通，距离不超过 30 m；冲洗装置安装位置合适，拉杆位置合适、方向正确；应急喷淋装置水管总阀为常开状，喷淋头下方 41 cm 范围内无障碍物；不能以普通淋浴装置代替应急喷淋装置；洗眼装置接入生活用水管道，应至少以 1.5 L/min 的流量供水，水压适中，水流畅通、平稳；经常对应急喷淋与洗眼装置进行维护，无锈水、脏水，有检查记录；使用完毕后，应将周围的卫生打扫干净。

实验人员应熟悉应急喷淋、洗眼装置的位置，并能正确使用。当眼睛、面部受到化学危险品伤害时，可用手按压开关阀，用紧急洗眼器对眼睛或者面部进行冲洗，洗眼水应从洗眼器自动喷出。当大量化学品溅洒到身上时，可用手拉动拉杆，用紧急喷淋器进行全身喷淋，水从喷淋头自动喷出，必要时尽快到医院治疗。对眼睛、面部或者身体的清洗至少持续 10 min。

2.1.6　电气设备

1. 实验室内电气设备的一般性要求

(1)实验室电容量、插头插座必须与用电设备的功率匹配，不得私自改装。

(2)大功率实验设备用电应使用专线专座，谨防因超负荷用电而着火，长期不用时，应切断电源。

(3)电源插座必须固定，墙上电源未经允许，不得拆装和改线，不使用老化的线缆、花线和木质配电板。

(4)严禁在电源插座附近堆放易燃物品，严禁在一个电源插座上通过接转接头连接过多的电器。

(5)实验室内应使用空气开关并配备必要的漏电保护器。

(6)定期检查电线、插头和插座，发现损坏，立即更换。

(7)电源插座不宜安装在水槽边，若确有需要，应增设防护挡板或防护罩。

(8)配电柜/箱无物品遮挡并便于操作。

(9)配电箱、开关、插座等周围无易燃易爆物品堆放。

(10)电气设备和大型仪器必须接地良好并使用熔断装置，对电线老化等隐患要定期检查并及时排除，熔断装置所用的熔丝应与线路允许的容量相匹配，严禁用其他导线替代。

(11)电器设备安装应具有良好的散热环境，远离热源和可燃物品，确保设备接地可靠。

(12)高压、大电流等强电实验室要设定安全距离，按规定设置安全警示牌、安全信号灯、联动式警铃、门锁，有安全隔离装置或屏蔽遮栏(由金属制成，并可靠接地，高度不低于 2 m)；控制室(控制台)应铺橡胶、绝缘垫等；照明灯应从总开关阀上端引出，必须配备干粉灭火器、黄沙箱、铁锹等。

(13)强电实验室禁止存放易燃易爆品、腐蚀品，保持通风散热。

(14)在使用高压灭菌锅、烘箱等电热设备过程中，使用人员不得离开。电脑、空调、电加热器、饮水机等不开机过夜。

(15)静电场所，要保持空气湿润，工作人员要穿防静电的衣服和鞋靴；禁止穿化纤制品等服饰；禁止在充满可燃气体的环境中使用电动工具。

(16)应为设备配备残余电流泄放专用的接地系统，操作结束后用多股裸线可靠接地的放电棒对仪器进行充分放电。

(17)严禁带电插接电源，严禁带电清洁电器设备，严禁手上有水(或潮湿)时接触电器设备。

(18)强磁设备应该配备与大地相连的金属屏蔽网。

(19)建立设备台账，设备上有资产标签，实名制管理，有设备运行、维护的记录。实验前先连接线路，检查用电设备，确认仪器设备状态完好后，方可接通电源。实验结束后，先关闭仪器设备，再切断电源，最后拆除线路。对于长时间不间断使用的电气设施，需采取必要的预防措施。

(20)若较长时间离开房间，则应切断电源开关。断电操作时，在电源箱处有明显警示标识，以防他人随意合闸。

(21)发生电气火灾时，应先切断电源，尽快拉闸断电后进行灭火。扑灭电气火灾时，要用绝缘性能好的灭火剂，如干粉灭火器、二氧化碳灭火器，或干燥砂子，严禁使用导电灭火剂(如水、泡沫灭火器等)。

(22)对于不能断电的特殊仪器设备，采取必要的防护措施(如双路供电、不间断电源、监控报警等)。

(23)对于高温、高压、高速运动、电磁辐射等特殊设备，对使用者有培训要求，有安全警示标识和安全警示线(黄色)，并配备相应安全防护设施。

(24)自研自制设备时，必须充分考虑安全系数，并有安全防护措施。

2. 实验室内起重类设备的安装和使用管理应符合安全用电管理规定

(1)《特种设备目录》范围内的起重机械(如额定起重量大于等于 3 t 且提升高度大于等于 2 m 的起重机)，必须取得《特种设备使用登记证》。

(2)操作人员必须取得《特种设备作业人员证》，持证上岗，并每 4 年复审一次(起重机械司索作业人员、起重机械地面操作人员和遥控操作人员可不取证，由使用单位进行培训和管理)。

(3)委托有资质的单位进行定期检验，并将定期检验合格证置于特种设备显著位置，不得使用超出检验有效期或检验不合格的设备。

(4)在用起重机械至少每月进行一次日常维护保养和自行检查，并做记录。

(5)制定安全操作规程，并在周边醒目位置张贴警示标识，有必要的防护措施。

(6)起重设备声光报警正常，室内起重设备要标有运行通道。

(7)完善起重设备吊索具的使用安全管理，正确选用吊索具并定期检查，发现问题及时更换。

3. 实验室内压力容器的安装和使用管理应符合安全用电管理规定

(1)《特种设备目录》范围内的压力容器(盛装气体或者液体，承载一定压力的密闭设备，其范围规定为最高工作压力大于或者等于 0.1 MPa(表压)的气体、液化气体，最高工作温度高于或者等于标准沸点的液体，容积大于或者等于 30 L 且内直径(非圆形截面指截面内边界最大几何尺寸)大于或者等于 150 mm 的固定式容器和移动式容器，以及氧舱)必须取得《特种设备使用登记证》。设备铭牌上标明为简单压力容器则不需要。

(2)快开门式压力容器操作人员必须持证上岗，取得《特种设备安全管理和作业人员证》，并每 4 年复审一次，其他压力容器作业人员应由使用单位加强培训和管理。

(3)委托有资质单位进行定期检验，并将定期检验合格证置于特种设备显著位置，不得使用超出检验有效期或检验不合格的设备。

(4)落实压力容器维护保养和定期检查,安全阀或压力表等附件需委托有资质单位定期校验或检定。

(5)原则上不超期使用。对于已达设计使用年限,或未规定使用年限但已超过 20 年的固定式压力容器,如需继续使用的,应当委托有资质机构进行检验,经单位主要负责人批准后,办理使用登记证书变更,方可继续使用。

(6)大型实验气体(窒息、可燃类)罐必须放置在室外,周围设置隔离装置、安全警示标识。

(7)大型实验气体罐的贮存场所应通风、干燥,防止雨(雪)淋、水浸,避免阳光直射,严禁明火和其他热源。

(8)贮存可燃、爆炸性气体的气罐必须防爆,电器开关和熔断器都应设置在明显位置,同时应设避雷装置。

(9)制定大型气体罐管理制度和操作规程,落实维护、保养及安全责任制。

(10)定期检查大型实验气体罐外表(涂色,有无腐蚀、变形、磨损、裂纹),附件是否齐全、完好。

(11)建立压力容器自行检查制度,对压力容器本体及其安全附件、装卸附件安全保护装置、测量调控装置、附属仪器仪表经常进行维护保养,每月至少进行 1 次月度检查,每年至少进行 1 次年度检查,并做记录;实验室应经常巡回检查,发现异常及时处理,并做记录。

(12)盛装可燃、爆炸性气体的压力容器,其电气设施应防爆,电器开关和熔断器都应设置在明显位置。室外放置大型气罐应注意防雷。

4. 冰箱管理

(1)贮存危险化学品的冰箱为防爆冰箱或经过防爆改造的冰箱,禁止使用无霜型冰箱贮存易燃易爆试剂。

(2)冰箱内存放的物品必须标识明确(包括品名、使用人、日期等),并经常清理,有清理记录。

(3)冰箱内贮存试剂必须密封好;采取防破损和防泄漏措施。

(4)冰箱不超期服役(一般使用期限控制为 10 年),如超期使用需经审批。

(5)冰箱周围留出足够空间,周围不堆放杂物,影响散热。

(6)实验室冰箱中不放置食品。

5. 烘箱与电阻炉管理

(1)烘箱、电阻炉不超期服役(一般使用期限控制为 12 年),如超期使用需经审批。

(2)烘箱、电阻炉不使用接线板供电。

(3)不使用有故障、破损和温控失效的烘箱、电阻炉;烘箱放置位置、高度合适,方便操作。

(4)烘箱、电阻炉等加热设备应放置在通风干燥处,不直接放置在木桌、木板等易燃物品上，周围有一定的散热空间，设备边上不能放置易燃易爆化学品、气体钢瓶、冰箱、杂物等。

(5)对烘箱、电阻炉等加热设备必须制定安全操作规程，并在周边醒目位置张贴高温警示标识，并有必要的防护措施。

(6)使用烘箱、电阻炉等加热设备时有人值守(或 10～15 分钟检查一次)，或有实时监控设施；使用中的烘箱、电阻炉要标识使用人姓名。

(7)烘箱等加热设备内不准烘烤易燃易爆试剂及易燃物品；不使用塑料筐等可燃容器盛放实验物品在烘箱等加热设备内烘烤。

(8)使用完毕，清理物品、切断电源，确认其冷却至安全温度后方能离开。

6. 明火电炉与电吹风等管理

(1)涉及化学品的实验室不使用明火电炉；如果不可替代必须使用，则必须有安全防范举措，并经学校安全管理部门审批办理许可证。

(2)有许可证使用明火电炉的，其使用位置周围无易燃物品，并配备灭火器、沙桶等灭火设施。

(3)不使用明火电炉加热易燃易爆试剂。

(4)明火电炉、电吹风、电热枪等用毕，及时拔除电源插头。

(5)不能用可燃材料自制红外灯烘箱。

2.2 化学实验防护用品

2.2.1 个人防护用品

在实验室中，个人防护用品是指穿戴和配备的各种器材和用品，主要用来防止意外发生，从而保护实验人员免受伤害。实验室个人防护主要包括身体防护、头面部防护、手部防护、足部防护和听力防护。个人防护用品配备原则：针对性、适用性、高标准。实验室所用任何个人防护装备应符合国家有关标准的要求。在危害评估的基础上，按不同级别的防护要求选择适当的个人防护装备。实验室对个人防护装备的选择、使用、维护应有明确的书面规定、程序和使用指导。

1. 身体防护

实验室应备有足够的有适当防护水平的清洁防护服。在实验室中的工作人员应该一直穿着合适的防护服，离开实验室区域之前应脱去防护服。常用防护服包括实验服、隔离衣、围裙等。

实验服：在进行一般性实验操作时(如维护保养实验室的仪器设备、处理常规化学品、配制试剂、洗涤、触摸，或在污染/潜在污染的环境工作）可穿普通实验服，应当注意将所有纽扣都扣上，定期清洗实验服，保持清洁。

隔离衣：隔离衣为长袖背开式，穿着时应该保证颈部和腕部扎紧。当接触大量血液或其他潜在感染性材料时，应当穿隔离衣，并注意定期更换。

围裙：当处理具有潜在危险的材料（极有可能溅到实验人员的身上）时，或者需要处理大量腐蚀性液体时，应当在实验服或者隔离衣外面再穿上围裙加以保护。

2. 头面部防护

头面部的防护主要涉及口鼻、眼睛、面部和头发的防护，避免因碰撞和喷溅造成的伤害。若在实验过程中气体、蒸气、颗粒、微生物以及气溶胶存在对呼吸道的潜在危害，应根据危险类型选择适当的防护装备。在进行容易产生高危害病原微生物气溶胶的操作时，应同时使用适当的个人防护装备、生物安全柜和其他物理防护设备。常见的防护装备有一次性活性炭口罩、防毒面具、护目镜、面罩和防护帽等。

一次性活性炭口罩：其具备防毒和防尘的双重效果，因其经济、实惠，是大部分实验室的理想之选。其活性炭过滤层的主要作用在于吸附有机气体、恶臭气体及毒性气体；结构上含有无纺布或熔喷布活性炭口罩可以依靠静电作用过滤粉尘。

防毒面具：其主要用来阻断粉尘、细菌、有毒有害气体或蒸气等有毒物质进入人的呼吸道；对于生物毒剂，也有一定的防护作用。滤毒罐为防毒面具的核心部件，其内部装填的滤毒材料直接影响面具的防护性能。

护目镜：在进行有可能发生化学、生物物质溅出，或有光辐射，造成眼球及其辅助结构发生结构或功能损伤的实验时，必须佩戴对应防护需求的护目镜。进行更为危险的实验时，应同时佩戴面罩加以防护。

面罩：防护面罩能够有效地保护实验人员的面部，避免碰撞或切割的伤害，以及感染性材料飞溅或接触脸部、眼睛和口鼻的危害。在使用防护面罩时，常常同时佩戴护目镜和口罩。

防护帽：其一般由无纺布制成，为一次性用品。为了避免化学和生物危害物质飞溅至头部（头发）造成污染，在进行实验操作的工作人员应佩戴防护帽，并罩住全部头发。

3. 手部防护

手部防护装备主要是手套，实验人员应按需要佩戴防护手套（涉及不同的有害化学物质、病原微生物、高温和低温等），并正确选择不同种类和材质的手套。常见的手套有耐酸碱聚氯乙烯（PVC）手套、乳胶手套、一次性聚乙烯（PE）手套、耐低温手套和耐高温手套等，在实验室工作应佩戴好手套，以防感染性生物材料、化学品、样品污染，冷和热损伤，刺伤，擦伤等。手套应符合舒服、合适、握牢、耐磨、耐扎和耐撕的要求，能给手部提供足够的防护。使用手套时应保证：手套无破损；戴好手套后可完全遮住手及腕部，如有必要，可覆盖实验服衣袖；在撕破、损坏或怀疑内部受污染时应及时更换手套。

4. 足部防护

实验室工作用鞋应舒适、防滑，推荐使用皮制或合成材料等不渗液体的鞋。禁止在实验室中穿凉鞋、拖鞋、露脚趾鞋和机织物面的鞋。当实验室中存在物理、化学和生物危险因子的情况下，应穿上适当的鞋或鞋套。

5. 听力防护

暴露于高强度的噪音可以导致听力下降甚至丧失。当实验室中的噪音达 75 dB 或在 8 小时内噪音大于平均值水平时，实验人员应该佩戴听力保护器以保护听力。常用的听力保护器为防噪音耳罩和一次性泡沫材料防噪音耳塞。

2.2.2 实验室急救用品

实验人员在从事探索性科学研究活动中，往往会使用到许多易燃、易爆、有毒或有腐蚀性的化学药品，在高温、超低温、高压、真空或辐射等危险性的环境下进行实验时需使用特殊设备。一旦发生事故，实验人员需尽快自救并上报学校，情况严重的需立即送往医院。

实验室急救用品的配置需要满足实验室出现紧急情况时救助的需要，药箱不上锁、药箱旁张贴药品品种明细，并定期检查，使药品在保质期内。实验室常配备的急救用品如下。

(1)消毒剂：碘酒、75％的卫生酒精棉球等。

(2)外伤药：龙胆紫药水、消炎粉和止血粉。

(3)烫伤药：烫伤油膏、凡士林、玉树油、甘油等。

(4)化学灼伤药：5％碳酸氢钠溶液、2％的醋酸、1％的硼酸等。

(5)特效解毒剂类：氢氧化镁乳剂(缓解酸、碱中毒)、亚甲基蓝(缓解亚硝酸盐、硝酸盐等中毒引起的高铁血红蛋白症)、亚硝酸钠或硫代硫酸钠(缓解氰氢酸及氰化物中毒)、青霉胺(误食铜、铁、汞、铅、砷等重金属试剂后解毒用)等。

(6)治疗用品：药棉、纱布、创可贴、绷带、胶带、剪刀、镊子、注射器等。

(7)急救手册。

下面介绍一些实验室急救用品作用和自救方法。

1. 实验室急救用品作用

(1)清洁湿巾：用于日常护理，吸收污垢微粒，有效去除面部及手部油污。

(2)碘伏棉棒：皮肤较小的破损、擦伤、割伤、烫伤等浅层皮肤创面的消毒杀菌。

(3)医用酒精棉片：用于皮肤、创口擦拭消毒和物体表面擦拭消毒。

(4)碘伏棉球：用于小伤口及周围皮肤的消毒和清洁；用于器械和环境的消毒和清洗。

(5)酒精棉球：用于皮肤和物品的清洁和消毒。

(6)医用纱布块:产品吸水性强、柔软性好,且经过环氧乙烷灭菌,独立包装,适用于局部伤口的清洁、止血、包扎等。

(7)医用弹性绷带:供外伤包扎使用,起固定敷料的作用,同时适用于手术或局部伤口的止血,包扎或卫生防护等。

(8)三角绷带:可用作吊带或包扎,具有防护、隔离、托撑等功能。

(9)圆头剪刀:用于剪开伤者伤口处的衣裤或纱布绷带等敷料。

(10)敷料镊子:用于夹取敷料物品,防止交叉感染。

(11)创可贴:用于小创伤、擦伤等患处的外敷止血、护创。

(12)医用敷贴:用于清创后的外伤创口保护。

(13)医用透气胶带:用于固定敷料、绷带等需要经常更换的医疗用品。

(14)安全别针:用于固定绷带。

(15)烧伤敷料:适用于烧伤、烫伤、创伤等的包扎和医疗护理。

(16)弹力网帽:适用于头部伤口的包扎、固定。

(17)医用脱脂棉球:用于蘸取消毒剂,对皮肤表面消毒或清创。

(18)棉签:用于蘸取消毒液,进行消毒或清创。

(19)一次性使用医用橡胶检查手套:用于检查防护,避免伤口感染或交叉污染。

(20)瞬冷冰袋:供人体物理降温及扭伤、轻度烫伤等医疗保健用。

(21)暖贴:用于防寒、取暖及户外活动时的保暖;用于颈椎病、肩膀及腰部酸痛、关节痛和风寒引起的各部位的疼痛,胃寒、胃痛、痛经等状况。

(22)颈托:起到自动保护颈椎、减少神经磨损的作用。

(23)医用夹板:有支撑骨骼和固定作用,适用于突发性创伤的急救。

(24)体温计:用于测量人体的体温。

(25)降温贴:利用物理原理,通过胶体中蕴含水分的汽化带走热量,从而获得一定的冷却效果,起到快速降温、缓解疼痛、醒脑提神作用。

(26)晕车贴:具有醒脑提神的作用,适用于晕车、晕船、晕机所致的晕眩、呕吐。

(27)口罩:用于一次性普通卫生防护。

(28)急救毯:用于保暖、防潮、保持体温,或作急救信号用。

(29)呼吸面罩:用于人工呼吸,防止交叉传染。

(30)止血带:用于止血。

(31)口哨:用于呼叫求救。

(32)安全锤:尖头锤和平头锤用于打破车窗玻璃逃生,尾部的刀片用于割断汽车安全带或者其他绳索逃生,使用时应注意保护好眼睛、头面部,破窗时请在车窗玻璃的四角处用力敲击。

(33)手电筒:用于照明。

(34)急救手册:提供规范的急救指导知识,对各种常见的急救情况进行详细的说明。

(35)急救知识光盘:本品能够直观、清晰演示各种初级急救知识。

2. 意外伤害处理原则

遇到意外伤害发生时，不要惊慌失措，要保持镇静，并设法维持好现场的秩序。在周围环境不危及生命安全的情况下，一般不要轻易搬动伤员；并暂时不要给伤病员喝任何饮料和进食。

如果发生意外，而现场无人时，应向周围大声呼救，请求来人帮助或设法联系有关部门，不要单独留下伤病员，使其无人照管。遇到严重事故、灾害或中毒时，除急救呼叫外，还应立即向有关政府、卫生、防疫、公安、新闻媒介等部门报告，告之现场在什么地方、病伤员有多少、伤情如何、都做过什么处理等。

根据伤情对病员边分类边抢救，处理的原则是先重后轻、先急后缓、先近后远。对呼吸困难、窒息和心跳停止的伤病员，快速置头于后仰位(疑有颈椎骨折的伤员不宜使用托颌来开放气道)、托起下颌、使其呼吸顺畅。对伤情稳定、估计转运途中不会加重伤情的伤病员，应迅速组织力量，保持其呼吸道畅通，同时施行人工呼吸、胸外心脏按压等复苏操作，原地抢救。利用多种交通工具分别转运到附近的医疗单位急救。现场抢救时，一切行动必须服从有关领导的统一指挥，不可各自为政。

3. 止血

出血是创伤后主要并发症之一，成年人出血量超过 800～1000 mL 就可引起休克，危及生命。因此，止血是抢救出血伤员的一项重要措施，它对挽救伤员生命具有特殊意义。

由各种原因引起血管突然破裂出血是生活中经常碰到的事。若皮肤破裂，血液流出体外，称外出血；血管破裂而皮肤完整，或内脏出血，称内出血，如皮下淤血或胃出血就是内出血。外出血必须先临时止血。下面介绍几种常用的止血法。

直接压迫止血法：适用于皮肤小伤口，尽可能抬高患肢，用消毒纱布或干净手帕等覆盖伤口，再施加压力。

间接压迫止血法：四肢严重裂伤或被卡在机器内，可选择在适当压点上施压，将血管压扁以阻止血液流入。上肢外伤出血时，施救者左上臂将肱动脉往肱骨施压，即可达到止血的目的；下肢外伤出血时，用拇指或掌根将腹股沟部位的股动脉压向盆骨，即可达到止血的目的。由于这种止血法会影响整体肢体的血液供应，一般每次压迫时间不应超过 10 分钟。

止血带止血法：先将伤肢抬高 2 分钟，使血液尽量回流，然后在扎止血带的局部裹上垫布，第一道绕扎在衬垫，第二道压在第一道上面，并适当勒紧，扎到不出血为止。扎止血带应注意几点：应扎在创口近心端，尽量靠近伤口，绕扎部位一定要放上衬垫，如棉垫、毛巾、衣服之类；扎止血带松紧要合适，绕扎时间不宜过长，应当每 30～60 分钟松止血带 1～2 分钟。

如果现场找不到止血带，可用橡皮带、橡皮管代替，也可用皮带、绷带，甚至布条代替。

各种止血方法如图 2.1 所示。

(请谨慎使用止血带)

指压耳前额浅动脉

指压下额面动脉

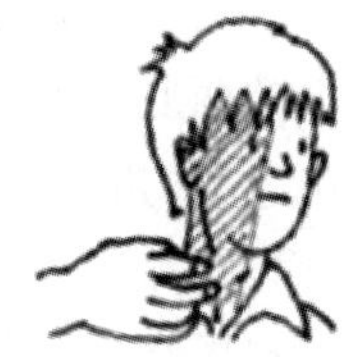

指压颈根、气管旁颈总动脉

指压锁骨上窝下动脉

指压肱动脉

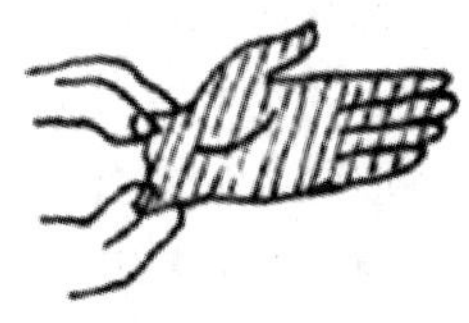

指压桡动脉及尺动脉

压迫手指两侧指动脉

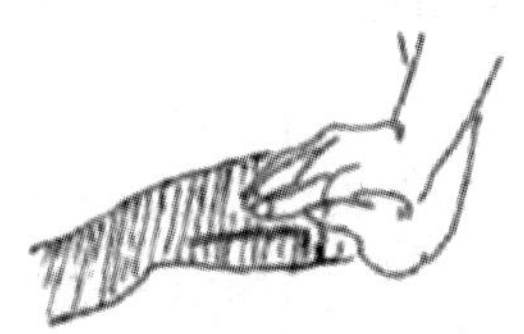

用两手掌重叠的掌根部在大腿根部中点波动点的股动脉上用力深压

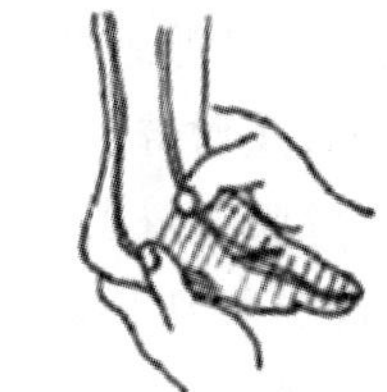

指压胫前、胫后动脉

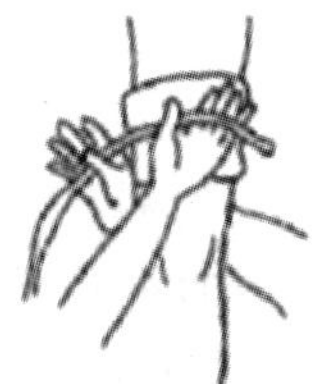

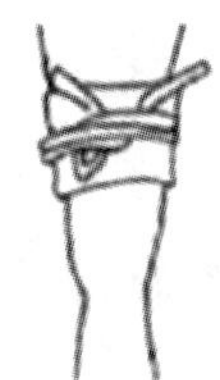

橡皮止血带止血法

图 2.1　止血方法

4. 包扎

包扎技术是战场救护及家庭医疗救护中的基本技术之一，它可直接影响伤病员的生命安全和健康恢复。常用的包扎材料有三角绷带和医用弹性绷带，也可以用其他材料代替。

包扎注意事项：动作要迅速、准确，不能加重伤员的疼痛、出血和污染伤口。包扎不宜太紧，以免影响血液循环；包扎太松会使敷料脱落或移动。最好用消毒的敷料覆盖伤口，也可用清洁的布片。包扎四肢时，指(趾)最好暴露在外面，以便观察。

用三角巾包扎时，边要固定，角要拉紧，中心伸展，包扎要贴实，打结要牢固。

三角巾包头部：将三角巾的底边折叠两层(约二指宽)，放于前额齐眉以上，顶角拉向后颅部，三角巾的两底角经两耳上方，拉向枕后，先打一个半结，压紧顶角，将顶角塞进结里，然后再将左、右底角到前额打结。

三角巾包面部：在三角巾顶处打一结，套于下颌部，底边拉向枕部，上提两底角，拉紧并交叉压住底边，再绕至前额打结。包完后在眼、口、鼻处剪开小孔。

绷带环形包扎法：在肢体某一部位环绕数周，每一周重叠盖住前一周。常用于手、腕、足、颈、额等处，以及用于包扎的开始和末端固定。

绷带螺旋包扎法：包扎时，绷带单纯螺旋上升，每一周压盖前一周的 1/2，多用于肢体和躯干等处。

绷带 8 字形包扎法：本法是一圈向上、一圈向下的包扎，每周在正面和前一周相交，并压盖前一周的 1/2。多用于肘、膝、踝、肩、髋等关节处。

以实验教学中心配备的化学急救包为例，其包含：碘伏消毒液 30 支、酒精湿巾 2 片、医用酒精棉片 10 片、医用脱脂棉球 2 袋、硼酸溶液 1 瓶、双氧水 1 瓶、碳酸氢钠溶液 1 瓶、创可贴 40 片、医用弹性绷带 3 卷、医用纱布 5 片、三角绷带 1 包、医用透气胶带 1 卷、医用敷贴 6 片、卡扣式止血带 1 个、烧伤敷料 1 包、眼垫 2 片、洗眼液 1 瓶、瞬冷冰袋 1 袋、医用烧伤敷料 1 支、呼吸面罩 1 个、急救毯 1 块、一次性医用检查手套 1 副、敷料镊子 1 把、安全别针 10 枚、圆头剪刀 1 把、手电筒 1 个、高频救生哨 1 个、急救手册 1 本、急救知识光盘 1 张。这些足以满足实验人员的紧急救助需要。

2.3 化学实验室安全责任

实验室安全管理是一个系统的、复杂的工作，是实验室建设和发展的重要组成部分，不仅是几个职能部门、少数人的职责，还需要每个岗位每个人都能切实履行职责和义务。

“隐患险于明火，防范胜于救灾，责任重于泰山”。实验室安全工作从学校到学院，实行分工、分级负责制，层层落实实验室安全工作职责，层层分解工作任务，建立一套纵向到底、横向到边的实验室安全责任体系。每位师生都应清楚地认识到自己在实验室安全管理中肩负的重大责任，时刻紧绷安全之弦，将实验室安全工作做到“细微之处见真章”，切实做到减少实验室安全隐患、降低事故发生的概率。

高校化学实验室安全责任内容各院校可根据自身实际情况和学科专业特点制定，以下是我校化学实验室安全责任基本内容，以供参考。

(1)树立“安全第一、预防为主、防消结合”的思想，坚持“谁主管、谁负责”的原则，提高个人安全责任意识，加强对参与实验的所有人员进行安全教育和考核工作。

(2)认真执行国家有关法律法规和学校制定的易制毒化学品、危险化学品、特种设备、实验室“三废”等安全管理规章制度，有权制止违反安全工作规章规程的一切行为。

(3)对自己负责的实验室、准备室、仪器室、办公区及学生宿舍等区域严格管理，做好防火、防盗、防水、防爆、防触电、防污染、防中毒、防传染等安全管理工作，并做好日常自查和记录工作，发现安全隐患及时排除，不能解决的问题及时向学院消防安全工作小组反馈。

(4)重点设备的操作规程和注意事项需上墙，并按操作规程操作。掌握相关安全事故的应急救援措施。实验教学期间，教师与实验员为共同责任人。教师应在实验现场进行指导，并更正学生不规范操作，实验员要协助实验教学和维持实验教学秩序。

(5)严格执行实验室物品出入库登记制度。危险化学品建立账本、定期检查盘点，保证账实相符，做好出入库和使用记录。

(6)实验室中暂时不用的危险药品及时归橱上锁，长期不用的药品及时报废处理，标签不清的药品瓶及时更换标签。不私自转让、出借危险化学品，防止学生或有关人员将危险化学品、实验器具带出实验室。

(7)严格执行国家和学校有关“危险品化学安全管理实施细则”要求，做到“双人管理、双人领、双人用、双人开锁、双账”的“五双”管理；按规定程序申购和领用，并做好库存、使用等记录；对较长时间不用的危险化学品，严格按照程序退回学校危险品仓库。

(8)实验“三废”排放严格执行国家规定，暂时达不到国家排放标准的实验“三废”，要分类收集、妥善保存，防止污染环境，积极探索实验“三废”的无害化处理方法。

(9)实验室用电不得超过额定负荷；电气设备或动力线路设施必须严格按照设备的安全要求使用或改造；严禁擅自拉接电线和网线；设备使用前，要认真检查，保证接线无老化或裸露现象，确保绝缘良好。

(10)有变压器、电感应圈的设备，应安置在耐高温的基座上，其散热孔不得覆盖或放置易燃物。空调机要定期维护和定期清洗滤网，防止灰尘堵塞，造成电线发热而产生火灾隐患。

(11)压缩气瓶、高压灭菌设备等压力容器必须有专人负责保管和指导使用，安放场地应有防爆防火设施，安全阀和压力表必须定期检验，保持灵敏、可靠。各种压缩气瓶要分开放置，离明火一定距离，同时防止暴晒。使用中禁止碰撞和敲击，漆色标记应保持完好，专瓶专用。定期检查压力容器等重点设备的安全性，严格执行安全操作规程，做好运行记录，发现隐患及时处理。

(12)相关人员进入实验室需穿实验服，特殊环境下需戴工作帽、手套、防毒面具等。

(13)要严格执行大型仪器设备使用登记制度，在使用大型仪器设备时，使用人一般不得离开现场，学生使用必须有老师指导。

(14)要切实加强实验室环境的日常管理，保持环境整洁、卫生，仪器设备及各类器材管理应井井有条，暂时不用的仪器设备和物资应收拾整齐，放在适当位置。

(15)没有使用时，实验室工作人员必须确认“水、电、门、窗”等是否关好，并及时锁门。

(16)节假日前,对自己负责的实验室、准备室、仪器室、办公区及学生宿舍等区域进行全面的安全检查,关好水阀、门窗、电源等。妥善放置实验室各种危险物品。对危险性大、性质不稳定的化学品重点检查,确保假期期间不出安全事故。

(17)遇有突发性事故,努力做到沉着、冷静,及时扑救、组织人员处理或及时拨打门牌紧急电话,并及时向学院消防安全工作小组报告。不论大小事故,主动协助调查事故,如实反映情况。

(18)因个人疏忽造成事故发生,责任人不推诿责任;因故意造成事故发生的,按照国家、学校和学院相关规定处理,并由其本人承担全部责任。

(19)实验室安全责任人组织所在实验室的日常检查和自查工作,可结合实验室实际情况和 2023 年版《高等学校实验室安全检查项目表》的相关检查项目展开,并做好记录和反馈工作。

第3章

化学品安全基础知识

目前世界上大约存在数百万种化学物质，常用的约 7 万种。此外，每年还有大约上千种新化学物质问世。可以说，现代社会中的每一个人都生活在化学物质的包围中，这其中有相当一部分的化学物质具有反应性、燃爆性、毒性、腐蚀性、致畸性、致癌性等。若对化学品缺乏安全使用知识，在化学品的生产、贮存、操作、运输、废弃物处置中防护不当，则有可能发生损害健康、破坏环境、损毁财产甚至威胁生命的事故。高等学校实验室中常常会涉及各种危险化学品的使用。学习、掌握危险化学品的知识对预防与化学品相关的实验室事故具有重要的意义。

3.1 危险化学品的概念和分类

3.1.1 危险化学品的概念

根据 2011 年颁布的中华人民共和国国务院令第 591 号《危险化学品安全管理条例》规定，危险化学品（危险物品）是指具有毒害、腐蚀、爆炸、燃烧、助燃等性质，在运输、贮存、生产、经营、使用和处置中，容易造成人身伤亡、财产损毁或环境污染而需要特别防护的物质和物品。

3.1.2 化学物质的危险特性

化学物质有气、液、固三态，它们在不同状态下分别具有相应的化学、物理、生物、环境方面的危险特性。了解并掌握这些危险特性是进行危害识别、预防、消除的基础。危险化学品的理化危险性主要体现在易燃性、爆炸性和反应性三方面。

1. 易燃性

燃烧是物质与氧化剂发生强烈化学反应并伴有发光、发热的现象。物质燃烧的发生需要同时具备三个条件(燃烧三要素):可燃物(一定浓度的可燃气体或蒸气)、助燃物(氧化气氛,通常为空气)、着火源。

易燃物质是指在空气中容易着火燃烧的物质,包括固体、液体和气体。气体物质不需要经过蒸发,可以直接燃烧。固体和液体发生燃烧,需要经过分解和蒸发,生成气体,然后由这些气体成分与氧化剂作用发生燃烧。

下面是与物质易燃性相关的重要概念。

1)闪点

易燃或可燃液体挥发出来的蒸气与空气混合后,遇火源发生一闪即灭的燃烧现象称为闪燃,发生闪燃的最低温度点称为闪点,闪点是表示易燃液体燃爆危险性的一个重要指标。从消防观点来说,液体闪点是可能引起火灾的最低温度。闪点越低,液体的燃爆危险性越大。

闪点的测试方法有两种,即闭杯闪点和开杯闪点。闭杯闪点的测定原理是把试样装入试验杯中,在连续搅拌下用很慢的、恒定的速度加热试样,在规定的温度间隔,同时中断搅拌的情况下,将一个小的试验火焰引入杯中,用试验火焰引起试样上的蒸气闪火时的最低温度作为闭杯闪点。开杯闪点测定原理是把试样装入试验杯中,首先迅速升高试样温度,然后缓慢升温,当接近闪点时,恒速升温,在规定的温度间隔,以一个小的试验火焰横着通过试杯,用试验火焰使液体表面的蒸气发生点火的最低温度作为开杯闪点。一般闭杯闪点的测得值低于开杯闪点的。闭杯闪点方法较开杯闪点方法重现性及精密度高。

2)燃点

着火是指可燃物质在空气中受到外界火源或高温的直接作用,开始起火持续燃烧的现象。物质开始起火持续燃烧的最低温度点称为燃点或着火点。燃点越低,物质着火危险性越大。一般液体燃点高于闪点,易燃液体的燃点比闪点高 1～5 ℃。一闪即灭的火星不一定导致物质的持续燃烧。

3)着火源

凡能引起可燃物质燃烧的能量源统称为着火源(又称点火源),包括明火、电火花、摩擦、撞击、高温表面、雷电等。

4)自燃点

自燃是指可燃物质在没有外部火花、火焰等点火源的作用下,因受热或自身发热并蓄热所产生的自行燃烧。使某种物质发生自燃的最低温度就是该物质的自燃点,也称自燃温度。

5)助燃物

大多数燃烧发生在空气中,助燃物是空气中的氧气。但对由氧化剂驱动的还原性物质发生的燃烧和爆炸,氧气不一定是必需的。可作为助燃物的气体物质还可以是氯气、氟气、一氧化二氮等。液溴、过氧化物、硝酸盐、氯酸盐、溴酸盐、高氯酸盐、高锰酸盐等都可以作为助燃物。

从上述知识可知,阻止可燃物和点火源共存是消除火灾危险性的最好方法。有时阻止易燃液体向空气中挥发比较困难,这时严格控制点火源是控制危险的最好措施。

2. 爆炸性

爆炸是指化合物或混合物在热、压力、撞击、摩擦、声波等激发下,在极短时间内释放出大量能量，产生高温，并放出大量气体，在周围介质中造成高压的化学反应或物理状态变化，通常爆炸会伴随强烈放热、发光和声响。爆炸生成的高温高压气体会对它周围的介质做机械功，而导致猛烈的破坏作用。

下面是有关爆炸的一些重要概念。

1）物理爆炸

物理爆炸是由物理变化（温度、体积和压力等因素）引起的，在爆炸前后，爆炸物质的性质及化学成分均不改变，如高压气体爆炸、水蒸气爆炸等。

2）爆炸性混合物爆炸及爆炸极限

可燃气体、可燃液体蒸气或可燃固体粉尘与空气混合后，其相对组成在一定范围内时，形成爆炸性混合物，遇点火源（如明火、电火花、静电等）即发生爆炸。把爆炸性混合物遇到着火源能够发生燃烧爆炸的浓度范围称为爆炸浓度极限（又称燃烧极限），该范围的最低浓度称为爆炸下限（LEL），最高浓度称为爆炸上限（UEL）。浓度低于爆炸下限，遇到明火既不会燃烧，也不会爆炸；高于爆炸上限，不会爆炸，但是会燃烧；只有在下限和上限之间时才会发生爆炸。可燃气体、易燃液体蒸气的爆炸极限一般可用其在混合物中的体积分数表示。可燃粉尘的爆炸极限用 m 表示，由于可燃粉尘的爆炸上限很高，一般达不到，所以通常只标明爆炸下限。爆炸下限小于10%，或爆炸上限和下限之差大于等于20%的物质一般称为易燃物质。例如，当温度升高或空气中的氧含量增加时，爆炸浓度范围会变宽；其他组分的存在（如惰性气体等）也会影响其范围。

3. 反应性

除了一种物质的危险性以外，两种或更多种化学物质往往会相互发生作用，从而产生具有上述某种特性的新物质，产生能间接加剧火灾的新物质。下面例子可以代表化学混合物引起危险的情况。

1）反应产物为有毒物质

按该反应产物的性质、浓度及人体接触的情况，可造成中毒甚至死亡。例如，某些工业用除锈剂或抽水马桶清洗剂中的酸液，如与洗衣漂白剂或游泳池消毒剂混合，即放出剧毒气体，这种剧毒气体是氯气。空气中即使只有中等浓度（如1000 ppm）的氯含量，只要稍作深呼吸，即足以致命。

2）反应产物为爆炸品或易燃物质

许多含氧物质，如硝酸盐、氯酸盐及高氯酸盐等，当与某些有机物混合时，即成为能爆炸的物品。这类混合物有些是能自发爆炸的，有些稍一触碰即会发生爆炸。

3）反应时放出热量

化学反应放出的热量可为反应物或生成物或近处的物品所吸收。当这些物质吸收热量以后，其温度即可能上升至自燃点。例如，当浓硝酸泄漏到木屑上时，由于这两种物质发生化学反应，会放出大量的热量，往往足以引起木屑自燃。

3.1.3 危险化学品的分类

随着危险化学品安全生产事故或者危险化学品储运相关问题的频繁发生，化学品安全管理逐渐引起人们的重视。化学品分类和标签系统的不一致可能影响公众健康、环境和贸易，因此全球统一制度的实施有望在国内和跨境产生一致的化学品分类和危害沟通系统，有助于最终减少和消除化学品风险。目前，联合国推荐的危险化学品或危险货物分类标准主要分为“橙皮书”和“紫皮书”两种。其中，“橙皮书”指《联合国关于危险货物运输的建议书规章范本》，英文名称为 the Transport Of Dangerous Goods，简称 TDG；“紫皮书”指《全球化学品统一分类和标签制度》，英文名称为 Globally Harmonized System of Classification and Labelling of Chemicals，简称 GHS。《全球化学品统一分类和标签制度》是一个国际公认的制度，概述了化学品分类和危险通报的标准。

为了与国际接轨，消除原标准与国际规定的技术差距，进一步推进危险货物和危险化学品的国内标准化，便于危险货物与危险化学品的国际化运输，我国不断修订分类标准。我国现行的危险化学品分类标准是《危险货物分类和品名编号》(GB 6944—2012)和《化学品分类和危险性公示通则》(GB 13690—2009)，这两个标准在技术内容方面分别与 TDG 和 GHS 保持一致(非等效)。

《危险货物分类和品名编号》将货物按其危险性或最主要的危险性划分为 9 个类别(21 项)。这 9 个类别分别为：①爆炸品；②气体；③易燃液体；④易燃固体、自燃物品、遇湿易燃物品；⑤氧化性物质和有机过氧化物；⑥毒性物质和感染性物质；⑦放射性物质；⑧腐蚀性物质；⑨杂项危险物质和物品，危害环境物质。

1. 爆炸品

爆炸品是指在外界作用下(受热或撞击等)或其他物质激发，在极短时间内能发生剧烈化学反应，瞬时产生大量气体和热量，使周围压力急剧上升，对周围环境造成破坏的物品。根据其强爆炸性、高敏感度、对氧无依赖性等特性又可以分为：有整体爆炸危险的物质和物品；有迸射危险，但无整体爆炸危险的物质和物品；有燃烧危险并有局部爆炸危险或局部迸射危险或这两种危险都有，但无整体爆炸危险的物质和物品；不呈现重大危险的物质和物品；有整体爆炸危险的非常不敏感物品；无整体爆炸危险的极端不敏感物品。

常见爆炸物理化参数及安全性描述如表 3.1 所示。

表 3.1 常见爆炸物理化参数及安全性描述

名称	化学式	CAS 号	熔点	沸点	安全性描述
硝酸铵	NH_4NO_3	6484-52-2	169.6 ℃	210 ℃(分解)	S17;S26;S36
三硝基苯酚(苦味酸)	$C_6H_3N_3O_7$	88-89-1	122.5 ℃	300 ℃(爆炸)	S16;S26;S28;S35;S36/37;S45
三硝基甲苯(TNT)	$C_7H_5N_3O_6$	118-96-7	80.9 ℃	240 ℃(分解)	S26;S36/37
硝化甘油	$C_3H_5N_3O_9$	55-63-0	13 ℃	295.8 ℃	S7;S16;S33;S35;S36/S37;S45;S61

注意，S7：保存在严格密闭容器中；S16：远离火源，禁止吸烟；S17：远离可燃物料；S26：眼睛接触后，立即用大量水冲洗并征求医生意见；S28：皮肤接触后，立即用大量由生产厂家指定的物质冲洗；S33：对静电采取预防措施；S35：该物料及其容器必须以安全方式处置；S36/S37：穿戴适当的防护服和手套；S45：发生事故时或感觉不适时，立即求医(可能时出示标签)；S61：避免释放到环境中，参考特别指示/安全收据说明书。

2. 气体

气体包括易燃气体、非易燃无毒气体、有毒气体。

易燃气体是指在 101.3 kPa 标准压力下，在与空气的混合物中体积占 13%或更少时可点燃的气体，或与空气混合，不论燃烧下限值如何，可燃范围至少为 12 个百分点的气体。《国际海运危险货物规则》将易燃气体列为第 2.1 类危险货物。此类气体泄漏时，遇明火、撞击、电气、静电火花以及高温会发生燃烧或爆炸。

非易燃无毒气体是指需在压力不低于 280 kPa 或以冷冻液体状态运输的具有窒息性的气体，能稀释或取代空气中氧气或具有氧化性的气体。与氧气混合比与空气混合更能引起或促进其他材料燃烧的气体，或不属于其他小类的气体。《国际海运危险货物规则》将非易燃无毒气体列为第 2.2 类危险货物。此类气体泄漏时，遇明火不会燃烧，没有腐蚀性，吸入人体内也无毒、无刺激作用，但大多会在高浓度时有窒息作用。非易燃无毒气体有压缩空气、氮气、氩气。

有毒气体指常温常压下呈气态或极易挥发的有毒化学物质，来源于工业污染、煤和石油的燃烧及生物材料的腐败分解。有毒气体对呼吸道有刺激作用，吸入易中毒，包括氨、氯气、臭氧、二氧化氮、二氧化硫、一氧化碳、硫化氢及光化学烟雾等。有毒气体又可分为刺激性气体和窒息性气体。刺激性气体是指对眼和呼吸道黏膜有刺激作用的气体。它是化学工业常遇到的有毒气体。刺激性气体的种类很多，最常见的有氯、氨、氮氧化物、光气(常用于杀虫剂)、氟化氢(主要用作含氟化合物的原料)、二氧化硫(用作有机溶剂及冷冻剂，并用于精制各种润滑油)、三氧化硫和硫酸二甲酯等。窒息性气体是指能造成机体缺氧的有毒气体。窒息性气体可分为单纯窒息性气体、血液窒息性气体和细胞窒息性气体，如氮气、甲烷、乙烷、乙烯、一氧化碳。

常见易燃气体的燃点及爆炸界限如表 3.2 所示。

表 3.2 常见易燃气体的燃点及爆炸界限

名称	化学式	CAS 号	燃点	爆炸界限(VOL)
氢气	H_2	1333-74-0	574 ℃	4.1%～74.8%
甲烷	CH_4	74-82-8	538 ℃	5%～15.4%
乙烷	C_2H_6	74-84-0	472 ℃	3%～16%
乙炔	C_2H_2	74-86-2	305 ℃	2.3%～72.3%
乙烯	C_2H_4	74-85-1	450 ℃	2.7%～36%
硫化氢	H_2S	7783-06-4	260 ℃	4.3%～46%
液化石油气			426～537 ℃	1.5%～9.5%

3. 易燃液体

易燃液体是指易于挥发和燃烧的液态物质。在《化学品分类和危险性公示通则》(GB

13690—2009)中，易燃液体是指闪点不高于93 ℃的液体。其闪点(表示可燃液体性质指标之一)低于28.1 ℃的为一级易燃液体，极易燃烧和挥发，如汽油等；闪点为28.1～45 ℃的为二级易燃液体，容易燃烧和挥发，如煤油、松节油等。易燃液体及其所挥发的可燃气体，遇火迅速燃烧；所挥发的可燃气体在空气中的浓度达到爆炸极限时，遇火星即发生爆炸；存放在密闭容器中的易燃液体受热后能使容器爆裂而引起燃烧；大量可燃气体扩散到空气中，使人畜中毒或窒息。易燃液体在运输中一般不得与其他品种混装混放，应特别注意防火、防热、防撞击，并按安全要求进行操作。常见易燃液体的闪点如表3.3所示。

表3.3 常见易燃液体的闪点

名称	化学式	CAS号	闪点	爆炸界限(VOL)
甲醇	CH_3OH	67-56-1	11.1 ℃	6%～36.5%
乙醇	C_2H_5OH	64-17-5	21.1 ℃(开杯)，14.0 ℃(闭杯)	3.3%～19%
苯	C_6H_6	71-43-2	−11 ℃	1.2%～8%
乙醚	$C_4H_{10}O$	60-29-7	45 ℃(闭杯)	1.7%～49%
丙酮	CH_3COCH_3	67-64-1	−18 ℃	2.2%～13%
二硫化碳	CS_2	75-15-0	−30 ℃	1%～60%
煤油		8008-20-6	28～45 ℃	2%～3%
汽油			−50 ℃	1.5%～6%

注：闭杯比开杯测定的闪点要低几摄氏度，但开杯测定的闪点更接近实际情况。

4. 易燃固体、自燃物品、遇湿易燃物品

易燃固体：易燃固体是指燃烧点低，遇火、受热、撞击、摩擦或与氧化剂接触后，极易引起急剧燃烧或爆炸的固态物质。有的易燃固体发生燃烧时还放出有毒气体。易燃固体多为化工产品，如赤磷、镁粉等。易燃固体分为一、二两级。前者燃点低，极易燃烧和爆炸，燃烧速度快，燃烧产物毒性大；后者燃烧性能较前者差些，燃烧时可能放出有毒气体。在运输、装卸过程中，应注意防火、防热、防撞击、防摩擦等，装卸机具应有防止产生火花的装置；在配装和贮存时，应远离热源、电源。易燃固体有赤磷、钠、粉末状固体，如镁、铝、铁、活性炭和硫黄粉。

自燃物品：自燃物品是指在常温下缓慢氧化，但在某些条件的作用下，可加速氧化达到燃点温度而燃烧的物品。自燃物品有黄磷、煤、锌粉。

遇湿易燃物品：遇水或受潮时发生剧烈的化学反应，放出大量易燃气体和热量，燃烧或爆炸。遇湿易燃物品有锂、钠、钾、铷、铯、钙、镁、铝等金属氢化物(氢化钙)、碳化物(电石)、磷化物(磷化钙)、硼氢化物(硼氢化钠)、轻金属粉末(镁粉、锌粉)。

注意以下两点。

(1)黄磷保存于水中,不要接触皮肤。

(2)钠、钾保存于煤油中,切勿与水接触。反应残渣也易着火,不得随意丢弃。

5. 氧化性物质和有机过氧化物

氧化性物质:指本身不一定可燃,但因放出氧或起氧化反应可能引起或促进其他物质燃烧的物质,通常指含有高价态原子结构或含有双氧结构的化合物。如果遇到酸,或受潮湿、强热,或与其他还原性物质、易燃物质接触,即能进行氧化分解反应,放出热量和氧气,引起可燃物质的燃烧,有时还能形成爆炸性混合物。《国际海运危险货物规则》将氧化性物质列为第 5.1 类危险货物。

有机过氧化物:分子组成中含有过氧基的有机物质,该物质为热不稳定物质,受热超过一定温度后会分解产生含氧自由基,可发生放热的自加速分解。一般选用其的基本依据是活性氧含量、活化能、半衰期及分解温度 4 个指标。

特性:强氧化性,遇酸、碱、有机物、还原剂时,发生剧烈化学反应而引起燃爆;对碰撞或摩擦敏感。

化学实验室安全与基本规范氧化性物质有硝酸钾、氯酸钾、过氧化钠、高锰酸钾。有机过氧化物有过氧化苯甲酰、过氧化甲乙酮、过苯甲酸。

6. 毒性物质和感染性物质

毒性物质:经吞食、吸入或皮肤接触后可能造成死亡或严重受伤或健康受损害的物质。

感染性物质:含有病原体的物质,包括生物制品、诊断样品、基因突变的微生物、生物体和其他介质,如病毒蛋白等。常用化学试剂毒性如表 3.4 所示。

表 3.4　常用化学试剂毒性

分类	名称
剧毒物质	氰化钾、氰化钠、氯化氰、砷及三氧化二砷(别名为砒霜)、铍及其化合物、汞、氯化汞、硝酸汞、氢氟酸、氯化钡、乙腈、丙烯腈、有机磷化物、有机砷化物、有机氟化物等
高毒物质	二氯乙烷、三氯乙烷、三氯甲烷、二氯硅烷、苯胺、芳香胺、铊化合物(氧化铊、硝酸铊等)、黄磷、硫化氢、三氯化锑、溴水、氯气、二氧化锰、氯化氢等
中毒物质	苯、甲苯、二甲苯、四氯化碳、三硝基甲苯、环氧乙烷、环氧氯丙烷、四氯化硅、甲醛、甲醇、二硫化碳、硫酸、硝酸、硫酸镉、氧化镉、一氧化碳、一氧化氮等
低毒物质	三氧化二铝、钼酸铵、亚铁氰化钾、铁氰化钾、间苯二胺、正丁醇、丙烯酸、邻苯二甲酸、二甲基甲酰胺、己内酰胺、硝基苯、苯乙烯、萘等
致癌物质	黄曲霉素 B1、亚硝胺、石棉、3,4-苯并芘、联苯胺及其盐类、4-硝基联苯、1-萘胺、间苯二胺、丙烯腈、氯乙烯、二氯甲醚、苯、醛、偶氮化合物、三氯甲烷(氯仿)、硫脲、六价铬(如重铬酸钾、铬渣)、铅、铍、镉等

毒性分级标准如表 3.5 所示。

表 3.5 毒性分级标准

分级	经口半数致死量 $LD_{50}/(mg/kg)$	经皮接触 25 h 半数致死量 $LD_{50}/(mg/kg)$	吸入 1 h 半数致死浓度 $LC_{50}/(mg/L)$
剧毒品	$LD_{50} \leqslant 5$	$LD_{50} \leqslant 40$	$LC_{50} \leqslant 0.5$
有毒品	$5 < LD_{50} \leqslant 50$	$40 < LD_{50} \leqslant 200$	$0.5 < LC_{50} \leqslant 2$
有害品	$50 < LD_{50} \leqslant 500$	$200 < LD_{50} \leqslant 1000$	$2 < LC_{50} \leqslant 10$

注：半数致死量(median lethal dose，LD_{50})表示在规定时间内，通过指定感染途径，使一定体重或年龄的某种动物半数死亡所需最小细菌数或毒素量。这是描述有毒物质或辐射毒性的常用指标。半数致死浓度(median lethal concentration，LC_{50})指能使一群动物在接触外源化学物一定时间(一般固定为2～4 h)后并在一定观察期限内(一般为 14 h)死亡 50%所需的浓度。

7. 放射性物质

放射性物质是指那些能自然地向外辐射能量、发出射线的物质。一般都是原子质量很高的金属，像镭、钚、铀等。放射性物质放出的射线主要有 α 射线、β 射线、γ 射线、正电子、质子、中子、中微子等。物质的放射性来源于其包含的放射性同位素，因此与放射性同位素的分类相对应，放射性物质可分为天然放射性物质和人工放射性物质。自然界中天然存在的放射性物质称为天然放射性物质，人工制造的放射性物质称为人工放射性物质。

地球上所有现存的天然放射性重元素都是由三种最原始的元素原子蜕变而形成的，每一种最原始的原子在它衰变后形成另一种原子，而这一生成的原子继续衰变又可产生其他原子，直到最后产生稳定的原子为止，所有这些原子组成一个原子族系，称为天然放射系，铀-镭系、钍系和锕系就是这三个天然放射系。

人工放射性物质通常是利用核反应法制造的，包括核反应堆和加速器两种方法。应用核反应堆生产放射性同位素是根据原子核的物理性质以及所需射线的种类、能量、半衰期，来选取合适的材料作靶子，将其放入核反应堆中，用核反应堆产生的中子射线进行照射，使靶材料的原子核吸收中子而变成放射性同位素。应用加速器生产放射性同位素是应用加速器的高压电场加速带电粒子(一般是质子)，使其轰击事先选定的靶材料，被轰击的靶材料的原子核吸收一个带电粒子而变成放射性同位素。

常见的放射性物质有镭-226、钴-60、铀-23、铯-137、碘-131。

8. 腐蚀性物质

腐蚀性物质是指通过化学作用使生物组织接触时会造成严重损伤，或在渗漏时会严重损害甚至毁坏其他货物或运载工具的物质。在自然界中，具有腐蚀性的物质有很多，腐蚀强度也各不相同。具有强腐蚀性的物质大多属于强酸强碱。此外，一些强氧化剂、脱水剂等也具有较强的腐蚀性，就算是化学活泼性较弱的金属，遇到这些超强的腐蚀性物质，也会被腐蚀掉。

酸性腐蚀品：盐酸、硫酸、硝酸、磷酸、氢氟酸、高氯酸、王水（1体积的浓硝酸和3体积的浓盐酸混合而成）。

碱性腐蚀品：氢氧化钠、氢氧化钾、氨水。

其他腐蚀品：苯、苯酚、氟化铬、次氯酸钠溶液、甲醛溶液等。

9. 杂项危险物质和物品

具有其他类别未包括的危险物质和物品。危险物质的级别和组别是根据其性能参数划分的。这些性能参数包括：危险物质的闪点、燃点、引燃温度、爆炸极限、最小点燃电流比、最小引燃能量、最大试验安全间隙等，如腐蚀性物质、易爆物质、放射性物质、致癌物质、诱变物质、致畸物质或危害生态环境的物质等。

《杂项危险物质和物品危险特性检验安全规范》（GB 29919—2013）对9类物质进行划分，包括：可被吸入的细粉尘，可能损害健康的物质；可释放易燃气体的物质；锂电池组；救生器材；遇火可能形成二氧杂环的物质和制品；提高温度会释放或可能释放的物质；环境有害物质；转基因微生物（GMMOs）和转基因生物体（GMOs）；在运输中有危险的其他物质和物品，但是不能划分到另一类中。

危害环境物质包括：污染水生环境的液体或固体及这些物质的溶液和混合物（例如制剂和废物）。它们不具备爆炸爆燃等物理危害，其毒性和腐蚀性等健康危害也不大，但是当它们进入到环境中时，会对水生、陆生和大气环境造成污染，破坏生态系统，并进一步危害人类健康。对环境危害物质正确分类和标记，可以使应急人员、生产工人、运输工人和消费者在其生产、贮存、运输、使用和处置的过程中进行防护并预防其进入环境中，防止或减少其对环境或人类造成的负面影响。目前，环境危害物质尚无确切的定义和统一的概念。《联合国关于危险货物运输的建议书规章范本》定义环境危害物质为未被列入第1～8类和第9类其他项危险性的污染环境的物质，以及这类物质的混合物，包括《控制危险废物越境转移及其处置巴塞尔公约》和主权国主管当局规定的物质和废物，即专指危害水生环境的物质。

《化学品危险性分类与代码》（GA/T 972—2011）按理化危险、健康危险和环境危险将化学物质和混合物分为30个危险性类别，具体如表3.6所示。

表3.6　《化学品危险性分类与代码》（GA/T 972—2011）对危险化学品的分类

代码	名称	代码	名称	代码	名称
100	理化危险	200	健康危险	300	环境危险
101	爆炸物	201	急性毒性	301	危害水生环境
102	易燃气体	202	皮肤腐蚀/刺激	399	其他环境危险化学品
103	易燃气溶胶	203	严重眼损伤/眼刺激		
104	氧化性气体	204	呼吸或皮肤致敏		
105	压力下气体	205	生殖细胞致突变性		
106	易燃液体	206	致癌性		

续表

代码	名称	代码	名称	代码	名称
107	易燃固体	207	生殖毒性		
108	自反应物质或混合物	208	特异性靶器官系统毒性(一次接触)		
109	自燃液体	209	特异性靶器官系统毒性(反复接触)		
110	自燃固体	210	吸入危险		
111	自热物质和混合物	299	其他健康危险化学品		
112	遇水放出易燃气体的物质或混合物				
113	氧化性液体				
114	氧化性固体				
115	有机过氧化物				
116	金属腐蚀剂				
199	其他理化危险化学品				

常用危险化学品图标如图 3.1 所示。

图 3.1 常用危险化学品图标

3.2 危险化学品使用安全措施

危险化学品使用安全措施包括预防各类使用事故的措施和实现使用安全的措施。前者属于被动措施,后者属于主动措施。

3.2.1 危险化学品使用事故预防原则

在作业场所中，应对涉及危险化学品的使用进行严格控制，其目标是消除化学品危害或者尽可能降低其危害程度，以免危害人员、污染环境、引起火灾和爆炸等重大事故。

预防化学品引起的伤害以及火灾和爆炸的最理想的方式是在工作中不使用与上述危害有关的化学品，然而并不是总能做到这一点。因此，采取隔离危险源，实施有效通风，或使用适当的个体防护用品等手段往往也是非常必要的。通常采用操作控制的四条基本原则，从而有效地消除或降低化学品暴露，减少化学品引起的伤亡事故、火灾及爆炸。危险化学品使用事故预防的基本原则如下。

(1)取代，无毒取代有毒，低毒取代高毒。

(2)隔离，密闭危险源，或增大操作者与有害物之间的距离等。

(3)通风，用全面通风或局部通风手段排除或降低有害物(如烟、气、气化物和雾气)在空气中的浓度。

(4)个体防护，使用个体防护用具。

1. 取代

减小化学危害的最有效方法是不使用有毒有害化学品，不使用易燃易爆化学物质，或尽量使用比较安全的化学品。然而到底使用哪种化学品才能安全，这种选择要参照工艺过程的性质，在工艺设计阶段就要做出。对于旧工艺，要尽量采取取代的方法。取代有毒化学品的例子很多。例如，使用水基涂料或水基黏合剂，而不使用有机溶剂基的涂料或黏合剂；使用水基洗涤剂，而不使用溶剂基洗涤剂；使用三氯甲烷作脱脂剂，而不使用三氯乙烯作脱脂剂；使用高闪点化学品，而不使用低闪点化学品。取代工艺过程的例子也很多。例如，改喷涂为电涂或浸涂；改手工分批装料为机械连续装料；改干法破碎为湿法破碎。

供选择的取代物往往是很有限的，特别是在某些技术要求和经济要求的前提下，一些有害化学品不可避免地要被使用。根据类似的情况，积极寻找取代物往往总能收到成效，例如用水溶性胶水代替有机溶剂胶水。

2. 隔离

隔离即拉开使用者与有害物间的距离或设置防护设施。这个方法是将加工设备封闭起来，以便限制空气污染扩散到工作区，并隔断明火、热源或燃料而减少危险。最理想的加工工艺是最大限度地减少使用者接触有害化学品的机会。例如，隔离整个机器，封闭加工过程中的扬尘点，可以有效地限制污染物扩散到作业环境中去。用隔离的方法可减少使用者与危险化学品的接触，将危险的生产或操作过程远离实验室，或建立屏障把它们与其他生产操作隔开。通过安全贮存有害化学品和严格限制有害化学品在作业场所的存放量(满足一天实验所需要的量即可)也可以获得相同的隔离效果，这种方法特别适用于那些操作人数不多，而且很难采用其他控制手段的工序，但在使用这种手段时，切记要使用充足的个体防护用品。

3. 通风

对于化学物质产生的飘尘，除了取代和隔离以外，通风是最有效的控制办法。借助于有效的通风和相关的除尘装置，直接捕集生产过程中所释放出的飘尘污染物，防止这些有害物进入使用者的呼吸场所，通过管道将收到的污染物送到收集器中，这样就不会污染外部环境。这是通过专门的排气系统或加强全面通风完成的。使用局部通风时，吸尘罩应尽可能地接近污染源，否则通风系统中风扇所产生的抽力将被减弱，以致不能有效地捕集扬尘。为了确保通风系统的高效率，认真检查体系设计的合理性是很重要的，并应向安置通风系统的专家或工人请教。此外，对安装好的通风系统，要经常性地加以维护和保养，使其有效发挥作用。目前，局部通风已在多种应用场合起到了有效控制有害物质（如铅烟、石棉尘和有机溶剂）的作用。

全面通风也称稀释通风，其原理是向作业场所补充新鲜空气，以达到冲稀污染物或易燃气体的浓度的目的。提供新鲜空气的方式主要是采用自然通风和机械通风。欲采用全面通风时，在实验室设计阶段就要考虑空气流向等因素。因为全面通风的目标不是消除污染物，而是将污染物分散稀释，从而降低其浓度，所以全面通风仅适用于低毒性无腐蚀性污染物存在的场合，且污染物的使用量不能过大。

通风橱又称通风柜，是实验室特别是化学实验室的一种大型设备。用途是减少实验者和有害气体的接触。通风柜是保护人员免受有毒化学烟气危害的一级屏障，它可以作为重要的安全后援设备，在化学实验过程中，确保烟雾、尘埃和有毒气体产生时能有效排出，从而保护工作人员和实验室环境。

通风柜气流模式如图 3.2 所示。

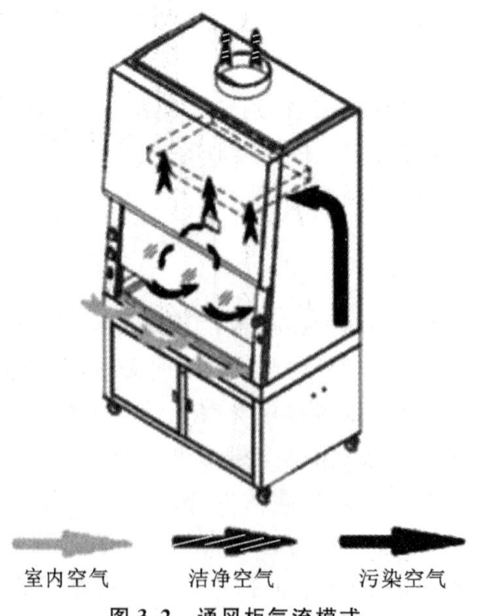

图 3.2 通风柜气流模式

使用前，操作人员在启动楼顶风机系统后，即可开始使用通风柜，在使用通风柜前需先检视以下内容。

(1)电源开关是否都处于开启位置。

(2)日光灯开关是否打开。

(3)通风柜是否处于排风状态。

当检查结果一切正常时，方可开始操作通风柜。

使用时，要注意以下事项。

(1)实验人员在通风柜实验时，不得将头伸入调节门内，以避免危险，腹部、胸部距离通风柜调节门 10～15 cm，如图 3.3 所示。

(a)错误示范

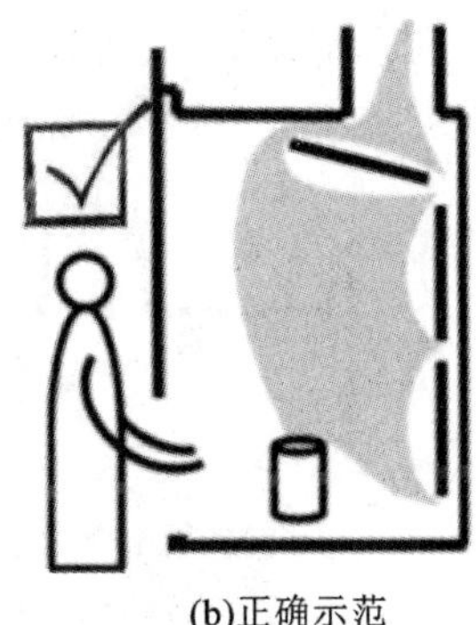

(b)正确示范

图 3.3 实验操作示意图

(2)在实验过程中，通风柜门不要拉得过高，如图 3.4 所示。柜门位置过高会降低对污染物的捕集率，增加泄漏率，也会使操作人员的面部暴露在污染物中，同时还增加了能耗。

(a)错误示范

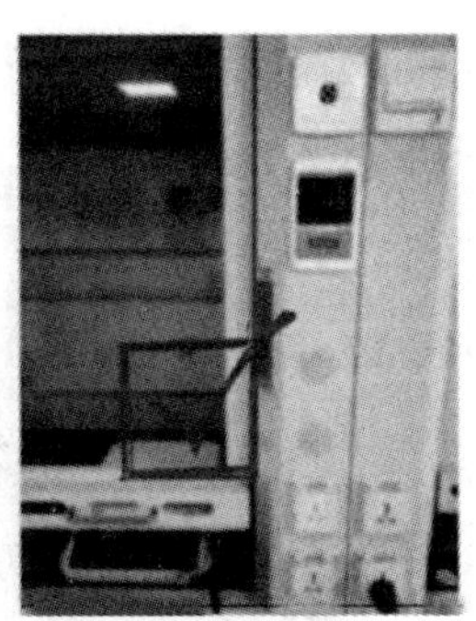

(b)正确示范

图 3.4 通风柜门高度

(3)一般通风柜内部的气流进口在最里侧和顶部，因此污染物越靠近内部，通风柜的捕集率也越高。实验人员在操作产生烟雾或放出气体的实验时，应在距离通风柜门至少 20 cm 处进行，如图 3.5 所示。

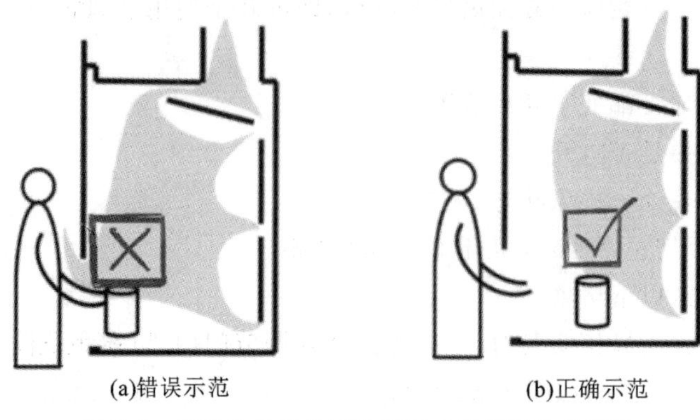

图 3.5　实验人员操作产生烟雾或放出气体的实验

(4)当需要用到大型设备,或所放置设备高度超过 10 cm 时,设备下方需要有气流通道,可使用不锈钢支架将设备架高 10 cm 左右,如图 3.6 所示。

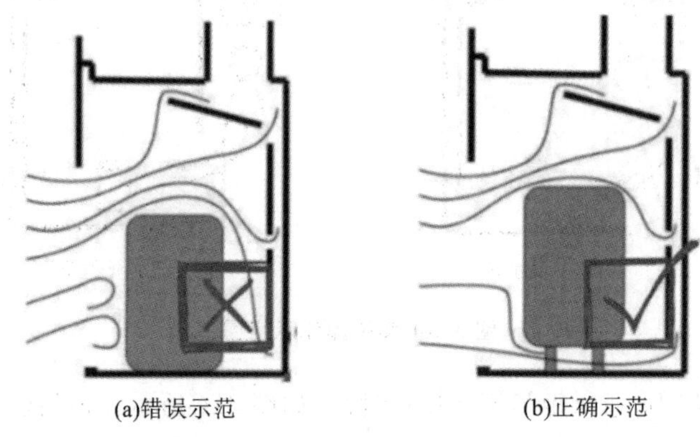

图 3.6　操作大型设备

(5)应避免在通风柜内放置过多的设备及仪器,在通风柜内的装备或其他设备总面积不得超过台面板面积的 50%,错误示例如图 3.7 所示。

图 3.7　错误示例

(6)若通风柜距离门、窗较近,在使用通风柜时,应将门窗关闭;通风柜附近不得开启风扇等，尽可能降低环境气流的干扰。

(7)当通风柜内开始产生污染物质时，操作人员必须慢慢地接近或离开通风柜，因为快速移动会造成靠近通风柜前开口处的气流扰动，从而带出柜内的污染物质，如图3.8所示。

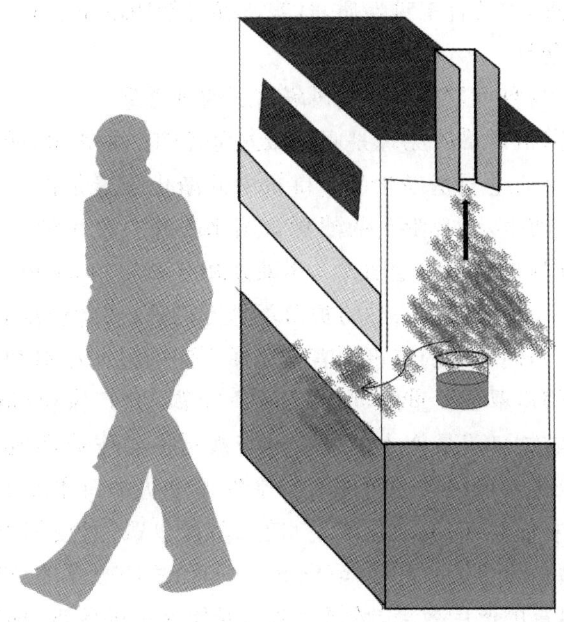

图3.8　快速移动造成气流扰动

使用后要注意以下事项。

(1)确保通风柜清洁。当通风柜处理过高毒性、高残留性或放射性的物质后，应立刻对通风柜内部清洁，去除污染。被污染的通风柜应挂上明显的警示牌，并告知维修人员哪些管路系统可能会被污染，以免伤及维修人员。

(2)通风柜内不可贮存任何物品。实验室通风柜不应该替代化学品贮存柜而在柜内贮存化学物品，通风柜会因为柜内贮存过多的物品以及有效工作空间缩减而造成性能降低。

(3)不工作时，应确保玻璃视窗(可调节门)处于关闭状态。

4. 个体防护

实验室的有害化学物质通常一直伴随实验过程存在，我们要求进入实验室就必须使用个体防护用品。个体防护用品并不能降低和排除作业场所的有害物质，它只是一道阻止有害物质进入人体的屏障。防护用品本身的失效意味着屏障的立即消失，因此，个体防护用品不能被视为控制危害的主要手段，而只是作为对其他控制手段的补充。对于火灾和爆炸危害来说，是没有可靠的防护用品可提供的。

1)防护口罩

口罩，其形式是覆盖口和鼻子，其作用是防止有害化学物质通过呼吸系统进入人体。

防护口罩的使用主要局限于下列场合：①在安装工程控制系统之前，必须采取临时控制措施的场合；②没有切实可行的工程控制措施的场合；③在工程控制系统保养和维修期间；④突发事件期间。

在选择防护口罩时应考虑下列因素：①污染物的性质；②作业场所污染物可能达到的最高浓度；③舒适性；④适合工种性质，且能消除对健康的危害；⑤适合工人的脸形，能保证佩戴严密，防止漏气。

防护口罩主要分为自吸过滤式和送风隔离式两种类型。

(1)自吸过滤式防护口罩的原理是吸附或过滤空气，使空气中的有害物不能通过口罩，保证进入呼吸系统的空气是净化的。口罩中的净化装置是由滤膜或吸附剂组成的，滤膜用来滤掉空气中的尘，含吸附剂的滤毒盒用来吸附空气中的有害气体、雾、蒸气等，这些防护口罩又可分为半面式和全面式。半面式用来遮住口、下巴、鼻；全面式可遮住整个面部，包括眼。实际上，没有哪一种防护口罩是万能的，或者说没有哪一种防护口罩能防护所有的有害物。不同性质的有害物需要选择不同的过滤材料和吸附剂，为了取得防护效果，正确选择防护口罩至关重要，可以从防护口罩生产厂家获得这方面的信息。

(2)送风隔离式防护口罩是使人的呼吸道与被污染的作业环境中的空气隔离，通过导气管或空气压缩机将未被污染场所的新鲜空气送进防护口罩或通过导管将便携式气瓶内的压缩空气(或液化空气，或液化氧气)送入防护口罩，对使用者能够提供最有效的防护。所显示的类型称为自给式呼吸器(SCBA)，自给式呼吸器的口罩常设计为全面罩。

为了确保防护口罩的使用效果，必须培训工人如何正确佩戴、保管和维护防护口罩。请记住，佩戴一个保养很差的防护口罩比不佩戴更危险，因为佩戴者以为自身已得到保护了，而实际上并没有。

2)其他个体防护用品

为了防止由于化学物质的溅射以及尘、烟、雾、蒸气等所导致的眼和皮肤伤害，需要使用适当的防护用品或护具。

防护护具主要有安全眼镜、护目镜，以及用于防护腐蚀性液体、固体及蒸气对面部产生伤害的面罩，用抗渗透材料制作的防护手套、围裙、靴和工作服，用来消除由于与化学品接触对皮肤产生的伤害。用于制造这类防护用品的材料很多，作用也不同，因此正确选择很重要。例如，棉布手套、皮革手套主要防灰尘，橡胶手套主要防腐蚀性物质。在选择防护用品时要针对所接触的化学品的性质来确定合适材料制作的防护用品。作为防护用品的销售商，也应掌握这方面的知识，以便向购买者提供防护用品的使用范围等方面的咨询服务。护肤霜、护肤液也是一类皮肤防护用品，它们的功效各种各样，选择合适的护肤霜能够起到一定的作用，但是没有万能护肤霜，其要么用来防护有机溶剂，要么用来防护水溶性物质。

3)个人卫生

保持个人卫生是为了保持身体干净，不让有害物附着在皮肤上，防止有害物通过皮肤渗透进入体内。防有害物经皮肤吸收与防有害物经呼吸道和食道吸收同等重要。

使用化学品的过程中保持个人卫生的基本原则如下：①要遵守安全操作规程，并使用适当的防护用品，避免化学品暴露的可能性；②工作结束后、饭前、饮水前、吸烟前以及便后要充分洗净身体的暴露部分；③定期检查身体以确保皮肤的健康；④皮肤受伤时，要完好地包扎，每时每刻都要防止自我污染，尤其是在清洗或更换工作服时更要注意；⑤在衣服口袋里不装被污染的东西，如脏擦布、工具等；⑥防护用品要分放、分洗；⑦勤剪指甲并保持指甲洁净；⑧不接触能引起过敏反应的化学物质。

除此以外，以下卫生措施也需引起注意：①即使产品标签上没有标明使用时应穿防护服，在使用过程中也要尽可能地盖住身体暴露的部分，如穿长袖衬衫；②由于工作条件等限制不便穿工作服时，就要寻求使用那些不需穿工作服的化学品；③购买前要看清标签和请教供应商。

3.2.2 危险化学品使用的安全管理措施

危险化学品使用的安全管理措施是一项系统工程，是一系列管理措施和操作规程的总和。在这些系统化管理措施的共同制约下，保证使用人员安全。这些措施主要包括：①对所有使用的危险化学品进行识别；②正确使用危险化学品安全标签；③提供并使用危险化学品安全数据表；④危险化学品安全贮存，危险化学品安全运输。

危险化学品安全处理及使用：辅助工作；危险化学品废物的处理；危险化学品暴露的监测——医学监督；记录保存；培训与教育。

1. 危险化学品识别

识别化学品危害性的原则是，要先弄清所使用的或正在生产的是什么化学品，它是怎样引起伤害事故和职业病的，它是怎样引起火灾和爆炸的，或溢出和泄漏会怎样危害环境。

对作业场所中的每一种化学品都必须充分鉴别，并贴上标签，准备安全数据表。标签和安全数据表上的信息可以从化学品生产单位或销售单位获得。如果销售商不能提供这些信息，则应设法通过政府部门、实验室、大学或有关研究机构来获得这些信息。

事实上，任何不经鉴别、无标签、无安全数据表的化学品不能使用，且对标签也有专门的要求，其中一条是标签上的内容表述必须能让一般工人看懂。

2. 标签

对所有装有化学品的容器要进行经常性的检查，确保容器上贴着合格的标签。贴标签的目的是告诫使用者，此种化学品的危害性，以及一旦发生事故，应采取的急救措施。标签一般应包括下列信息：①商品名；②化学品的特性；③生产者的姓名、电话及地址；④危险标志；⑤使用时需注意预防的特殊危险；⑥安全预防措施；⑦批号；⑧指出更详细的信息，可参见安全数据表，安全数据表可从雇主那里获得；⑨类别（按照主管单位所建立的分类体系）。

当一种危险化学品从原装储罐分装入分装容器时，必须在所有的分装容器上贴上标签。任何化学品如果不能很快地识别出来，则必须做适当的处理。

3. 化学品安全技术说明书

MSDS(Material Safety Data Sheet)即化学品安全技术说明书，亦可译为化学品安全说明书或化学品安全数据说明书，是化学品生产商和进口商用来阐明化学品的理化特性(如 pH 值、闪点、易燃度、反应活性等)以及对使用者的健康(如致癌、致畸等)可能产生的危害的一份文件。在欧洲国家，材料安全技术/数据说明书(MSDS)也称为安全技术/数据说明书(Safety Data Sheet，SDS)。国际标准化组织(ISO)采用 SDS 术语，然而美国、加拿大、澳洲和亚洲许多国家采用 MSDS 术语。

MSDS 是化学品生产或销售企业按法律要求向客户提供的有关化学品特征的一份综合性法律文件。它提供化学品的理化参数、燃爆性能、对健康的危害、安全使用贮存、泄漏处置、急救措施以及有关的法律法规等十六项内容。MSDS 可由生产厂家按照相关规则自行编写，但为了保证报告的准确与规范性，可向专业机构申请编制。

使用的任何化学品都必须备有化学品安全技术说明书。此表提供了有关化学品本身及安全使用方面的基本信息，同时也提供了应采用的预防措施，包括个体防护用品及发生事故后的急救措施。MSDS 的目标是迅速、广泛地将关键性的化学产品安全数据信息传递给用户，特别是面临紧急情况的人，避免他们受到化学产品的潜在危害。MSDS 化学产品安全数据信息包括：化学产品与公司标识符；化合物信息或组成成分；正确使用或误用该化学产品时可能出现的危害人体健康的症状；有危害物标识；紧急处理说明和医生处方；化学产品防火指导，包括产品燃点、爆炸极限值，以及适用的灭火材料；为使偶然泄漏造成的危害降低到最低程度应采取的措施；安全装卸与贮存的措施；减少工人接触产品以及自我保护的装置和措施；化学产品的物理和化学属性；改变化学产品稳定性以及与其他物质发生反应的条件；化学物质及其化合物的毒性信息；化学物质的生态信息，包括物质对动植物及环境可能造成的影响；对该物质的处理建议；基本的运输分类信息；与该物质相关的法规的附加说明；其他信息。

化学品安全说明书作为传递产品安全信息的最基础的技术文件，其主要作用体现在以下方面。

(1)提供有关化学品的危害信息，保护化学产品使用者。

(2)确保安全操作，为制订危险化学品安全操作规程提供技术信息。

(3)提供有助于紧急救助和事故应急处理的技术信息。

(4)指导化学品的安全生产、安全流通和安全使用。

(5)是化学品登记管理的重要基础和信息来源。

如果没有化学品安全数据表，则必须立即向产品生产者索要或者在网站 http://www.somsds.com/查询。

基于对生产工艺的了解和安全数据表中所提供的化学品物理性质、化学性质、稳定性、反应活性及毒理性等方面的信息，管理人员需要对化学品进行仔细的研究，以确定化学品之间的可混性，制订化学品的贮存、运输、使用和废物处理等规程，工厂的安全员、职业安全卫生人员、厂内消防队都应持有一套厂内使用的化学品安全数据表。一旦发生紧急情况，如某工人急性中毒，能立即向医护人员提供相关的安全数据表，以帮助医护人员立即了解情况，并制订正确的急救措施。

中国为了与国际标准接轨，制定了相关的标准《化学品安全技术说明书内容和项目顺序》(GB/T 16483—2008)，规定 MSDS 十六部分的内容。

1)化学品及企业标识

主要标明化学品的名称，该名称应与安全标签上的名称一致，建议同时标注供应商的产品代码。该部分应标明供应商的名称、地址、电话号码、应急电话、传真和电子邮件地址，还应说明化学品的推荐用途和限制用途。

2)危险性概述

该部分应标明化学品主要的物理和化学危险性信息，以及对人体健康和环境影响的信息，如果该化学品存在某些特殊的危险性质，也应在此处说明。

如果已经根据 GHS 对化学品进行了危险性分类，应标明 GHS 危险性类别，同时应注明 GHS 的标签要素，如象形图或符号、防范说明、危险信息和警示词等。象形图或符号(如火焰、骷髅和交叉骨)可以用黑白颜色表示。GHS 分类未包括的危险性(如粉尘爆炸)也应在此处注明。

应注明人员接触后的主要症状及应急综述。

3)成分/组成信息

该部分应注明该化学品是纯净物还是混合物。

如果是纯净物，应提供化学名或通用名、美国化学文摘登记号(CAS 号)及其他标识符。如果某种纯净物按 GHS 标准分类为危险化学品，则应列明包括对该物质的危险性分类产生影响的杂质和稳定剂在内的所有危险组分的化学名或通用名，以及浓度或浓度范围。

如果是混合物，不必列明所有组分。

如果按 GHS 标准被分类为危险的组分，并且其含量超过了浓度限值，则应列明该组分的名称信息、浓度或浓度范围。对已经识别出的危险组分，也应该提供被识别为危险组分的那些组分的化学名或通用名、浓度或浓度范围。

4)急救措施

该部分应说明必要时应采取的急救措施及应避免的行动，此处填写的文字应该易于被受害人和(或)施救者理解。

根据不同的接触方式将信息细分为：吸入、皮肤接触、眼睛接触和食入。

该部分应简要描述接触化学品后的急性和迟发效应、主要症状、对健康的主要影响，详细资料可在第 11 部分列明。

如有必要，本项应包括对保护施救者的忠告和对医生的特别提示。

如有必要，还要给出及时的医疗护理和特殊的治疗。

5)消防措施

该部分应说明合适的灭火方法和灭火剂，如有不合适的灭火剂也应在此处标明。

应标明化学品的特别危险性(如产品是危险的易燃品)。

标明特殊灭火方法及保护消防人员特殊的防护装备。

6)泄漏应急处理

该部分应包括以下信息。

(1)作业人员防护措施、防护装备和应急处置程序。

(2)环境保护措施。

(3)泄漏化学品的收容、清除方法及所使用的处置材料(如果和第 13 部分不同,则列明恢复、中和和清除方法)。

提供防止发生次生危害的预防措施。

7)操作处置与贮存

(1)操作处置。

应描述安全处置注意事项,包括防止化学品人员接触、防止发生火灾和爆炸的技术措施,以及提供局部或全面通风、防止形成气溶胶和粉尘的技术措施等,还应包括防止直接接触不相容物质或混合物的特殊处置注意事项。

(2)贮存。

应描述安全贮存的条件(适合的贮存条件和不适合的贮存条件)、安全技术措施、同禁配物隔离贮存的措施、包装材料信息(建议的包装材料和不建议的包装材料)。

8)接触控制和个体防护

列明容许浓度,如职业接触限值或生物限值。

列明减少接触的工程控制方法,该信息是对第 7 部分内容的进一步补充。

如果可能,列明容许浓度的发布日期、数据出处、试验方法及方法来源。

列明推荐使用的个体防护设备。例如:呼吸系统防护;手防护;眼睛防护;皮肤和身体防护。

标明防护设备的类型和材质。

若化学品只在某些特殊条件下才具有危险性,如量大、高浓度、高温、高压等,则应标明这些情况下的特殊防护措施。

9)理化特性

该部分应提供以下信息。

(1)化学品的外观与性状,例如:物态、形状和颜色。

(2)气味。

(3)pH 值,并指明浓度。

(4)熔点/凝固点。

(5)沸点、初沸点和沸程。

(6)闪点。

(7)燃烧上、下极限,或爆炸极限。

(8)蒸气压。

(9)蒸气密度。

(10)密度/相对密度。

(11)溶解性。

(12)n-辛醇/水分配系数。

(13)自燃温度。

(14)分解温度。

如果有必要,则应提供下列信息。

(1)气味阈值。

(2)蒸发速率。

(3)易燃性(固体、气体)。

(4)化学品安全使用的其他资料,例如:放射性或体积密度等。

应使用SI国际单位制单位,见ISO 1000:1992和ISO 1000:1992/Amd1:1998。可以使用非SI单位,但只能作为SI单位的补充。

必要时,应提供数据的测定方法。

10)稳定性和反应性

该部分应描述化学品的稳定性和在特定条件下可能发生的危险反应。

应包括以下信息。

(1)应避免的条件(例如:静电、撞击或振动)。

(2)不相容的物质。

(3)危险的分解产物,一氧化碳、二氧化碳和水除外。

填写该部分时应考虑提供化学品的预期用途和可预见的错误用途。

11)毒理学信息

该部分应全面、简洁地描述使用者接触化学品后产生的各种毒性作用(健康影响),应包括以下信息。

(1)急性毒性。

(2)皮肤刺激或腐蚀。

(3)眼睛刺激或腐蚀。

(4)呼吸或皮肤过敏。

(5)生殖细胞突变性。

(6)致癌性。

(7)生殖毒性。

(8)特异性靶器官系统毒性(一次性接触)。

(9)特异性靶器官系统毒性(反复接触)。

(10)吸入危害。

还可以提供下列信息:毒代动力学、代谢和分布信息。

注:体外致突变试验数据(如Ames试验数据),在生殖细胞致突变条目中描述。

如果可能,分别描述一次性接触、反复接触与连续接触所产生的毒性作用;应分别说明迟发效应和即时效应。

潜在的有害效应应包括观察到的与毒性值(例如急性毒性估计值)测试有关的症状、理化和毒理学特性。

应按照不同的接触途径(如:吸入、皮肤接触、眼睛接触、食入)提供信息。

如果可能,提供更多的科学实验产生的数据或结果,并标明引用文献资料来源。

如果混合物没有作为整体进行毒性试验,则应提供每个组分的相关信息。

12)生态学信息

该部分提供化学品的环境影响、环境行为和归宿方面的信息,如下。

(1)化学品在环境中的预期行为,可能对环境造成的影响/生态毒性。

(2)持久性和降解性。

(3)潜在的生物累积性。

(4)土壤中的迁移性。

如果可能,提供更多的科学实验产生的数据或结果,并标明引用文献资料的来源。

如果可能,提供任何生态学限值。

13)废弃处置

该部分包括为安全和有利于环境保护而推荐的废弃处置方法信息。

这些处置方法适用于化学品(残余废弃物),也适用于任何受污染的容器和包装。

提醒下游用户注意当地废弃处置法规。

14)运输信息

该部分包括国际运输法规规定的编号与分类信息,这些信息应根据不同的运输方式(如陆运、海运和空运)进行区分,应包含以下信息。

(1)联合国危险货物编号(UN 号)。

(2)联合国运输名称。

(3)联合国危险性分类。

(4)包装组(如果可能)。

(5)海洋污染物(是/否)。

(6)提供使用者需要了解或遵守的其他与运输或运输工具有关的特殊防范措施。

可增加其他相关法规的规定。

15)法规信息

该部分应标明使用本 SDS 的国家或地区中,管理该化学品的法规名称。

提供与法律相关的法规信息和化学品标签信息。

提醒下游用户注意当地废弃处置法规。

16)其他信息

该部分应进一步提供上述各项未包括的其他重要信息。

例如:可以提供需要进行的专业培训、建议的用途和限制的用途等。

参考文献可在本部分列出。

化学品安全技术说明书(二氯乙烷)如图 3.9 所示。

危险化学品安全周知卡

危险性警示词	品名、英文名称及分子式、CC码及CAS码	危险性标志
第3.2类中闪点易燃液体有毒品	二氯乙烷 C_2H_4Cl Dichloroethane CAS号：107-06-2	

危险性理化数据	危险特性
无色液体，有令人愉快气味，微甜。 相对密度:1.2569(20/4 ℃)。熔点：-35.5 ℃。 沸点：83.5℃。闪点:13.33 ℃(闭杯)。 自燃点：412.78 ℃ 蒸气密度:3.3。 蒸气与空气混合物爆炸限:6.2%~15.9%。	该物质对环境有危害，对水体应给与特别注意，遇明火、高热能引起燃烧爆炸。与氧化剂能发生强烈反应。其蒸气比空气重，能在较低处扩散到相当远的地方。遇火源引起回燃。若遇高热，容器内压增大，有开裂和爆炸的危险。流速过快，容易产生和集聚静电。

接触后表现	现场急救措施
对眼睛及呼吸道有刺激作用;吸入可引起肺水肿;抑制中枢神经系统、刺激肠胃道，引起肝、肾和肾上腺损害。急性中毒:其表现有二种类型，一为头痛、恶心、兴奋、激动，严重者很快发生中枢神经系统抑制而死亡;另一类型以肠胃道症状为主。慢性影响:长期低浓度接触引起神经衰弱综合征和消化道症状。可致皮肤脱屑或皮炎。	皮肤接触:脱去污染的衣着，用肥皂水和清水彻底冲洗皮肤。 眼睛接触:提起眼睑，用流动清水或生理盐水冲洗，就医。 吸入:迅速脱离现场至空气新鲜处，保持呼吸道通畅;如呼吸困难，给输氧;如呼吸停止，立即进行人工呼吸，就医。 食入:洗胃，就医。

身体防护措施			

泄露处理及防火防爆措施
迅速撤离泄漏污染区人员至安全区，并进行隔离，严格限制出入，切断火源;建议应急处理人员戴自给正压式呼吸器，穿防静电工作服，尽可能切断泄漏源。防止流入下水道、排洪沟等限制性空间。 少量泄漏:用砂石或其他不燃材料吸附或者吸收;也可大量水冲洗，稀释后放入废水。 大量泄漏:构筑围堤或挖坑收容;用泡沫覆盖，降低灾害;用防爆泵转移至槽车或者专用手机期内，回收或运至废物处理场所处置。

图 3.9　化学品安全技术说明书(二氯乙烷)

4. 安全贮存

如果某种具有危险性的化学品不能被危险性小的化学品所取代，应将该化学品在工作场所的量减少到每日所需的用量(一个轮班用量)，剩余部分存放在一个安全的化学品仓库中。

为保障化学品仓库的安全，应遵守下列规则：①不兼容物质不能放在一起(如把酸与氰化物放在一起，在酸或氰化物不小心溅出时，可产生致人死亡的氰化氢气体)；②避免将化学品存放在可以发生化学反应的环境中；③仓库内贮存化学品的容器不可泄漏、生锈或损坏，并按顺序排好；④要有适当的通风，以保证泄漏的有毒蒸气被充分稀释、排出。

对于能造成火灾或有爆炸危险的化学品还有另外一些规定：①易燃化学品应存放于冷的、通风好的地方，并远离可能的火源；②仓库应与实验室及生活区分开，并远离饮用水水源；③具备一套自动火灾防护系统，如喷洒灭火系统（与水能反应的化学品不可用喷水的方法灭火，而且这些化学品也不能放在这里）；④应具有防火门，一个报警系统和一个具有防护墙的场地，以防火灾蔓延；应保证救火车畅通行驶；应使用防爆电器，配有适当的保险管以防电路过载；应防止由于大桶、铲车移动，造成偶然损坏接线、闸盒及其固定装置；避免静电起火，所有用于传输用的大桶都应接地；不能存在辐射热源，并禁止出现明火；库房的贮存量不应过多。

5. 安全运输过程

化学品可通过小推车在各工作场所之间传送，要注意观察周围环境，以减少冲撞及溢出的可能性。要在通风好的地方转移易燃液体。在运输过程中要做好个人防护，穿实验服，戴好护目镜和防护手套。一次性运输量多的要用托盘承装，避免失手造成危险。

6. 安全处理及使用

化学品能够通过三种主要途径进入人体：皮肤吸收、吸入、摄取。在工作场所通常是通过吸入进入人体，其次是皮肤接触。可吸入的化学品在空气中以粉尘、蒸气、烟、雾的形式存在。粉尘通常是在研磨、压碎、切削、钻孔或破碎过程中产生的。蒸气产生于被加热的液体或固体，雾产生于溅落、电镀或沸腾，烟产生于焊接或铸造时金属的熔化。当处理气态化学品时通常发生皮肤的接触，液体飞溅到裸露的皮肤或衣服上是最通常的接触方式。

处理或使用化学品一定要注意：①看懂标签上的说明及化学品安全数据表，以及与化学品相关的装置或个体防护设施的说明；②确保使用者在使用化学品和预防措施方面接收有效的培训；③要有防护措施，如局部通风或屏蔽，并且能正常运行；④对使用化学品可能引起危险的场地进行控制（如使用易燃液体或气体时要控制明火或其他燃料），在使用化学品前，将其转移到其他地方；⑤检查防护服和其他安全装置，包括防毒面具（如果需要的话）是完整的、没有任何毛病；⑥确保应急装备处于完好、可使用状态。

7. 辅助工作

有效的辅助工作在控制化学危害中起重要的作用。工作台、地面或壁架上的粉尘应定期用负压抽真空装置清扫干净，泄漏的液体要及时用密闭容器装好，并当天取走。若装化学品的容器损坏或泄漏，应及时将化学品转移到完好的容器内，将损坏的容器做相应处理。

8. 废物处理方法

所有实验过程都产生一定量的废弃物，有害废弃物处理不得当不仅对人体健康有害，也有可能发生火灾和爆炸，而且对环境有害。所有废弃物应装在特别设计的有标签的容器内，曾装过有毒或易燃物的空容器或袋子也应放在这样的容器内。

1)废液处理原则

对高浓度废酸、废碱液要中和至中性再排放。对含少量被测物和其他试剂的高浓度有机溶剂应回收再用。用于回收的高浓度废液应集中贮存，以便回收；低浓度的经处理后排放，应根据废液性质确定贮存容器和贮存条件，不同废液一般不允许混合；应避光、远离热源，以免发生不良化学反应。废液通过密闭容器存放(不能装太满，3/4 即可)。废液贮存容器必须贴上标签，写明种类、贮存时间等。

2)实验室废液处理注意事项

(1)尽量回收溶剂，在对实验没有妨碍的情况下，把它反复使用。

(2)为了方便处理，其收集分类往往分为以下几类。

①可燃性物质。

②难燃性物质。

③含水废液。

④固体物质等。

(3)可溶于水的物质，容易成为水溶液流失。因此，回收时要加以注意。但是，甲醇、乙醇及醋酸之类的溶剂能被细菌作用而易于分解，故对这类溶剂的稀溶液，用大量水稀释后即可排放。

(4)含重金属等的废液，将其有机质分解后，进行无机类废液处理。

(5)要选择没有破损及不会被废液腐蚀的容器进行收集。将所收集的废液的成分及含量贴上明显的标签，并置于安全的地点保存。

(6)对硫醇、胺等会发出臭味的废液和会发生氰、磷化氢等有毒气体的废液，以及易燃性的二硫化碳、乙醚之类废液，要把它加以适当的处理，防止泄漏，并应尽快进行处理。

(7)对含有过氧化物、硝化甘油之类爆炸性物质的废液，要谨慎地操作，并应尽快处理。

(8)对含有放射性物质的废弃物，用另外的方法收集，并严格按照有关的规定，严防泄漏，谨慎地进行处理。

以下所列废液不能相互混合。

①过氧化物与有机物。

②氰化物、硫化物、次氯酸盐与酸。

③盐酸、氢氟酸等挥发性酸与不挥发性酸。

④浓硫酸、磺酸、羟基酸、聚磷酸等酸类与其他的酸。

⑤铵盐、挥发性胺与碱。

9. 培训与教育

培训与教育在控制化学危害中起着重要的作用。应向接触化学品的人传授由化学品引起的可能危害、安全工作规程、维护及使用防护设备、应急与急救措施方面的知识。

3.3 危险实验药品采购

3.3.1 易制毒化学品购销和运输管理办法

1. 总则

第一条，为加强易制毒化学品管理，规范购销和运输易制毒化学品行为，防止易制毒化学品被用于制造毒品，维护经济和社会秩序，根据《易制毒化学品管理条例》制定本办法。

第二条，公安部是全国易制毒化学品购销、运输管理和监督检查的主管部门。

县级以上地方人民政府公安机关负责本辖区内易制毒化学品购销、运输管理和监督检查工作。

各省、自治区、直辖市和设区的市级人民政府公安机关禁毒部门应当设立易制毒化学品管理专门机构，县级人民政府公安机关应当设专门人员，负责易制毒化学品的购买、运输许可，或者备案和监督检查工作。

2. 购销管理

第三条，购买第一类中的非药品类易制毒化学品的，应当向所在地省级人民政府公安机关申请购买许可证；购买第二类、第三类易制毒化学品的，应当向所在地县级人民政府公安机关备案。取得购买许可证或者购买备案证明后，方可购买易制毒化学品。

第四条，个人不得购买第一类易制毒化学品和第二类易制毒化学品。

禁止使用现金或者实物进行易制毒化学品交易，但是个人合法购买第一类中的药品类易制毒化学品药品制剂和第三类易制毒化学品的除外。

第五条，申请购买第一类中的非药品类易制毒化学品和第二类、第三类易制毒化学品的，应当提交下列申请材料。

(1)经营企业的营业执照(副本和复印件)，其他组织的登记证书或者成立批准文件(原件和复印件)，或者个人的身份证明(原件和复印件)。

(2)合法使用需要证明(原件)。

合法使用证明需要由购买单位或者个人出具，注明拟购买易制毒化学品的品种、数量和用途，并加盖购买单位印章或者个人签名。

第六条，申请购买第一类中的非药品类易制毒化学品的，由申请人所在地的省级人民政府公安机关审批。负责审批的公安机关应当自收到申请之日起十日内，对申请人提交的申请材料进行审查。对符合规定的，发给购买许可证；不予许可的，应当书面说明理由。

负责审批的公安机关对购买许可证的申请能够当场予以办理的，应当当场办理；对材料不齐备需要补充的，应当一次告知申请人需补充的内容；对提供材料不符合规定不予受理的，应当书面说明理由。

第七条，公安机关审查第一类易制毒化学品购买许可申请材料时，根据需要，可以进行实地核查。遇有下列情形之一的，应当进行实地核查。

(1)购买单位第一次申请的。

(2)购买单位提供的申请材料不符合要求的。

(3)对购买单位提供的申请材料有疑问的。

第八条，购买第二类、第三类易制毒化学品的，应当在购买前将所需购买的品种、数量，向所在地的县级人民政府公安机关备案。公安机关受理备案后，应当于当日出具购买备案证明。

自用一次性购买 5 kg 以下且年用量 50 kg 以下高锰酸钾的，无须备案。

第九条，易制毒化学品购买许可证一次使用有效，有效期一个月。

易制毒化学品购买备案证明一次使用有效，有效期一个月。对备案后一年内无违规行为的单位，可以发给多次使用有效的备案证明，有效期六个月。

对个人购买的，只办理一次使用有效的备案证明。

第十条，经营单位销售第一类易制毒化学品时，应当查验购买许可证和经办人的身份证明。对委托代购的，还应当查验购买人持有的委托文书。

委托文书应当载明委托人与被委托人双方情况，委托购买的品种、数量等事项。

经营单位在查验无误、留存前两款规定的证明材料的复印件后，方可出售第一类易制毒化学品，发现可疑情况的，应当立即向当地公安机关报告。

经营单位在查验购买方提供的许可证和身份证明时，对不能确定其真实性的，可以请当地公安机关协助核查。公安机关应当当场予以核查，对不能当场核实的，应当于三日内将核查结果告知经营单位。

第十一条，经营单位应当建立易制毒化学品销售台账，如实记录销售的品种、数量、日期、购买方等情况。经营单位销售易制毒化学品时，还应当留存购买许可证或者购买备案证明以及购买经办人的身份证明的复印件。

销售台账和证明材料复印件应当保存两年备查。

第十二条，经营单位应当将第一类易制毒化学品的销售情况于销售之日起五日内报当地县级人民政府公安机关备案，将第二类、第三类易制毒化学品的销售情况于三十日内报当地县级人民政府公安机关备案。

备案的销售情况应当包括销售单位、地址，销售易制毒化学品的种类、数量等，并同时提交留存的购买方的证明材料复印件。

第十三条，第一类易制毒化学品的使用单位，应当建立使用台账，如实记录购进易制毒化学品的种类、数量、使用情况和库存等，并保存两年备查。

第十四条，购买、销售和使用易制毒化学品的单位，应当在易制毒化学品的出入库登记、易制毒化学品管理岗位责任分工以及企业从业人员的易制毒化学品知识培训等方面建立单位内部管理制度。

3. 运输管理

第十五条，运输易制毒化学品，有下列情形之一的，应当申请运输许可证或者进行备案。

(1)跨设区的市级行政区域(直辖市为跨市界)运输的。

(2)在禁毒形势严峻的重点地区跨县级行政区域运输的。禁毒形势严峻的重点地区由公安部确定和调整，名单另行公布。

运输第一类易制毒化学品的，应当向运出地的设区的市级人民政府公安机关申请运输许可证。

运输第二类易制毒化学品的，应当向运出地县级人民政府公安机关申请运输许可证。

运输第三类易制毒化学品的，应当向运出地县级人民政府公安机关备案。

第十六条，运输供教学、科研使用的 100 g 以下的麻黄素样品和供医疗机构制剂配方使用的小包装麻黄素以及医疗机构或者麻醉药品经营企业购买麻黄素片剂六万片以下、注射剂一万五千支以下，货主或者承运人持有依法取得的购买许可证明或者麻醉药品调拨单的，无须申请易制毒化学品运输许可。

第十七条，因治疗疾病需要，患者、患者近亲属或者患者委托的人凭医疗机构出具的医疗诊断书和本人的身份证明，可以随身携带第一类中的药品类易制毒化学品药品制剂，但是不得超过医用单张处方的最大剂量。

第十八条，运输易制毒化学品，应当由货主向公安机关申请运输许可证或者进行备案。

申请易制毒化学品运输许可证或者进行备案，应当提交下列材料。

(1)经营企业的营业执照(副本和复印件)，其他组织的登记证书或者成立批准文件(原件和复印件)，个人的身份证明(原件和复印件)。

(2)易制毒化学品购销合同(复印件)。

(3)经办人的身份证明(原件和复印件)。

第十九条，负责审批的公安机关应当自收到第一类易制毒化学品运输许可申请之日起十日内，收到第二类易制毒化学品运输许可申请之日起三日内，对申请人提交的申请材料进行审查。对符合规定的，发给运输许可证；对不予许可的，应当书面说明理由。

负责审批的公安机关对运输许可申请能够当场予以办理的，应当当场办理；对材料不齐备需要补充的，应当一次告知申请人需补充的内容；对提供材料不符合规定不予受理的，应当书面说明理由。

运输第三类易制毒化学品的，应当在运输前向运出地的县级人民政府公安机关备案。公安机关应当在收到备案材料的当日发给备案证明。

第二十条，负责审批的公安机关对申请人提交的申请材料，应当核查其真实性和有效性，在查验购销合同时，可以要求申请人出示购买许可证或者备案证明，核对是否相符;对营业执照和登记证书(或者成立批准文件),应当核查其生产范围、经营范围、使用范围、证照有效期等内容。

公安机关审查第一类易制毒化学品运输许可申请材料时,根据需要,可以进行实地核查。遇有下列情形之一的,应当进行实地核查。

(1)申请人第一次申请的。

(2)提供的申请材料不符合要求的。

(3)对提供的申请材料有疑问的。

第二十一条,对许可运输第一类易制毒化学品的,发给一次有效的运输许可证,有效期一个月。

对许可运输第二类易制毒化学品的,发给三个月多次使用有效的运输许可证;对第三类易制毒化学品运输备案的,发给三个月多次使用有效的备案证明;对领取运输许可证或者运输备案证明后六个月内按照规定运输并保证运输安全的,可以发给有效期十二个月的运输许可证或者运输备案证明。

第二十二条,承运人接受货主委托运输,对应当凭证运输的,应当查验货主提供的运输许可证或者备案证明,并查验所运货物与运输许可证或者备案证明载明的易制毒化学品的品种、数量等情况是否相符;不相符的,不得承运。

承运人查验货主提供的运输许可证或者备案证明时,对不能确定其真实性的,可以请当地人民政府公安机关协助核查。公安机关应当当场予以核查,对不能当场核实的,应当于三日内将核查结果告知承运人。

第二十三条,运输易制毒化学品时,运输车辆应当在明显部位张贴易制毒化学品标识;属于危险化学品的,应当由有危险化学品运输资质的单位运输;应当凭证运输的,运输人员应当自启运起全程携带运输许可证或者备案证明。承运单位应当派人押运或者采取其他有效措施,防止易制毒化学品丢失、被盗、被抢。

运输易制毒化学品时,还应当遵守国家有关货物运输的规定。

第二十四条,公安机关在易制毒化学品运输过程中应当对运输情况与运输许可证或者备案证明所载内容是否相符等情况进行检查。交警、治安、禁毒、边防等部门应当在交通重点路段和边境地区等加强易制毒化学品运输的检查。

第二十五条,易制毒化学品运出地与运入地公安机关应当建立情况通报制度。运出地负责审批或者备案的公安机关应当每季度末将办理的易制毒化学品运输许可或者备案情况通报运入地同级公安机关,运入地同级公安机关应当核查货物的实际运达情况后通报运出地公安机关。

4. 监督检查

第二十六条,县级以上人民政府公安机关应当加强对易制毒化学品购销和运输等情况的监督检查,有关单位和个人应当积极配合。对发现非法购销和运输行为的,公安机关应当依法查处。

公安机关在进行易制毒化学品监督检查时,可以依法查看现场、查阅和复制有关资料、记录有关情况、扣押相关的证据材料和违法物品；必要时，可以临时查封有关场所。

被检查的单位或者个人应当如实提供有关情况和材料、物品，不得拒绝或者隐匿。

第二十七条，公安机关应当对依法收缴、查获的易制毒化学品安全保管。对可以回收的，应当予以回收；对不能回收的，应当依照环境保护法律、行政法规的有关规定，交由有资质的单位予以销毁，防止造成环境污染和人身伤亡。对收缴、查获的第一类中的药品类易制毒化学品的，一律销毁。

保管和销毁费用由易制毒化学品违法单位或者个人承担。违法单位或者个人无力承担的，该费用在回收所得中开支，或者在公安机关的禁毒经费中列支。

第二十八条，购买、销售和运输易制毒化学品的单位应当于每年三月三十一日前向所在地县级公安机关报告上年度的购买、销售和运输情况。公安机关发现可疑情况的，应当及时予以核对和检查，必要时可以进行实地核查。

有条件购买、销售和运输的单位，可以与当地公安机关建立计算机联网，及时通报有关情况。

第二十九条，易制毒化学品丢失、被盗、被抢的，发案单位应当立即向当地公安机关制报告。接到报案的公安机关应当及时立案查处，并向上级公安机关报告。

5. 法律责任

第三十条，违反规定购买易制毒化学品，有下列情形之一的，公安机关应当没收非法购买的易制毒化学品，对购买方处非法购买易制毒化学品货值十倍以上二十倍以下的罚款，货值的二十倍不足一万元的，按一万元罚款；构成犯罪的，依法追究刑事责任。

(1)未经许可或者备案擅自购买易制毒化学品的。

(2)使用他人的或者伪造、变造、失效的许可证或者备案证明购买易制毒化学品的。

第三十一条，违反规定销售易制毒化学品，有下列情形之一的，公安机关应当对销售单位处一万元以下罚款；有违法所得的，处三万元以下罚款，并对违法所得依法予以追缴；构成犯罪的，依法追究刑事责任。

(1)向无购买许可证或者备案证明的单位或者个人销售易制毒化学品的。

(2)超出购买许可证或者备案证明的品种、数量销售易制毒化学品的。

第三十二条，货主违反规定运输易制毒化学品，有下列情形之一的，公安机关应当没收非法运输的易制毒化学品或者非法运输易制毒化学品的设备、工具，处非法运输易制毒化学品货值十倍以上二十倍以下罚款，货值的二十倍不足一万元的，按一万元罚款；有违法所得的，没收违法所得；构成犯罪的，依法追究刑事责任。

(1)未经许可或者备案擅自运输易制毒化学品的。

(2)使用他人的或者伪造、变造、失效的许可证运输易制毒化学品的。

第三十三条，承运人违反规定运输易制毒化学品，有下列情形之一的，公安机关应当责令停运整改，处五千元以上五万元以下罚款。

(1)与易制毒化学品运输许可证或者备案证明载明的品种、数量、运入地、货主及收货人、承运人等情况不符的。

(2)运输许可证种类不当的。

(3)运输人员未全程携带运输许可证或者备案证明的。

个人携带易制毒化学品不符合品种、数量规定的，公安机关应当没收易制毒化学品，处一千元以上五千元以下罚款。

第三十四条，伪造申请材料骗取易制毒化学品购买、运输许可证或者备案证明的，公安机关应当处一万元罚款，并撤销许可证或者备案证明。

使用以伪造的申请材料骗取的易制毒化学品购买、运输许可证或者备案证明购买、运输易制毒化学品的，分别按照第三十条第一项和第三十二条第一项的规定处罚。

第三十五条，对具有第三十条、第三十二条和第三十四条规定违法行为的单位或个人，自做出行政处罚决定之日起三年内，公安机关可以停止受理其易制毒化学品购买或者运输许可申请。

第三十六条，违反易制毒化学品管理规定，有下列行为之一的，公安机关应当给予警告，责令限期改正，处一万元以上五万元以下罚款；对违反规定购买的易制毒化学品予以没收；逾期不改正的，责令限期停产停业整顿；逾期整顿不合格的，吊销相应的许可证。

(1)将易制毒化学品购买或运输许可证或者备案证明转借他人使用的。

(2)超出许可的品种、数量购买易制毒化学品的。

(3)销售、购买易制毒化学品的单位不记录或者不如实记录交易情况、不按规定保存交易记录，或者不如实、不及时向公安机关备案销售情况的。

(4)易制毒化学品丢失、被盗、被抢后未及时报告，造成严重后果的。

(5)除个人合法购买第一类中的药品类易制毒化学品药品制剂以及第三类易制毒化学品外，使用现金或者实物进行易制毒化学品交易的。

(6)经营易制毒化学品的单位不如实或者不按时报告易制毒化学品年度经销和库存情况的。

第三十七条，经营、购买、运输易制毒化学品的单位或者个人拒不接受公安机关监督检查的，公安机关应当责令其改正，对直接负责的主管人员以及其他直接责任人员给予警告；情节严重的，对单位处一万元以上五万元以下罚款，对直接负责的主管人员以及其他直接责任人员处一千元以上五千元以下罚款；有违反治安管理行为的，依法给予治安管理处罚；构成犯罪的，依法追究刑事责任。

第三十八条，公安机关易制毒化学品管理工作人员在管理工作中有应当许可而不许可、不应当许可而滥许可，不依法受理备案，以及其他滥用职权、玩忽职守、徇私舞弊行为的，依法给予行政处分；构成犯罪的，依法追究刑事责任。

第三十九条，公安机关实施本章处罚，同时应当由其他行政主管机关实施处罚的，应当通报其他行政机关处理。

6. 附则

第四十条，本办法所称“经营单位”，是指经营易制毒化学品的经销单位和经销自产易制毒化学品的生产单位。

第四十一条，本办法所称“运输”，是指通过公路、铁路、水上和航空等各种运输途径，使用车、船、航空器等各种运输工具，以及人力和畜力携带、搬运等各种运输方式使易制毒化学品货物发生空间位置的移动。

第四十二条，易制毒化学品购买许可证和备案证明、运输许可证和备案证明、易制毒化学品管理专用印章由公安部统一规定式样并监制。

第四十三条，本办法自2006年10月1日起施行。《麻黄素运输许可证管理规定》(公安部令第52号)同时废止。

3.3.2 化学药品采购流程

为进一步规范化学品的采购和管理工作，根据《武汉纺织大学危险化学品管理办法(武纺大资〔2016〕8号)》《武汉纺织大学易制爆危化品安全管理操作规范暂行》《武汉纺织大学实验室安全管理办法(武纺大资〔2019〕2号)》等有关规定，化学品采购必须通过具有相应资质的供应商进行购买。

根据国家法规，化学品分为一般化学品、危险化学品。一般化学品需从具有化学品经营许可资质的公司购买，使商品质量得到保证。危险化学品是指列入国家危险化学品目录的化学品。危险化学品包含管制类化学品、非管制类化学品。管制类化学品是指列入国家剧毒化学品、易制爆危险化学品、易制毒化学品目录，以及爆炸品、精神药品、麻醉药品等。

本流程适用于学校教师采取各种方式采购化学品及实验气体，具体流程如下。

(1)管制类化学品采购流程有购置申请审批、供应商采购、签订合同及公安系统备案、验收确认等环节，详见购置流程图。

为保证管制类化学品的统一协调及溯源管理，管制类化学品必须签订购销合同，并通过院、校、公安机关三级审核。

(2)非管制类化学品、一般化学品采购流程有购置申请审批、自行采购、验收确认等环节。

管制类危险化学品(易制毒)购买流程如图3.10所示。

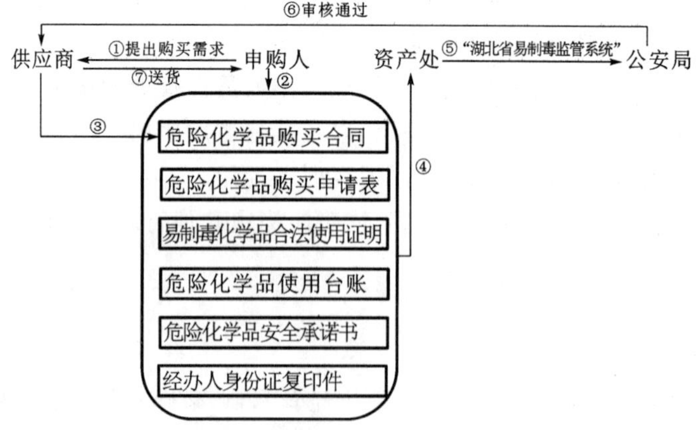

图3.10 管制类危险化学品(易制毒)购买流程

管制类危险化学品(易制爆)购买流程如图 3.11 所示。

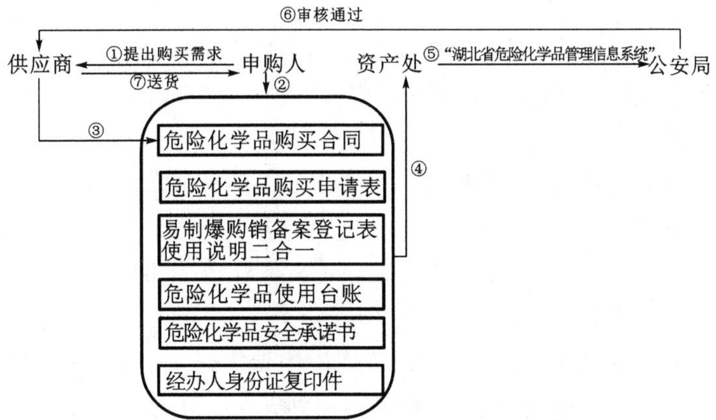

图 3.11　管制类危险化学品(易制爆)购买流程

3.4　危险化学品的贮存

危险化学品贮存是指企业、单位、个体工商户、百货商店(场)等贮存爆炸品、压缩气体、液化气体、易燃液体、易燃固体、自燃物品、遇湿易燃物品、氧化剂、有机过氧化物、有毒品和腐蚀品等危险化学品的行为。

3.4.1　危险化学品贮存危险因素

1. 危险化学品贮存过程的危险因素

危险品贮存发生事故的原因主要有如下方面。

1)着火源控制不严

着火源是指可燃物燃烧的一切热能源,包括明火焰、赤热体、火星和火花、物理和化学能等。在危险化学品的贮存过程中着火源主要有两个方面:一是外来火种,如烟囱飞火、汽车排气管的火星、库房周围的明火作业、吸烟的烟头等;二是内部设备不良,操作不当引起的电火花、撞击火花,以及太阳能、化学能等,如电器设备不防爆或防爆等级不够,装卸作业使铁质工具碰击打火,露天存放时太阳的暴晒等。

2)性质相互抵触的物品混存

出现性质抵触的危险化学品混存往往是因为保管人员缺乏知识,或者有些危险化学品出厂时缺少鉴定;企业因缺少贮存场地而任意临时混存,造成性质抵触的危险化学品因包装容器渗漏等原因发生化学反应而起火。

3)产品变质

有些危险化学品已经长期不用,废置在仓库中又不及时处理,往往因变质而引起事故,如硝酸甘油安全贮存期为 8 个月,逾期后自燃的可能性很大,而且在低温时容易析出结晶，当固液两相共存时灵敏性特别高，微小的外力作用就会使其分解而爆炸。

4)养护管理不善

仓库建筑条件差，不适应所存物品的要求，如不采取隔热措施，使物品受热；因保管不善，仓库漏雨进水使物品受潮；盛装的容器破漏，使物品接触空气等均会引起着火或爆炸。

5)包装损坏或不符合要求

危险化学品容器包装损坏，或者出厂的包装不符合安全要求，都会引起事故。

6)违反操作规程

搬运危险化学品没有轻装轻卸，或者堆垛过高不稳，发生倒桩。

7)建筑物不符合存放要求

危险品库房的建筑设施不符合要求，造成库内温度过高、通风不良、湿度过大、漏雨进水、阳光直射，或者缺少保温设施，使物品达不到安全贮存的要求而发生事故。

8)雷击

危险品仓库一般都设在空旷地带独立的建筑物或露天的储罐或堆垛区，十分容易遭雷击。

9)着火扑救不当

着火时因不熟悉危险化学品的性能，灭火方法和灭火器材使用不当而使事故扩大，造成更大的损失。

2. 化学品混合贮存的危险性

有不少危险化学品本身具有易燃烧、易爆炸的危险。通过两种或两种以上的危险化学物品混合或互相接触更易产生高热、着火、爆炸。出现性质相互抵触的危险化学品混存、混放的原因主要有以下三点。

(1)保管人员缺乏知识。

(2)有些危险化学品出厂时缺少鉴定，没有安全说明书。

(3)贮存单位缺少场地，任意临时混放。

只有认识危险化学品混合贮存的危险性，才能从根本上杜绝危险化学品混存、混放的现象。

3. 危险化学品混合的危险性分类

(1)把具有强氧化性的物质和具有还原性的物质进行混合。属于氧化性物质有硝酸盐、氯酸盐、过氯酸盐、高锰酸盐、过氧化物、发烟硝酸、浓硫酸、氧、氯、溴等。还原性物质有烃类、胺类、醇类、有机酸、油脂、硫、磷、碳、金属粉等。

以上两类化学品混合后成为爆炸性混合物的有黑色火药(硝酸钾、硫黄、水炭粉)、液氧炸药(液氧、碳粉)、硝铵燃料油炸药(硝酸铵、矿物油)等。有的混合后能立即引起燃烧，如将甲醇或乙醇浇在铬酐上、将甘油或乙二醇浇在高锰酸钾上、将亚氯酸钠粉末和草酸或硫代硫酸钠的粉末混合、将发烟硝酸和苯胺混合以及润滑油接触氧气均会立即着火燃烧。

(2)化学性盐类和强酸混合接触，会生成游离的酸和酸酐，呈现极强的氧化性，与有机物接触时，能发生爆炸或燃烧，如氯酸盐、亚氯酸盐、过氯酸盐、高锰酸盐与浓硫酸等强酸接触，若存在其他易燃物，有机物就会发生强烈氧化反应而引起燃烧或爆炸。

(3)两种或两种以上的危险化学品混合接触后，生成不稳定的物质。例如，液氯和液氨混合，在一定的条件下，会生成极不稳定的三氯化氮，有引起爆炸的危险；二乙烯基乙炔，吸收了空气中的氧气能蓄积极其敏感的过氧化物，稍一摩擦就会爆炸。此外，乙醛与氧和乙苯与氧在一定的条件下，能分别生成不稳定的过乙酸和过苯甲酸。属于这一类情况的危险化学品也很多。

化学品配伍禁忌一览表如表 3.7 所示。

表 3.7 化学品配伍禁忌一览表

化学物质	配伍禁忌	混合后可能的危害
氧化剂(卤素、过硫酸铵、过氧化氢、重铬酸钾、高锰酸钾、高氯酸、硝酸铵)	还原剂(氨水、碳、金属、磷、硫黄)、有机物	氧化剂和还原剂，氧化剂与某些有机物发生强烈的化学反应，可能导致火灾或爆炸
氧化剂	可燃物	混触发火
无机酸(高氯酸、硝酸、铬酸)	有机酸(乙酸、蚁酸、苦味酸、丙烯酸)	具有氧化性的无机酸与有机物发生化学反应，增加燃烧率，与氧气接触产生燃烧反应
酸	氰化钾、硫化钠、亚硝酸盐、亚硫酸盐等	与酸反应产生有毒气体
硝酸	胺类	混触发火
硫酸	高氯酸盐、氯酸盐、高锰酸钾	爆炸
高氯酸	金属、易燃物质、乙酸酐、铋、铋合金、有机物	高温时为强氧化剂，与金属、木材以及其他易燃物质发生化学反应，形成易爆炸化合物
黄磷	空气、火、还原剂	燃烧
氰化物	酸	产生有毒氰化氢气体
乙酸	铬酸、硝酸、羟基化合物、胺类、高氯酸、过氧化物、高锰酸盐	
碱金属及碱土金属	水、二氧化碳、四氯化碳及其他氯化烃类、卤素	
铬酸及三氧化铬	乙酸、萘、樟脑、丙三醇、酒精、易燃液体	
硝酸铵	酸、金属粉末、硫黄、易燃液体、氯酸盐、亚硝酸盐、可燃物	
过氧化氢	铜、铬、铁，大多数金属及其盐类，亚硝酸盐，可燃物	
过氧化钠	还原剂，如甲醇、冰乙酸、乙酸酐、苯甲醛、二硫化碳、丙三醇、乙酸乙酯、呋喃、甲醛等	
有机过氧化物	酸类(有机及无机)	防止摩擦，贮存于阴凉处

3.4.2 贮存危险化学品的一般原则

《常用化学危险品贮存通则》(GB 15603—1995)对常用化学危险品的出库、入库,贮存和养护做了详细的规定。

1. 化学危险品贮存的基本要求

(1)贮存危险化学品必须遵照国家法律、法规和其他有关的规定。

(2)危险化学品必须贮存在经公安部门批准设置的专门的危险化学品仓库中,经销门自管仓库贮存危险化学品及贮存数量必须经公安部门批准。未经批准不得随意设置危险化学品贮存仓库。

(3)危险化学品露天堆放,应符合防火、防爆的安全要求,爆炸物品、一级易燃物品、遇湿燃烧物品、剧毒物品不得露天堆放。

(4)贮存危险化学品的仓库必须配备有专业知识的技术人员,其库房及场所应设专人管理,管理人员必须配备可靠的个人安全防护用品

(5)贮存的危险化学品应有明显的标志,标志应符合 GB 190—2009 的规定。同一区域贮存两种或两种以上不同级别的危险品时,应按最高等级危险物品的性能标志。

(6)危险化学品贮存方式分为如下三种。

①隔离贮存,即在同一房间或同一区域内,不同的物料之间分开一定的距离,非禁忌物料间用通道保持空间的贮存方式。

②隔开贮存,即在同一建筑或同一区域内,用隔板或墙,将其与禁忌物料分离开的贮存方式。

③分离贮存,即在不同的建筑物或远离所有建筑的外部区域内的贮存方式。

(7)根据危险品性能分区、分类、分库贮存。各类危险品不得与禁忌物料混合贮存。

(8)贮存危险化学品的建筑物、区域内严禁吸烟和使用明火。

2. 贮存安排及贮存量限制

(1)危险化学品贮存安排取决于危险化学品分类、分项、容器类型、贮存方式和消防的要求。

(2)危险化学品贮存量如表 3.8 所示。

表 3.8 危险化学品贮存量

贮存类别	露天贮存	隔离贮存	隔开贮存	分离贮存
平均单位面积贮存量/(t/m^2)	1.0～1.5	0.5	0.7	0.7
单一贮存区最大储量/t	2000～2400	200～300	200～300	400～600
垛距限制/m	2	0.3～0.5	0.3～0.5	0.3～0.5
通道宽度/m	4～6	1～2	1～2	
墙距宽度/m	2	0.3～0.5	0.3～0.5	0.3～0.5
与禁忌品距离/m	10	不得同库贮存	不得同库贮存	7～10

(3)遇火、遇热、遇潮能引起燃烧、爆炸，或发生化学反应，产生有毒气体的危险化学品不得在露天或在潮湿、积水的建筑物中贮存。

(4)受日光照射能发生化学反应引起燃烧、爆炸、分解、化合或能产生有毒气体的危险化学品应贮存在一级建筑物中，其包装应采取避光措施。

(5)爆炸物品不准和其他类物品同贮，必须单独隔离限量贮存，仓库不准建在城镇，还应与周围建筑、交通干道、输电线路保持一定安全距离。

(6)压缩气体和液化气体必须与爆炸物品、氧化剂、易燃物品、自燃物品、腐蚀性物品隔离贮存。易燃气体不得与助燃气体、剧毒气体同贮，氧气不得与油脂混合贮存，盛装液化气体的容器属压力容器的，必须有压力表、安全阀、紧急切断装置，并定期检查，不得超装。

(7)易燃液体、遇湿易燃物品、易燃固体不得与氧化剂混合贮存，具有还原性的氧化剂应单独存放。

(8)有毒物品应贮存在阴凉、通风、干燥的场所，不能露天存放，不能接近酸类物质。

(9)腐蚀性物品，包装必须严密，不允许泄漏，严禁与液化气体和其他物品共存。

3. 危险化学品的养护

(1)危险化学品入库时，应严格检验物品质量、数量、包装情况、有无泄漏。

(2)危险化学品入库后应采取适当的养护措施，在贮存期内，定期检查，发现其品质变化、包装破损、渗漏、稳定剂短缺等，应及时处理。

(3)库房温度、湿度应严格控制、经常检查，发现变化及时调整。

3.4.3 易燃易爆化学品安全贮存

1. 安全条件

商品避免阳光直射，远离火源、热源、电源，无产生火花的条件。以下品种应专库贮存。

(1)爆炸品：黑色火药类、爆炸性化合物分别专库贮存。

(2)压缩气体和液化气体：易燃气体、不燃气体和有毒气体分别专库贮存。

(3)易燃液体：可同库贮存，但甲醇、乙醇、丙酮等应专库贮存。

(4)易燃固体：可同库贮存，但发泡剂 H 与酸或酸性物品分别贮存；硝酸纤维素酯、安全火柴、红磷及硫化磷、铝粉等金属粉类应分别贮存。

(5)自燃物品：黄磷，烃基金属化合物，浸动、植物油制品必须分别专库贮存。

(6)遇湿易燃物品：专库贮存。

(7)氧化剂和有机过氧化物：一、二级无机氧化剂与一、二级有机氧化剂必须分别贮存，但硝酸铵、氯酸盐类、高锰酸盐、亚硝酸盐、过氧化钠、过氧化氢等必须分别专库贮存。

2. 应急处理措施

各种物品在燃烧中会产生不同程度的毒性气体和毒害性烟雾。在灭火和抢救时，应站在上风头，佩戴防毒面具或自救式呼吸器，如发现头晕、呕吐、呼吸困难、面色发青等中毒症状，立即离开现场，移到空气新鲜处或做人工呼吸，重者送医院诊治。

易燃易爆物品灭火方法如表 3.9 所示。

表 3.9　易燃易爆物品灭火方法

类别	品名	灭火方法	备注
爆炸品	黑药	雾状水	
	化合物	雾状水、水	
压缩气体与液化气体	压缩气体与液化气体	大量水	冷却钢瓶
易燃液体	中、低、高闪点	泡沫、干粉	
	甲醇、乙醇、丙酮	抗溶泡沫	
易燃固体	易燃固体	水、泡沫	
	发泡剂	水、干粉	禁用酸碱泡沫
	硫化磷	干粉	禁用水
自燃物品	自燃物品	水、泡沫	
	炔基金属化合物	干粉	禁用水
遇湿易燃物品	遇湿易燃物品	干粉	禁用水
	钠、钾	干粉	禁用水、二氧化碳、四氯化碳
氧化剂与有机过氧化物	氧化剂与有机过氧化物	雾状水	
	过氧化钠、钾、镁、钙等	干粉	禁用水

第4章

化学反应安全

化学反应安全是指物质在发生化学变化时的安全事项。在化学反应过程中，物质的组成和化学性质都发生改变，以质变为其最重要的特征，还伴随有能量的变化，而且化学反应引起物质结构的改变要比物理变化更深入。有许多化学反应本身就是一种事故现象，例如燃烧、化学性爆炸等。因此，化学反应过程的安全问题非常复杂。

不同类型的化学反应，因其反应特点不同，潜在的危险性亦不同。一般来说，中和反应、复分解反应、酯化反应危险性较少，操作较易控制；但不少化学反应（如氧化、硝化等反应）存在火灾和爆炸的危险，操作较难控制，必须特别注意。本章主要对常见化学反应、实验操作和反应装置的安全隐患进行分析，并总结其注意事项。此外，由于化学实验室中进行的探索性实验在科研工作中具有非常重要的地位，我们对实验室进行的探究性实验的安全问题进行了初步的探讨，探索如何制定适当的策略来识别、观察甚至量化潜在的化学反应危害，对避免探索性化学研究中的潜在安全隐患提出了一些建议。

4.1 不同化学反应类型的安全

4.1.1 氧化

物质失电子的作用称为氧化反应。狭义的氧化指物质与氧化合，氧化时氧化值升高。有机物反应时把有机物引入氧或脱去氢的作用称为氧化，物质与氧缓慢反应、缓缓发热而不发光的氧化称为缓慢氧化，如金属锈蚀、生物呼吸等。剧烈的发光发热的氧化称为燃烧。

氧化反应的主要危险性体现在以下几个方面。

(1)氧化反应需要加热，但反应过程又是放热反应，特别是催化气相反应，一般都是在 250～600 ℃的高温下进行，这些反应热如果不及时移去，则会使温度迅速升高甚至发生爆炸。

(2)有的氧化,如氨、乙烯和甲醇蒸气在空中的氧化,其物料配比接近于爆炸下限,倘若配比失调,温度控制不当,极易起火爆炸。

(3)被氧化的物质大部分是易燃易爆物质。例如,乙烯氧化制取环氧乙烷中,乙烯是易燃气体,爆炸极限为2.7%~34%,自燃点为450 ℃;甲苯氧化制取苯甲酸中,甲苯是易燃液体,其蒸气易与空气形成爆炸性混合物,爆炸极限为1.2%~7%;甲醇氧化制取甲醛中,甲醇是易燃液体,其蒸气与空气的爆炸极限是6%~36.5%。

(4)氧化剂具有很大的火灾危险性。例如,氯酸钾、高锰酸钾、铬酸酐等都属于氧化剂,如遇高温,或受撞击、摩擦,以及与有机物、酸类接触,皆能引起着火爆炸;有机过氧化物不仅具有很强的氧化性,而且大部分是易燃物质,有的对温度特别敏感,遇高温则爆炸。

(5)氧化产品有些也具有火灾危险性。例如,环氧乙烷是可燃气体;硝酸虽是腐蚀性物品,但也是强氧化剂;含36.7%的甲醛水溶液是易燃液体,其蒸气的爆炸极限为7.7%~73%。另外,某些氧化过程中还可能生成危险性较大的过氧化物,如乙醛氧化生产醋酸的过程中有过醋酸生成,过醋酸是有机过氧化物,性质极度不稳定,受高温、摩擦或撞击便会分解或燃烧。

(6)氧化过程中,如以空气或氧气作氧化剂时,反应物料的配比(可燃气体和空气的混合比例)应严格控制在爆炸范围之外。空气进入反应器之前,应经过气体净化装置,消除空气中的灰尘、水汽、油污以及可使催化剂活性降低或中毒的杂质,以保持催化剂的活性,减少着火和爆炸的危险。

(7)氧化反应接触器有卧式和立式两种,内部填装催化剂。一般多采用立式,因为这种形式的催化剂装卸方便,而且安全。在催化氧化过程中,对于放热反应,应控制适宜的温度、流量,防止超温、超压和混合气处于爆炸范围之内。

(8)为了防止接触器在发生爆炸或着火时危及人身和设备安全,在反应器前和管道上应安装阻火器,以阻止火焰蔓延,防止回火,使着火不致影响其他系统。为了防止接触器发生爆炸,接触器应有泄压装置,并尽可能采用自动控制或调节以及报警连锁装置。

(9)使用硝酸、高锰酸钾等氧化剂时,要严格控制加料速度,防止多加、错加,固体氧化剂应粉碎后使用,最好呈溶液状态使用,反应中要不间断搅拌,严格控制反应温度,绝不允许超过被氧化物质的自燃点。

(10)使用氧化剂氧化无机物时,如使用氯酸钾氧化生成铁蓝颜料,应控制产品烘干温度不超过其着火点,在烘干之前应用清水洗涤产品,将氧化剂彻底除净,以防止未完全反应的氯酸钾引起已烘干的物料起火。有些有机化合物的氧化,特别是在高温下的氧化,在设备及管道内可能产生焦状物,应及时清除,以防自燃。

(11)氧化反应使用的原料及产品应按有关危险品的管理规定,采取相应的防火措施,如隔离存放、远离火源、避免高温和日晒、防止摩擦和撞击等。如果是电介质的易燃液体或气体,应安装导除静电的接地装置。

4.1.2 还原

还原反应就是物质(分子、原子或离子)得到电子或电子对偏近的反应。例如,硝基苯在盐酸溶液中被铁粉还原成苯胺,邻硝基苯甲醚在碱性溶液中被锌粉还原成邻氨基苯甲醚,使用保险粉、硼氢化钾、氢化锂铝等还原剂进行还原等。

(1)许多还原反应都是在氢气存在的条件下,并在高温、高压下进行,如果因操作失误或设备缺陷发生氢气泄漏,极易发生爆炸。

(2)还原反应中使用的催化剂,如雷尼镍、钯碳等,在空气中吸湿后有自燃危险,在没有点火源存在的条件下,也能使氢气和空气的混合物引燃。

(3)还原反应中使用的固体还原剂,如保险粉、氢化铝锂、硼氢化钾等,都是遇湿易燃危险品。

(4)还原反应的中间体,特别是硝基化合物还原反应的中间体,也有一定的火灾危险,例如,邻硝基苯甲醚还原为邻氨基苯甲醚过程中,产生150 ℃下可自燃的氧化偶氮苯甲醚。苯胺在生产过程中如果反应条件控制不好,可生成爆炸危险性很大的环己胺。

4.1.3 硝化

硝化通常是指在有机化合物分子中引入硝基($—NO_2$),取代氢原子而生成硝基化合物的反应,如甲苯硝化生产梯恩梯(TNT)、苯硝化制取硝基苯、甘油硝化制取硝化甘油等。

(1)硝化是一个放热反应,引入一个硝基要放热152.2~153 kJ/mol,所以硝化需要在降温条件下进行。在硝化反应中,倘若稍有疏忽,如中途搅拌停止、冷却水供应不良、加料速度过快等,都会使温度猛增、混酸氧化能力加强,并有多硝基物生成,容易引起着火和爆炸。

(2)硝化剂具有氧化性,常用硝化剂(浓硝酸、硝酸、浓硫酸、发烟硫酸、混合酸等)都具有较强的氧化性、吸水性和腐蚀性。它们与油脂、有机物,特别是不饱和的有机化合物接触即能引起燃烧;在制备硝化剂时,若温度过高或落入少量水,会促使硝酸大量分解和蒸发,不仅会导致设备强烈腐蚀,还可造成爆炸事故。

(3)被硝化的物质大多易燃,如苯、甲苯、甘油(丙三醇)、脱脂棉等,不仅易燃,有的还兼有毒性,如使用或贮存管理不当,很易造成火灾。

(4)硝化产品大都有着火爆炸的危险性,特别是多硝基化合物和硝酸酯,受热、摩擦、撞击或接触着火源,极易发生爆炸或着火。

4.1.4 电解

电流通过电解质溶液或熔融电解质时,在两个极上所引起的化学变化称为电解。电解在工业上有着广泛的作用。许多有色金属(钠、钾、镁、铅等)和稀有金属(锆、铪等)冶炼,金属铜、锌、铝等的精炼;许多基本化学工业产品(氢、氧、氯、烧碱、氯酸钾、过氧化氢等)的制备,以及电镀、电抛光、阳极氧化等,都是通过电解来实现的。如食盐水电解生产氢氧化钠、氢气、氯气,电解水制氢等。

电解时应注意以下事项。

(1)盐水应保证质量。盐水中如含有铁杂质,能够产生第二阴极而放出氢气;盐水中带入铵盐,在适宜的条件下(pH<4.5 时),铵盐和氯作用可生成氯化铵,氯作用于浓氯化铵溶液还可生成黄色油状的三氯化氮。三氯化氮是一种爆炸性物质,与许多有机物接触或加热至 90 ℃以上以及被撞击时,即发生剧烈的分解爆炸。因此,盐水配制必须严格控制质量,尤其是铁、钙、镁和无机铵盐的含量。一般要求 Mg^{2+} 少于 2 mg/L,Ca^{2+} 少于 6 mg/L,$SO_4{}^{2-}$ 少于 5 mg/L。应尽可能采取盐水纯度自动分析装置,这样可以观察盐水成分的变化,随时调节碳酸钠、苛性钠、氯化钡或丙烯酰胺的用量。

(2)盐水添加高度应适当。在操作中向电解槽的阳极室内添加盐水时,如盐水液面过低,氢气有可能通过阴极网渗入到阳极室内与氯气混合;若电解槽盐水装得过满,在压力下盐水会上涨,因此,盐水添加不可过少或过多,应保持一定的安全高度。采用盐水供料器应间断供给盐水,以避免电流的损失,防止盐水导管被电流腐蚀(目前多采用胶管)。

(3)防止氢气与氯气混合。氢气是极易燃烧的气体,氯气是氧化性很强的有毒气体,一旦两种气体混合极易发生爆炸,当氯气中含氢量达到 5%以上时,则随时可能在光照或受热情况下发生爆炸。造成氢气和氯气混合的原因主要是:阳极室内盐水液面过低;电解槽氢气出口堵塞,引起阴极室压力升高;电解槽的隔膜吸附质量差;石棉绒质量不好,在安装电解槽时碰坏隔膜,造成隔膜局部脱落或者送电前注入的盐水量过大将隔膜冲坏,以及阴极室中的压力等于或超过阳极室的压力,就可能使氢气进入阳极室等,这些都可能引起氯气中含氢量增高。此时应对电解槽进行全面检查,将单槽氯含氢浓度控制在 2%以下,总管氯含氢浓度控制在 0.4%以下。

(4)严格执行电解设备的安装要求。由于在电解过程中有氢气存在,故有着火爆炸的危险,所以电解槽应安装在自然通风良好的单层建筑物内,厂房应有足够的防爆泄压面积。

(5)掌握正确的应急处理方法。在生产中当遇突然停电或其他原因突然停止时,高压阀不能立即关闭,以免电解槽中氯气倒流而发生爆炸。应在电解槽后安装放空管,以便及时减压,并在高压阀门上安装单向阀,以有效地防止跑氯,避免污染环境和带来火灾危险。

4.1.5 聚合

将若干个分子结合为一个较大的、组成相同而分子量较高的化合物的反应过程为聚合,如氯乙烯聚合生产聚氯乙烯塑料、丁二烯聚合生产顺丁橡胶和丁苯橡胶等。聚合按照反应类型可分为加成聚合和缩合聚合两大类;按照聚合方式又可分为本体聚合、溶液聚合、悬浮聚合、乳液聚合和缩合聚合五种。

1. 本体聚合

本体聚合是在没有其他介质的情况下(如乙烯的高压聚合、甲醛的聚合等),用浸在冷却剂中的管式聚合釜(或在聚合釜中设盘管、列管冷却)进行的一种聚合方法。这种聚合方法往往由于聚合热不易传导散出而导致危险。例如,在高压聚乙烯生产中,每聚合 1 kg 乙烯会放出 3.8 MJ 的热量,倘若这些热量未能及时转移,则每聚合 1%的乙烯,即可使釜内温度升高 12～13 ℃,待升高到一定温度时,就会使乙烯分解,强烈放热,有发生爆聚的危险。一旦发生爆聚,则设备堵塞,压力骤增,极易发生爆炸。

2. 溶液聚合

溶液聚合是选择一种溶剂,使单体溶成均相体系,加入催化剂或引发剂后,生成聚合物的一种聚合方法。这种聚合方法在聚合和分离过程中,易燃溶剂容易挥发和产生静电火花。

3. 悬浮聚合

悬浮聚合是用水作分散介质的聚合方法。它是利用有机分散剂或无机分散剂,把不溶于水的液态单体,连同溶在单体中的引发剂经过强烈搅拌,打碎成小珠状,分散在水中成为悬浮液,在极细的单位小珠液滴(直径为 0.1 μm)中进行聚合,因此又称珠状聚合。在悬浮聚合过程中,如果工艺条件没有严格控制,致使设备运转不正常,则易出现溢料,如若溢料,则水分蒸发后未聚合的单体和引发剂遇火源极易引起火灾或爆炸。

4. 乳液聚合

乳液聚合是在机械强烈搅拌或超声波振动下,利用乳化剂使液态单体分散在水中(珠滴直径为 0.001～0.01 μm),引发剂溶在水里而进行聚合的一种方法。这种聚合方法常用无机过氧化物(如过氧化氢)作引发剂,如若过氧化物在介质(水)中配比不当,温度太高,反应速度过快,则会发生冲料,同时在聚合过程中还会产生可燃气体。

5. 缩合聚合

缩合聚合也称缩聚反应,是具有两个或两个以上功能团的单体相互缩合,并析出小分子副产物而形成聚合物的聚合反应。缩合聚合是吸热反应,但由于温度过高,也会导致系统的压力增加,甚至引起爆裂,泄漏出易燃易爆的单体。

4.1.6　催化

催化反应是在催化剂的作用下进行的化学反应。例如氮和氢合成氨,由二氧化硫和氧合成三氧化硫,由乙烷和氧合成环氧乙烷等都属于催化反应。

(1)在催化过程中若催化剂选择不正确或加入不适量,易造成局部反应激烈;另外,由于催化大多需在一定温度下进行,若散热不良、温度控制不好等,很容易发生超温爆炸或着火事故。

(2)催化产物在催化过程中有的产生氯化氢，氯化氢有腐蚀和中毒危险；有的产生硫化氢，则中毒危险更大，且硫化氢在空气中的爆炸极限较宽(4.3%～45.5%)，生产过程中还有爆炸危险；有的催化过程产生氢气，着火爆炸的危险更大，尤其在高压下，氢的腐蚀作用可使金属高压容器脆化，从而造成破坏性事故。

(3)原料气中某种能与催化剂发生反应的杂质含量增加，可能成为爆炸危险物，这是非常危险的。例如，在乙烯催化氧化合成乙醛的反应中，由于催化剂体系中常含有大量的亚铜盐，若原料气中含乙炔过高，则乙炔就会与亚铜盐反应生成乙炔铜。乙炔铜为红色沉淀，是一种极敏感的爆炸物，自燃点在260～270 ℃之间，干燥状态下极易爆炸，在空气作用下易氧化成暗黑色，并容易起火。

4.1.7 裂化

裂化有时又称裂解，是指有机化合物在高温下分子发生分解的反应过程。裂化可分为热裂化、催化裂化、加氢裂化三种类型。

1. 热裂化

热裂化在高温高压下进行，装置内的油品温度一般超过其自燃点，若漏出油品，则会立即起火；热裂化过程中产生大量的裂化气，且有大量气体分馏设备，若漏出气体，则会形成爆炸性气体混合物，遇加热炉等明火，则有发生爆炸的危险。在炼油厂各装置中，热裂化装置发生的火灾次数是较多的。

2. 催化裂化

催化裂化一般在较高温度(460～520 ℃)和0.1～0.2 MPa压力下进行，火灾危险性较大。若操作不当，再生器内的空气和火焰进入反应器中会引起恶性爆炸。U形管上的小设备和小阀门较多，易漏油着火。在催化裂化过程中还会产生易燃的裂化气，以及在烧焦活化催化剂不正常时，还可能出现可燃的一氧化碳气体。

3. 加氢裂化

由于加氢裂化要使用大量氢气，而且反应温度和压力都较高，在高压下钢与氢气接触，钢材内的碳分子易被氢气所夺取，使碳钢硬度增大而降低强度，产生氢脆，如设备或管道检查或更换不及时，就会在高压(10～15 MPa)下发生设备爆炸。另外，加氢是强烈的放热反应，反应器必须通冷氢以控制温度。因此，要加强对设备的检查，定期更换管道、设备，防止氢脆造成事故；加热炉要平稳操作，防止设备局部过热，防止加热炉的炉管烧穿，或者高温管线、反应器漏气而引起着火。

4.1.8 氯化

以氯原子取代有机化合物中氢原子的过程称为氯化，如由甲烷制甲烷氯化物、苯氯化制氯苯等。常用的氯化剂有液态(或气态)氯、气态氯化氢,以及各种浓度的盐酸、磷酸氯(三氯氧化磷)、三氯化磷(用来制造有机酸的酰氯)、硫酰氯(二氯硫酰)、次氯酸酯等。

(1)氯化反应的火灾危险性主要取决于被氯化物质的性质及反应过程的条件。反应过程中所用的原料大多是有机易燃物和强氧化剂,如甲烷、乙烷、苯、酒精、天然气、甲苯、液氯等。例如,生产 1 t 甲烷氯化物需要 2006 m^3 甲烷、6960 kg 液氯,生产过程中同样具有着火爆炸的危险。所以,应严格控制各种着火源,电气设备应符合防火防爆要求。

(2)氯化反应中最常用的氯化剂是液态或气态的氯。氯气本身毒性较大,氧化性极强,贮存压力较高,一旦泄漏是很危险的。所以,贮罐中的液氯在进入氯化器使用之前,必须先进入蒸发器使其气化。在一般情况下,不准把贮存氯气的气瓶或槽车当贮罐使用,因为这样有可能使被氯化的有机物质倒流进气瓶或槽车引起爆炸。一般氯化器应装设氯气缓冲罐,防止氯气断流或压力减小时形成倒流。

(3)氯化反应是一个放热过程,尤其在较高温度下进行氯化,反应更为剧烈。例如,在环氧氯丙烷生产中,丙烯需预热至 3000 ℃左右进行氯化,反应温度可升至 500 ℃,在这样高的温度下,如果物料泄漏就会造成着火或引起爆炸。因此,一般氯化反应设备必须有良好的冷却系统,并严格控制氯气的流量,以免因流量过大、温度骤升而引起事故。

(4)由于氯化反应几乎都有氯化氢气体生成,因此所用的设备必须防腐蚀,设备应保证严密不漏。因为氯化氢气体易溶于水中,通过增设吸收和冷却装置就可以除去尾气中的绝大部分氯化氢。

4.1.9　重氮化

重氮化是使芳伯胺变为重氮盐的反应,通常是含芳胺的有机化合物在酸性介质中与亚硝酸钠作用,使其中的氨基($—NH_2$)转变为重氮基(—N ═N—)的化学反应,如二硝基重氮酚的制取等。

(1)重氮化反应的主要火灾危险性在于所产生的重氮盐,如重氮盐酸盐、重氮硫酸盐,特别是含有硝基的重氮盐,如重氮二硝基苯酚等,它们在温度稍高或光的作用下,极易分解,有的甚至在室温时亦能分解。一般每升高 10 ℃,分解速度加快两倍。在干燥状态下,有些重氮盐不稳定,活力大,受热或摩擦、撞击能分解爆炸。含重氮盐的溶液若洒落在地上、蒸气管道上,干燥后亦能引起着火或爆炸。在酸性介质中,有些金属(如铁、铜、锌等)能促使重氮化合物激烈地分解,甚至引起爆炸。

(2)作为重氮剂的芳胺化合物都是可燃有机物质,在一定条件下有着火或爆炸的危险。

(3)重氮化生产过程所使用的亚硝酸钠是无机氧化剂,于 175 ℃时分解并与有机物反应,导致着火或爆炸。亚硝酸钠当遇到比其氧化性强的氧化剂时,又具有还原性,故遇到氯酸钾、高锰酸钾、硝酸铵等强氧化剂时,有着火或爆炸的可能。

(4)在重氮化的过程中,若反应温度过高、亚硝酸钠的投料过快或过量,均会增加亚硝酸的浓度,加速物料的分解,产生大量的氧化氮气体,有引起着火或爆炸的危险。

4.1.10 烷基化

烷基化(亦称烃化),是在有机化合物中的氮、氧、碳等原子上引入烷基的化学反应。引入的烷基有甲基($—CH_3$)、乙基($—C_2H_5$)、丙基($—C_3H_7$)、丁基($—C_4H_9$)等。烷基化常用烯烃、卤化烃、醇等能在有机化合物分子中的碳、氧、氮等原子上引入烷基的物质作为烷基化剂,如用苯胺和甲醇制取二甲基苯胺。

(1)被烷基化的物质大都具有着火或爆炸的危险。例如,苯是甲类液体,闪点为-11 ℃,爆炸极限为1.5%~9.5%;苯胺是丙类液体,闪点为71 ℃,爆炸极限为1.3%~4.2%。

(2)烷基化剂一般比被烷基化物质引起火灾的危险性要大。例如,丙烯是易燃气体,爆炸极限为2%~11%;甲醇是甲类液体,闪点为7 ℃,爆炸极限为6%~36.5%;十二烯是乙类液体,闪点为35 ℃,自燃点为220 ℃。

(3)烷基化过程所用的催化剂反应活性强。例如,三氯化铝是忌湿物品,有强烈的腐蚀性,遇水或水蒸气分解放热,放出氯化氢气体,有时能引起爆炸,若接触可燃物,则易着火;三氯化磷是腐蚀性忌湿液体,遇水或乙醇剧烈分解,放出大量的热和氯化氢气体,有极强的腐蚀性和刺激性,有毒,遇水及酸(主要是硝酸、醋酸)发热、冒烟,有引起着火或爆炸的危险。

(4)烷基化反应都是在加热条件下进行的,如果原料、催化剂、烷基化剂等加料次序颠倒、速度过快或者搅拌中断,就会发生剧烈反应,引起跑料,造成着火或爆炸事故。

(5)烷基化的产品亦有一定的火灾危险。例如,异丙苯是乙类液体,闪点为35.5 ℃,自燃点为434 ℃,爆炸极限为0.68%~4.2%;二甲基苯胺是丙类液体,闪点为61 ℃,自燃点为371 ℃;烷基苯是丙类液体,闪点为127 ℃。

4.1.11 磺化

磺化是在有机化合物分子中引入磺(酸)基($—SO_3H$)的反应。常用的磺化剂有发烟硫酸、亚硫酸钠、亚硫酸钾等。例如,用硝基苯与发烟硫酸生产间氨基苯磺酸钠,卤代烷与亚硫酸钠在高温加压条件下生成磺酸盐等均属磺化反应。

(1)三氧化硫是氧化剂,遇比硝基苯易燃的物质时会很快引起着火;另外,三氧化硫的腐蚀性很弱,但遇水则生成硫酸,同时会放出大量的热,使反应温度升高,不仅会造成沸溢或发生磺化反应,导致燃烧反应,从而起火或爆炸,还会因硫酸具有很强的腐蚀性,增加对设备的腐蚀破坏。

(2)由于生产所用原料苯、硝基苯、氯苯等都是可燃物,而磺化剂浓硫酸、发烟硫酸、氯磺酸都是氧化性物质,且有的是强氧化剂,所以二者相互作用的条件下进行磺化反应是十分危险的,因为已经具备了可燃物与氧化剂作用发生放热反应的燃烧条件。这种磺化反应若投料顺序颠倒、投料速度过快、搅拌不良、冷却效果不佳等,都有可能造成反应温度升高,使磺化反应变为燃烧反应,引起着火或爆炸。

(3)磺化反应是放热反应,若在反应过程中得不到有效的冷却和良好的搅拌,都有可能引起反应温度超高,以致发生燃烧反应,引起爆炸或着火。

4.2 典型化学实验操作的安全

4.2.1 蒸馏

蒸馏是一种热力学的分离工艺，它利用混合液体或液-固体系中各组分沸点不同，使低沸点组分蒸发，再冷凝以分离整个组分的单元操作工艺，是蒸发和冷凝两种单元操作的联合。与其他的分离手段，如萃取、过滤、结晶等相比，它的优点在于不需使用系统组分以外的其他溶剂，从而保证不会引入新的杂质。

蒸馏操作注意事项如下。

(1)控制好加热温度。如果采用加热浴，加热浴的温度应当比蒸馏液体的沸点高，否则难以将被蒸馏物蒸馏出来。加热浴温度比蒸馏液体沸点高出得越多，蒸馏速度越快。但是，加热浴的温度也不能过高，否则会导致蒸馏瓶和冷凝器上部的蒸气压超过大气压，有可能产生事故，特别是在蒸馏低沸点物质时尤其需要注意。一般地，加热浴的温度不能比蒸馏物质的沸点高出 30 ℃。整个蒸馏过程要随时添加浴液，以保持浴液液面至少超过瓶中液面 1 cm。

(2)蒸馏高沸点物质时，由于易被冷凝，往往蒸气未到达蒸馏烧瓶的侧管处即已经被冷凝而滴回蒸馏瓶中，因此，应选用短颈蒸馏瓶或者采取其他保温措施等，保证蒸馏顺利进行。

(3)蒸馏之前，必须了解被蒸馏的物质及其杂质的沸点和饱和蒸气压，以决定何时(即在什么温度时)收集馏分。

(4)蒸馏烧瓶应当采用圆底烧瓶。沸点在 40～150 ℃的液体可采用 150 ℃以上的液体，或沸点虽在 150 ℃以下，常压下对热不稳定的简单蒸馏。在一定温度受热易分解的液体，可以采用减压蒸馏和水蒸气蒸馏。

4.2.2 萃取

萃取又称溶剂萃取或液液萃取，也称抽提，是利用系统中组分在溶剂中有不同的溶解度来分离混合物的单元操作，即利用物质在两种互不相溶(或微溶)的溶剂中溶解度或分配系数的不同，使溶质从一种溶剂内转移到另外一种溶剂中的方法。萃取广泛应用于化学、冶金、食品等工业，通用于石油炼制工业。另外，将萃取后两种互不相溶的液体分开的操作，称为分液。虽然萃取经常被用在化学试验中，但它的操作过程并不造成被萃取物质化学成分的改变(或者说产生化学反应)，所以萃取操作是一个物理过程。萃取是有机化学实验室中用来提纯和纯化化合物的手段之一。通过萃取，能从固体或液体混合物中提取出所需要的物质。

萃取操作注意事项如下。

(1)使用前先检查是否漏液。

(2)振荡时,双手托住分液漏斗,右手按住瓶塞,平放,上下振荡。

(3)放液前,要先打开瓶塞。

(4)放液时,下层的为密度大的液体,从下面放出;上层的为密度相对小的液体,从上面倒出。

(5)分液漏斗用完后应马上清洗干净。

4.2.3 回流

室温下,为了加快有些反应速度很慢或难以进行的化学反应,常常需要使反应物较长时间保持沸腾。这种情况下,就需要冷凝装置,使蒸气不断地在冷凝管内冷凝而返回反应器中,以防止反应器中物质逸失。或有时反应物具有挥发性,为了不使反应物挥发太快而损失,通常在反应容器上方安装冷凝管,这样蒸气会遇冷回流入反应容器内,称为回流。

回流操作注意事项如下。

(1)在蒸馏烧瓶中放少量碎瓷片,防止液体暴沸,不可向热溶液中补加沸石。

(2)温度计水银球的位置应与支管口下端位于同一水平线上。

(3)蒸馏烧瓶中所盛放液体不能超过其容积的 2/3,也不能少于 1/3。

(4)冷凝管中冷却水从下口进,上口出。

(5)加热温度不能超过混合物中沸点最高物质的沸点。

(6)实验完毕先关闭加热装置,再关冷凝水。

4.3 探索性实验安全

"当我进行反应时,我没有看到任何温度上升。"

"当我运行它时,反应只是有点泡沫。"

"当我在温暖的真空烤箱中干燥时,样品只变成了轻微的棕色。"

上述这些话是在化学实验室进行探索性实验时经常听到的,但在这些看似温和的现象背后往往隐藏着各种安全隐患。本节我们将讨论如何制定适当的策略来识别、观察甚至量化潜在的化学反应危害,并提供策略来避免探索性化学研究中的潜在安全隐患。许多优秀的参考文献、书籍、策略和计划中都大量涉及"化学反应过程安全"的概念,但更多的是关注于终试或化工生产实际。然而,典型的小型化学研究与大型化工生产相比,情况极其不同,并且每个实验涉及的安全都各不相同,这对研究性实验的安全工作开展提出了挑战,因为实验室中存在的隐患,即使是小规模的事故也可能是灾难性的。

在研究的阶段,通常很少考虑和关注小批量候选药物合成中使用的化学物质的类型,或者在更大的反应规模上进行反应的适用性。设备问题,如反应瓶大小,冷却、加热要求,甚至反应时间在这个阶段都不相关。然而,即使在这些非常小的反应规模下进行的化学反应也有潜在的化学反应危险,并可能导致事故或伤害。因此,有必要在工艺化学/制造领域的"工艺安全"概念和相对较小的化学研究实验室中的"化学反应安全"概念之间做出区分。尽管小规模的化学研究实验室与大规模的生产设施之间可能存在一些相似性和概念重叠,但需要不同的策略、方法和思维来解决小规模的化学反应安全问题。本节介绍几种可用于识别来自原料或反应本身的能量不能被反应环境安全吸收的情况并进行讨论,以提高化学工作者鉴别哪些关键信息可用于帮助识别研究实验室中的化学反应性危害的能力。

为了解决小型研究实验室中潜在的化学反应危害,首先应该认识到有哪几种类型的反应危害。

1. 化学危害

在关注化学物质的过程中,实验人员应该认识到,在特定化学反应中使用的所有化合物、溶剂和试剂都应该评估潜在的化学反应危险。全面的文献检索应该是任何化学反应危险评估策略的主要起点。这类信息的一个很好的起点通常是材料安全数据表(MSDS)。实验人员应花时间查阅每一份物质安全说明文件中所使用的所有化学物质,并检查相关部分,特别是有关稳定性、反应性和不相容性的部分,以了解所使用的每种材料的特性。此外,还应检查反应并评估反应的化学方程,以解释特定化学反应中包括或可能产生的所有反应产物、废气和潜在的副产物,这样的练习能有效提高实验人员识别潜在反应危险的能力。接下来,实验人员应该识别正在反应的化合物中是否存在特别危险的化学反应。一个人根据化学训练、科学知识和经验应该认识到某些化学功能有潜在的危险,无论是能量上的还是毒性的。

实验人员应该收集尽可能多的关于起始材料、溶剂、产物和任何特定化学反应的副产物的反应性的一般信息。许多实验人员没有意识到,其实常见的实验室溶剂(如醇)也会导致过氧化氢形成爆炸。化学反应过程中存在或产生的过氧化物,或随后对反应混合物的处置,都存在严重的潜在危险。针对这些潜在危险应采取措施,我们首先应防止其存在或形成,然后消除或减少危害。一旦收集了所有文献信息,就可以决定是否需要进行额外的反应安全测试。有时可以考虑采用平行路线来达到一个关键的中间体,安全因素可能会决定尝试哪种化学方法。

2. 反应/速率危害

试图在研究的早期阶段解决化学反应危险面临的主要问题是,实验人员可能没有真正的知识或理解化学反应可能产生多少热量,反应混合物是否在反应或检验过程中分解,或者任何原材料或产品是否不稳定。为了了解与特定化学反应相关的潜在反应/速率危险,实验人员应该在进行反应之前回答有关热不稳定试剂、混合物和反应产物的使用和生成的问题。基于这一认识,如果需要,实验人员可以实施适当的预防措施、工程控制和个人防护装备。在这个阶段,检查化学反应中使用的材料组合的化学不相容性是谨慎的。二元混合物的反应性甚至可以在实验室进行化学实验之前从数据库中估计。实验人员首先应确定所述反应是否为放热反应,其中受控或不受控方式的沸腾、回流和产生废气对在实验室中安全进行反应至关重要。在普通的圆底玻璃反应瓶中观察到的即使是最小的温升也可能表明,随着反应量扩大到中等程度,可能会发生不可控制的化学反应。在一个特定的化学反应中产生多少热量,以及发生冷却会损失什么,这些都是在实验室中安全进行化学反应时所要考虑的。

3. 设备/操作的危害

实验人员选择的设备类型所产生的机械或操作危险也会影响化学反应的安全性,并影响是否存在火灾或爆炸的可能性。实验前,应仔细评估使用电加热罩、电搅拌器、水浴等所产生的后果,因为如果选择不当,它们都可能对实验安全产生严重影响。例如,加热设备和电动搅拌器电机可能产生电火花,可能导致高度易燃的溶剂点燃或爆炸。当使用烷基锂或活性金属等水反应性试剂时,使用冰水浴可能不是反应冷却的正确选择。事实上,对于一个普通的实验室,可以列举出许多其他危险情况的例子。

缺乏机械或操作常识会影响实验室化学反应的结果和安全性。重要的是要了解适当的温度控制问题,如失去冷却的影响或失控的反应,可能导致过多的热量产生和随后的反应物喷涌出容器。简单的问题,如温度测量探头放置在不正确的位置,可能会产生不准确的测量结果。其他不常被考虑的问题包括搅拌不充分的影响,添加错误数量的化学物质或以错误的速度或顺序添加化学物质,任何可能导致反应器夹套或回流冷凝器泄漏的情况。所有这些问题,虽然看起来微不足道,但却会对化学反应的安全进行产生巨大影响。

4.4 化学反应装置安全

实验中如果对于具有危险的装置操作错误,那么可以说全部装置均为危险装置。特别对那些可能会引起重大事故的装置,使用时必须储备充分的知识,并细心地进行操作。需要或产生的能量越高,装置的危险性就越大。使用高温、高压、高速度及高负荷之类装置时,必须做好充分的防护措施,谨慎地进行操作。对不了解其性能的装置,使用时要做好充分的准备,尽可能逐个核对装置的各个部分。要求熟练地操作装置,应在掌握其基本操作步骤之后才能进行操作。下面对化学反应常见装置的安全注意事项进行介绍。

1. 电气装置

(1)不要接触或靠近电压高、电流大的带电或通电部位。对这些部位,要用绝缘物把它遮盖起来,并且在其周围划定危险区域、设置栏栅等,以防进入安全距离以内。

(2)电气设备要全部安装地线。对电压高、电流大的设备,要使其接地电阻在几欧姆以下。

(3)直接接触带电或通电部位时,要穿上绝缘胶靴,戴橡皮手套等防护用具。除非妨碍操作,否则要切断电源,用验电工具或接地棒检查设备,证实设备不带电后,才进行作业。对电容器之类装置,虽然切断了电源,有时还会存留静电荷,因而要加以注意。

(4)当进行高电压、大电流的实验时,不要由一个人单独进行,最好由2至3人进行操作,并要明确操作场合的安全信号系统。

(5)为了防止电气设备漏电,要经常清除粘在设备上的脏物或油污,设备的周围也要保持清洁。

发生触电事故时的应急措施:迅速切断电源。如果不能切断电源,要用干木条或戴上绝缘橡皮手套,把触电者拉离电源。把触电者迅速转移到附近适当的地方,解开衣服,使其全身舒展。不管有无外伤或烧伤,都要立刻找医生处理。

2. 机械设备

使用机械、工具的作业,常常给初学者带来意外的事故。因此,必须在熟练操作者的指导下,熟悉其准确的操作方法。千万不可一知半解就勉强进行操作。机械设备一般应注意以下事项。

(1)操纵机床时,要用标准的工具。损坏机械或丢失工具时,必须由当事人说明情况并负责配备。

(2)常因加工材料的种类、形状等的变化引起意外事故,要加以注意。

(3)对机械的传动部分(如旋转轴、齿轮、皮带轮、传动带等),要安装保护罩,以防直接用手触摸。大型机械,即使切断了电源开关,还需经过一定时间才能停止转动,因此要等待一段时间才能操作。

(4)当启动机器时,要严格实行检查、发信号、启动三个步骤。而停机时,也要按发信号、停止、检查三个步骤来执行。

(5)即便是停止运转的机械,也可能有其他不明情况的人合上电源开关。因此,对其进行检查、维修、给油或清扫等作业时,要把启动装置锁上或挂上标志牌。同时,还要熟悉并正确使用安全装置的操作方法。

(6)停电时,一定要切断电源开关和拉开离合器等装置,以防再送电时发生事故。

(7)指示机械的构造或运转等情况,要用木棒之类东西指明,决不可使用手指。

(8)焊接(电焊或气焊)时,要由熟练人员进行操作。

(9)工作服必须合适,使其既不会被机械卡着,又能轻便、灵活地进行操作。

3. 高压装置

(1)高压装置一旦发生破裂,碎片会高速地飞出,碎片急剧地冲出气体而形成冲击波,使人身、实验装置及设备等受到重大损伤,往往还会使所用的煤气或放置在其周围的药品引起火灾或爆炸等严重的二次灾害。因此,使用高压装置时,必须遵守《高压气体安全管理制度》的有关规定。使用高压设备一般应注意以下事项。

①充分明确实验的目的,熟悉实验操作的条件。要选用适合于实验目的及操作条件要求的装置、器械种类和设备材料。

②购买或加工制作高压器械、设备时,要选择质量合格的产品,并要标明使用的压力、温度及使用化学药品的性状等各种条件。

③一定要安装安全器械,设置安全设施。估计实验特别危险时,要采用遥测、遥控仪器进行操作。要经常地定期检查安全器械。

④要预先采取措施,即使由于停电等而使器械失去功能,也不致发生事故。

⑤高压装置使用的压力,要在其试验压力的 2/3 以下(但试压时,则在其使用压力的 1.5 倍的压力下进行耐压试验)。

⑥用厚的防护墙把实验室的三面围起来,而另一面用通风的薄墙围起。屋梁也要用轻质材料制作。

⑦对实验室内的电气设备,要根据使用气体的不同性质,选用防爆型之类的合适设备。

⑧对实验室内仪器、装置的布局,要充分考虑到倘若发生事故,也要使其所造成的损害限制在最小范围内。

⑨在实验室的门外及其周围,要挂出标志,以便局外人也清楚地知道实验内容及使用的气体等情况。

⑩由于高压实验危险性大,所以必须在熟悉各种装置、器械的构造及其使用方法的基础上,才能谨慎地进行操作。如果有不明了的地方,可参阅有关专著或向专家请教。

(2)在实验室进行高压实验时,最广泛使用的是高压釜。高压釜除高压容器主体外,往往还与压力计、高压阀、安全阀、电热器及搅拌器等附属器械构成一个整体。使用高压釜一般应注意以下事项。

①高压釜要在指定的地点使用,并按照使用说明进行操作。

②查明刻于主体容器上的试验压力、使用压力及最高使用温度等条件,要在其容许的条件范围内使用。

③压力计所使用的压力,最好是在其标明压力的 1/2 以下,并经常把压力计与标准压力计进行比较,加以校正。

④对氧气用的压力计,要避免与其他气体用的压力计混用。

⑤对安全阀及其他的安全装置,要使用经过定期检查并符合规定要求的器械。

⑥操作时必须注意,温度计要准确地插到反应溶液中。

⑦放入高压釜的原料,不可以超过其有效容积的 1/3 以上。

⑧高压釜内部及衬垫部位要保持清洁。

⑨盖上盘式法兰盖时,要将位于对角线上的螺栓成对地依次拧紧。

⑩测量仪表破裂时,多数情况在其玻璃面的前、后两侧碎裂。因此,操作时不要站在这些危险的地方。预计将会出现危险时,要把玻璃卸下,换上新的。

4. 高温、低温装置

在化学实验中，使用高温或低温装置的机会很多，并且还常常与高压、低压等严酷的操作条件组合。在这样的条件下进行实验，如果操作错误，除发生烧伤、冻伤等事故外，还会引起火灾或爆炸事故。因此，操作时必须十分谨慎。

1）高温装置

（1）高温装置一般应注意以下事项。

①注意防护高温对人体的辐射。

②熟悉高温装置的使用方法，并细心地进行操作。

③使用高温装置的实验，要求在防火建筑内或配备有防火设施的室内进行，并保持室内通风良好。

④按照实验性质，配备最合适的灭火设备，如粉末、泡沫或二氧化碳灭火器等。

⑤在不得已而将高温炉之类的高温装置置于耐热性差的实验台上进行实验时，装置与台面之间要保留 1 cm 以上的间隙，以防台面着火。

⑥按照操作温度的不同，选用合适的容器材料和耐火材料。但是，选定时亦要考虑到所要求的操作气氛及接触物质的性质。

⑦高温实验禁止接触水。如果在高温物体中混入水，水会急剧汽化，引发水蒸气爆炸。高温物质落入水中时，也同样产生大量爆炸性的水蒸气而四处飞溅。

（2）使用高温设备时人体的防护事项如下。

①使用高温装置时，常要预计到衣服有被烧着的可能。因而，要选用能方便脱除的服装。

②要使用干燥的手套。如果手套潮湿，导热性会增大。同时，手套中的水分汽化变成水蒸气有烫伤手的危险。所以最好用难于吸水的材料做手套。

③需要长时间注视赤热物质或高温火焰时，要戴防护眼镜，使用视野清晰的绿色眼镜比较好。

④对发出很强紫外线的等离子流焰及乙炔焰的热源，除使用防护面具保护眼睛外，还要注意保护皮肤。

⑤处理熔融金属或熔融盐等高温流体时，还要穿上皮靴之类防护鞋。

2）低温装置

在低温操作的实验中，获得低温的方法有采用冷冻机和使用适当的冷冻剂两种方法。但是，实验室中，因后一种方法较为简便，故经常被使用。例如，将冰与食盐或氯化钙等混合构成的冷冻剂，大约可以冷却到−20 ℃的低温，且没有大的危险性。但是，采用−80～−70 ℃的干冰冷冻剂，以及−200～−180 ℃的低温液化气体时，则有相当大的危险性。因此，操作时必须十分注意。

（1）使用冷冻机应注意的事项如下。

①使用大型冷冻机要按照《高压气体安全管理制度》的有关规定进行操作。若不是经过国家考试合格的冷冻机作业操作者，不能进行运转及维修。

②小型冷冻机虽然不受管理制度的限制，但是也必须遵照管理办法的主要要求进行运转及维修。

③因冷冻机在相当高的压力下工作，故应购买有质量保证的合格产品，并且要安装安全装置。

④冷冻机通常用氨、氟利昂、甲烷、乙烷及乙烯等作冷冻剂，但是这些冷冻剂必须经过适当的处理。

(2)使用干冰冷冻剂应注意的事项如下。

干冰与某些物质混合，即能得到－80～－60 ℃的低温。但是，与其混合的大多数物质为丙酮、乙醇之类有机溶剂，因而要求有防火的安全措施，并且使用时若用手摸到用干冰冷冻剂冷却的容器时，往往皮肤被粘冻于容器上而不能脱落，以致引起冻伤。因此，要格外引起注意。

(3)低温液化气体：由于低温液化气体能得到极低的温度及超高真空度，所以在实验室里也经常被使用。因此，操作必须熟练并要小心谨慎。一般应注意的事项如下。

①使用液化气体及处理使用液化气体的装置时，操作必须熟练，一般要求两名以上实验人员。初次使用时，必须在有经验人员的指导下一起操作。

②一定要穿防护衣，戴防护面具或防护眼镜，并戴皮手套等防护用具，以免液化气体直接接触皮肤、眼睛。

③使用液化气体的实验室，要保持通风良好。实验的附属用品要固定起来。

④装液化气体的容器要放在没有阳光照射、通风良好的地点。

⑤处理液化气体容器时，要轻快、稳重。

⑥液化气体不能放入密闭容器中。装液化气体的容器必须开设排气口，用玻璃棉等作塞子，以防着火和爆炸。

⑦装冷冻剂的容器，特别是真空玻璃瓶，新的时候容易破裂，故不要把脸靠近容器的正上方。

⑧如果液化气体沾到皮肤上，要立刻用水洗去，而沾到衣服时，要马上脱去衣服。

⑨严重冻伤时，要请专业医生治疗，并参照第 3 章有关部分进行处理。

⑩如果实验人员窒息了，要立刻把他移到空气新鲜的地方进行人工呼吸，并速找医生抢救。

⑪由于发生事故而引起液化气体大量气化时，要采取与相应的高压气体场合的相同措施进行处理。

5. 高能装置

近年来，使用高能装置的机会不断增加。由于这些装置使用直流高压电或高频高压电，因此使用这些装置时，必须注意防止触电和电气灾害。同时，随着使用的能量增高，其发生事故的危险性也增大。例如，激光或雷达等能放出强大电磁波的高频装置放出的微波或光波，瞬间即会使人严重烧伤，往往还会使眼睛失明，甚至发生生命危险。此外，使用能放出放射线的装置时，实验人员及在其周围的人员，也会因被放射线照射而受到伤害。因此，必须予以足够的重视。

关于各种高能装置，制定了相应的使用规则，并写明了操作注意事项。因此，下面只介绍其一般的注意事项。

(1)设置有这类装置的地方要标明为危险区域，并在特别危险的地点(如高压电、放出 X 射线及电磁波等部位)设置栏栅，以免误入。

(2)这类装置的装配、布线及修理等，均应由专家进行。

(3)注意经常整理实验室，并保持整洁。

(4)要由两人以上进行实验。

(5)装置必须安装地线，并配备接地棒。

(6)变压器虽然属小型的，也要十分注意安全操作。

(7)虽然是干电池，但是当连接多个时，其产生的高压电也有危险。

(8)在真空系统中安装高压电带电部件时，一旦泄漏真空即会通电，因此要加以注意。

(9)电解电容器有时也会爆炸，要加以注意。

(10)15 kV 以上的高压电，有放出 X 射线的危险，要加以注意。

(11)盖斯勒真空管也会放出 X 射线，长时间使用时，要予以注意。

(12)关于高压电场对人体的危害，尚有很多未弄清楚的地方，因此尽量避免靠近这类区域为好。

6. 玻璃器具

由玻璃器具造成的事故很多，其中大多数为割伤和烧伤，使用玻璃器具一般应注意的事项如下。

(1)玻璃器具在使用前要仔细检查，避免使用有裂痕的仪器，特别用于减压、加压或加热操作的场合，更要认真进行检查。

(2)烧杯、烧瓶及试管之类仪器，因其壁薄、机械强度很低，用于加热时必须小心操作。

(3)吸滤瓶及洗瓶之类的厚壁容器，往往因急剧加热而破裂。

(4)把玻璃管或温度计插入橡皮塞或软木塞时，常常会折断而使人受伤。为此，操作时可在玻璃管上沾些水或涂上碱液、甘油等作润滑剂。然后，左手拿着塞子，右手拿着玻璃管，边旋转边慢慢地把玻璃管插入塞子中。此时，右手拇指与左手拇指之间的距离不要超过 5 cm，并且最好用毛巾保护着手较为安全。橡皮塞等钻孔时，打出的孔要比管径略小，然后用圆锉把孔锉一下，适当扩大孔径即行。

(5)加工玻璃时可能发生的大事故是加热时有可燃性气体的容器引起的爆炸事故。为此，操作前必须将容器中的可燃性气体清除干净。同时，经过加热的玻璃，乍一看难以觉察，而一旦接触往往容易被烧伤。

(6)打开封闭管或紧密塞着的容器时，因其有内压，往往发生喷液或爆炸事故。

第5章

实验室废弃物处置

高校实验室的环境污染主要来自实验过程中产生的废液、废气以及固体废弃物。

2022年3月25日，执法人员对位于北京市海淀区学院路37号的聚合物基复合材料技术实验室进行了检查。现场检查时实验室正常使用，正在进行科研、分析测试等活动。上述活动过程中使用甲苯、丙酮、2-丁酮、乙醚等有机溶液对所服务的被检测单位提供的含有有机物的原材料进行分析测试、科研。分析测试过程中产生的挥发性有机物废气应当集中收集、经净化后排入大气。现场检查时该单位部分科研、分析测试等活动未在密闭空间或者设备中进行，导致产生的挥发性有机废气直接无组织排放，污染周边环境。依据《中华人民共和国大气污染防治法(2016版)》第108条第1款第1项，对该单位处以罚款人民币2万元。对实验室废弃物处置后排放是实验人员应尽的责任和义务。

目前，我国高校除少数环保意识强、配有污染控制及治理设备的实验室没有直接排污外，大多数实验室没有采取任何减排治污措施，具体表现在以下几个方面。

(1)有毒有害废弃物直接排放的现象依然存在。

(2)相关职能部门未能及时采取有效的措施进行干预和协调。

(3)缺乏完善的实验室环境污染防治方法、手段与投入。

(4)部分实验室工作人员环保意识薄弱，违规操作现象普遍存在。

(5)由于实验废液、废水和废气的污染物种类复杂，极易形成交叉污染，有可能产生毒性更大的新物质。

(6)产生的污染物种类和数量不确定，污染物的排放具有间歇性和不可预见性，造成实验室污染处理技术难度大、成本高。

高校实验室的污染问题已成为环境管理的盲点和难点，加强实验室的环境污染治理已迫在眉睫。

5.1 废弃化学实验品的管理规定

5.1.1 固体废物防治法

《中华人民共和国固体废物污染环境防治法》第二次修订案于 2020 年 4 月 29 日经第十三届全国人民代表大会常务委员会第十七次会议审议通过，自 2020 年 9 月 1 日开始实施，新法较旧法在相关处罚规则上有所变化。

1. 补齐物质利用短板，加强垃圾处理体系建设

第四十五条规定，县级以上人民政府应当统筹安排建设城乡生活垃圾收集、运输、处理设施，确定设施厂址，提高生活垃圾的综合利用和无害化处置水平……统筹规划，合理安排回收、分拣、打包网点，促进生活垃圾的回收利用工作。

第四十九条规定，产生生活垃圾的单位、家庭和个人应当依法履行生活垃圾源头减量和分类投放义务，承担生活垃圾产生者责任。

第五十三条规定，……县级以上地方人民政府应当……加强生活垃圾分类收运体系和再生资源回收体系在规划、建设、运营等方面的融合。

这次修订的《中华人民共和国固体废物污染环境防治法》(简称《固废法》)明确要求统筹规划，促进垃圾的回收利用，提高垃圾的综合利用水平，是补齐垃圾的物质利用短板、加强垃圾处理体系建设的及时雨。值得强调的是，要突出处理体系建设的紧迫性和重要性，用体系统御处理方法。推行垃圾分类的目的就是要建设分类投放、分类收集、分类运输、分类处理的垃圾分类处理体系，建设以法治为基础，融合自治、法治、德治的垃圾治理体系。

此次修订的《固废法》进一步明确了政府、单位、家庭和个人的责任，在第一条还明确了国家机关、社会团体、企业事业单位、基层群众性自治组织、新闻媒体和学校的责任。垃圾具有典型的社会属性，从垃圾生产、处理到处置的全过程都需要全社会参与和监督，需要包括政府在内的全社会良性互动，需要完善的垃圾治理体系。垃圾治理讲究政府引导，广泛吸收社会公众参与，强调政府、社会及社会各利益相关方之间的互相依赖性和互动性，依赖社会自主自治网络体系，一切从群众利益出发，群策群力，综合治理。垃圾治理不仅要评估经济学领域的经济、效率、效益与公平原则，还要评估治理意义下的参与、公开、公平、责任与民主等要求。

此外，此次修订的《固废法》第一次提出了“地方互动”概念，专门对“跨域合作”“城乡一体”提出了特别要求。第五十五条……鼓励相邻地区统筹生活垃圾处理设施建设，促进生活垃圾处理设施跨行政区域共建共享。第四十六条……城乡结合部、人口密集的农

村地区和其他有条件的地方，应当建立城乡一体的生活垃圾管理系统；其他农村地区应当积极探索生活垃圾管理模式，因地制宜，就近就地利用或者妥善处理生活垃圾。至于垃圾处理城乡一体如何推动，此次新修订的《固废法》第四十六条已经讲得很明确，城乡结合部、人口密集的农村地区和其他有条件的地方推动垃圾处理城乡一体，其他农村地区就近就地因地制宜。

2. 生态环境损害赔偿磋商首次入法

第一百二十二条规定，固体废物污染环境、破坏生态给国家造成重大损失的，由设区的市级以上地方人民政府或者其指定的部门、机构组织与造成环境污染和生态破坏的单位和其他生产经营者进行磋商，要求其承担损害赔偿责任。

生态环境损害赔偿磋商是《生态环境损害赔偿制度改革方案》（以下简称《改革方案》）确立的一项制度。由省、地市两级人民政府及其指定的部门或机构就赔偿义务人造成的生态环境损害与其进行磋商，督促赔偿义务人尽快修复和赔偿受损生态环境。从近年来各地办理生态环境损害赔偿案件的情况看，赔偿权利人统筹考虑修复方案的技术可行性、成本效益最优化、赔偿义务人的赔偿能力等重要因素，充分发挥了磋商方式的高效性，约 70%的案件通过磋商方式解决。该制度体现了政府、企业、公众共同参与环境治理的理念，是环境管理柔性化的重要转变，是环境治理体系现代化的一项创新举措。此次《中华人民共和国固体废物污染环境防治法》将生态环境损害赔偿磋商写入法律，是生态环境损害赔偿制度改革的一项标志性成果。

3. 增加处罚种类，强化单位行政责任

对于擅自倾倒、堆放危险废物和不按要求建立危险废物管理台账，一并被纳入违法行为行列，如表 5.1 所示。

表 5.1　新版《中华人民共和国固体废物污染环境防治法》较旧版增加的处罚种类

违法行为	旧法	修订案罚则
产生、利用、处置固体废物的企业，未按照国家有关规定及时公开固体废物产生、利用、处置等信息	无	5 万～20 万元罚款
未依法取得排污许可证，或者未按照排污许可证要求管理所产生的工业固体废物或者危险废物	无	10 万～100 万元罚款
产生工业固体废物的单位违反本法规定委托他人运输、利用、处置工业固体废物	无	10 万～100 万元罚款
擅自倾倒、堆放危险废物	无	所需处置费用 3～5 倍罚款，20 万元起
未按照国家有关规定建立危险废物管理台账并如实记录	无	10 万～100 万元罚款

4. 提高罚款额度

对不按照规定设置危险废物识别标志，将处以 10 万～100 万元金额的罚款，如表5.2

所示。

表 5.2　新版《中华人民共和国固体废物污染环境防治法》较旧版提高的罚款额度

违法行为	旧法	修订案罚则
未按照规定设置危险废物识别标志	1 万～10 万元罚款	10 万～100 万元罚款
将危险废物提供或者委托给无经营许可证的单位从事经营活动	2 万～20 万元罚款	所需处置费用 3～5 倍罚款,20 万元起
未按照国家规定填写危险废物转移联单或者未经批准擅自转移危险废物	2 万～20 万元罚款	10 万～100 万元罚款
将危险废物混入非危险废物中贮存	1 万～10 万元罚款	10 万～100 万元罚款

5. 强化处罚到人

擅自非法处理固体废物,造成严重后果的将被处以 10～15 日行政拘留,如表 5.3 所示。

表 5.3　新版《中华人民共和国固体废物污染环境防治法》较旧版强化处罚到人

单位违法行为	处罚对象	罚则	条款
造成一般或者较大固体废物污染环境事故	法定代表人、主要负责人、直接负责的主管人员和其他责任人员	处上一年度从本单位取得收入的百分之五十以下的罚款	第 118 条
擅自倾倒、堆放、丢弃、遗撒固体废物,造成严重后果	法定代表人、主要负责人、直接负责的主管人员和其他责任人员	10～15 日拘留;情节较轻的,处 5～10 日拘留	第 120 条
在生态保护红线区域、永久基本农田集中区域和其他需要特别保护的区域内,建设工业固体废物、危险废物集中贮存、利用、处置的设施、场所和生活垃圾填埋场	法定代表人、主要负责人、直接负责的主管人员和其他责任人员	10～15 日拘留;情节较轻的,处 5～10 日拘留	第 120 条

6. 新法提示单位及个人可能面临的触犯刑法 338 条之源头

本法 120 条规定的 6 种情况,里面没有一条是新增的,但都有触犯刑法 338 条的可能。根据罪刑法定原则,大家仅需从行政拘留的风险角度评估即可。

5.1.2　水污染防治法

《中华人民共和国水污染防治法》第二次修正案于 2017 年 6 月 27 日经第十二届全国人民代表大会常务委员会第二十八次会议审议通过,自 2018 年 1 月 1 日起实施。与原法相比,新的水污染防治法作出了 56 处修改,其中 31 条是对原法条文作的修改,增加了 18 条,删去了 7 条,由原来的 92 条增加到 103 条。

1. 强化地方政府责任

明确地方各级人民政府对水环境质量负责；实施水环境质量改善达标制度；明确全面建立河长制。

2. 加强流域水污染联合防治与生态保护

保证基本生态用水；流域环境污染和生态破坏联合防治；流域环境资源监管和流域生态环境治理、修复。

3. 完善水污染监督管理制度

完善水污染防治设施“三同时”制度和区域限批制度；完善重点水污染物排放问题控制制度；完善排污许可制度；完善环境监测制度。

4. 加强工业废水污染防治

对有毒有害水污染物实行风险管理；加强对地下水的污染防治；加强对企业排放工业废水的治理和对工业集聚区污水集中处理和管理。

5. 加强城镇污水污染防治

城镇污水应当集中处理。

6. 加强农业农村水污染防治

国家支持农村污水、垃圾处理设施的建设，推进农村污水、垃圾集中处理；使用农药，应当符合国家有关农药安全使用的规定和标准；国家支持畜禽养殖场、养殖小区建设畜禽粪便、废水的综合利用或者无害化处理设施；从事水产养殖应当保护水域生态环境，科学确定养殖密度，合理投饵和使用药物，防止污染水环境。

7. 完善船舶水污染防治制度

船舶排放含油污水、生活污水应当符合船舶污染物排放标准；港口、码头、装卸站和船舶修造厂所在地市、县级人民政府应当统筹规划建设船舶污染防治。

8. 强化饮用水安全保障制度

开展饮用水源污染风险调查评估，采取风险防范措施；单一水供水城市和农村饮用水源建设应急备用水源；强化饮用水供水单位责任；加强饮用水安全信息公开；加强饮用水安全突发事件应急预案。

9. 加大对拒绝、阻挠执法人员监督检查的打击力度

新法规定：以拖延、围堵、滞留执法人员等方式拒绝、阻挠环境保护主管部门或者其

他依照本法规定行使监督管理权的部门的监督检查，或者在接受监督检查时弄虚作假的，由县级以上人民政府环境保护主管部门或者其他依照本法规定行使监督管理权的部门责令改正，处 2 万元以上 20 万元以下的罚款。

10. 加大对监测违法的处罚力度

罚款幅度由“1 万元到 10 万元”提高到“2 万元到 20 万元”，增加了“逾期不改正的，责令停产整治”，增加了“未按照规定对有毒有害水污染物的排污口和周边环境进行监测，或者未公开有毒有害水污染物信息的”的法律责任。

11. 加大对企业超标、超总量等违法排污行为的处罚力度

将排污单位超标、超总量排污的罚款由“排污费数额 2 倍以上 5 倍以下”改为“10 万元以上 100 万元以下”；情节严重的，报经有批准权的人民政府批准，责令停业、关闭；增加了“未按照规定进行预处理，向污水集中处理设施排放不符合处理工艺要求的工业废水”的法律责任，将利用渗井、渗坑等逃避监管方式排放水污染物的处罚移至本条规定，提高了罚款幅度。

12. 提高了对向水体排放油类、酸液、碱液等违法排污行为的罚款幅度

针对不同情形，将原罚款分别由“1 万元以上 10 万元以下”提高到“2 万元以上 20 万元以下”，由“2 万元以上 20 万元以下”提高到“10 万元以上 100 万元以下”。增加了“未采取防渗漏等措施，或者未建设地下水水质监测井进行监测的，加油站等地下油罐未使用双层罐，或者未采取建造防渗地等其他有效措施，或者未进行防渗漏监测”的法律责任。

13. 增加对污泥进行违法处理的法律责任

新法规定：城镇污水集中处理设施的运营单位或者污泥处理设置单位，处置后的污泥不符合国家标准，或者对污泥去向等未进行记录的，由城镇排水主管部门责令限期采取治理措施，给予警告；造成严重后果的，处 10 万以上 20 万元以下的罚款；逾期不采取治理措施的，城镇排水主管部门可以指定有治理能力的单位代为治理，所需费用由违法者承担。

14. 完善了船舶污染水体的法律责任

新法明确了对特定违法行为的单位或个人处“1 万元以上 10 万元以下”罚款，对存在特定违法行为并造成污染的单位或个人处“2 万元以上 20 万元以下”罚款，并增加了船舶及有关作业活动未采取污染防治措施、以冲滩方式进行船舶拆解、国际航线船舶排放不符合规定的船舶压载水的法律责任。

15. 增加饮用水供水单位供水水质不符合的处罚

新法规定：饮用水供水单位供水水质不符合国家规定标准的，由所在地市、县级人民政府供水主管部门责令改正，处 2 万元以上 20 万元以下的罚款；情节严重违反国家规定标准的，经报有批准权的人民政府批准，可以责令停业整任顿；对直接负责的主管人员和其他直接责任人员依法给予处分。

16. 与新环保法相衔接，增加了对违法排放水污染物等行为给予拘留和按日连续处罚的规定

企业事业单位和其他生产经营者违法排放水污染物，受到罚款处罚，被责令改正的，依法作出处罚决定的行政机关应当组织复查，发现其继续违法排放水污染物或者拒绝、阻挠复查的，依照新《环保法》的规定按日连续处罚。

5.1.3 大气污染防治法

《中华人民共和国大气污染防治法》第二次修正案于 2018 年 10 月 26 日经第十三届全国人民代表大会常务委员会第六次会议审议通过，自 2016 年 1 月 1 日开始实施。新法较旧法大大提高了针对性和可操作性，主要体现在以下几点。

1. 总量控制，强化责任

新法将排放总量控制和排放许可证从两控区扩展到全国，即酸雨控制区和二氧化硫控制区，明确分配总量指标，对超出总量和未完成标准任务的地区实施区域批准限制，并约谈主要负责人。新法进一步加强对地方政府的评价和监督，规定地方各级人民政府对行政区域的大气环境质量负责，国务院环境保护主管部门会同国务院有关部门对省、自治区、直辖市大气环境质量改善目标和大气污染防治重点任务的完成情况进行评价。

2. 优化布局，源头控制

新法坚持源头治理，促进经济发展模式的转变，优化产业结构和布局，调整能源结构，提高相关产品质量标准。一是明确坚持源头治理，先规划，改变经济发展模式，优化产业结构和布局，调整能源结构。二是明确制定燃煤、石焦油、生物质燃料、油漆等挥发性有机化合物、烟花、锅炉等产品的质量标准，明确大气环境保护要求。三是国务院有关部门和地方各级人民政府应当采取措施调整能源结构，促进清洁能源的生产和使用。

3. 重点污染，联合防治

新法加强重点地区空气污染联合防治，完善重污染天气应对措施。一是实施区域空气污染联合防治，要求对颗粒物、二氧化硫、氮氧化物、挥发性有机化合物、氨等空气污染物和温室气体进行协调控制。二是增加专章，规定了人民政府及其有关部门和相关企事

业单位对重污染天气的应对措施。明确建立重污染天气监测预警制度，制定重污染天气应急预案，发布重污染天气预报。

4. 重典处罚，不设上限

新法增加了行政处罚。新法涉及近 90 种具体处罚行为和类型，提高了法律的可操作性和针对性。新法丰富了处罚类型，包括责令改正、限制生产、停产、停业、关闭。取消了原法律对造成空气污染事故的企事业单位罚款最高不超过 50 万元的封顶限额，增加了每日连续处罚的规定。新法规定：造成大气污染事故的，对直接负责的主管人员和其他直接责任人员可以处上一年度从本企业事业单位取得收入的 50%以下的罚款。对造成一般或者较大大气污染事故的，按照污染事故造成直接损失的 1 倍以上 3 倍以下计算罚款；对造成重大或者特大大气污染事故的，按污染事故造成的直接损失的 3 倍以上 5 倍以下算罚款。

5. 信息公开举报机制

环境信息公开是最有效的“防污剂”。为了保障公民参与和监督大气环境保护的权利，修订后的大气污染防治法规定，环保主管部门和其他负有大气环保监管职责的部门应当公布举报电话、电子邮箱等，方便公众举报。在保障公民依法享有获取大气环境信息的权利方面，法律还规定，大气环境质量标准、大气污染物排放标准应当供公众免费查阅、下载，重点排污单位名录应当向社会公布。法律通过更多手段推动环境信息公开，让公众拥有知情权和监督权，有助于降低环境保护管理成本，提高环境保护管理实效。

6. 联防联控将成新常态

旧法缺乏大气污染防治的区域协作机制，只提到城市空气污染的防治，未涉及如何解决区域性大气污染问题，导致行政辖区“各自为战”，难以形成治污合力。而新法明确规定由国家建立重点区域大气污染联防联控机制，统筹协调区域内大气污染防治工作，对大气污染防治工作实施统一规划、统一标准，协同控制目标。这项规定意味着我国大气污染治理模式发生改变，将由过去属地管理向区域联防联控转变，由单打独斗向齐心协力、群策群力转变。

7. 科技共享，成果转化

中国环境科学研究院的相关专家表示，创新驱动是解决环保制约瓶颈和污染问题的重要手段，同时也是强化环境管理的重要支撑。虽然我国有很多科研机构及高校开展雾霾研究，但数据共享难、科研遭条块化和体制性割裂，研究重复多、科技成果转化难等问题比较突出，治霾技术研究进展缓慢。接下来，应加快建立大气科研数据共享平台，打破雾霾研究机构间的壁垒，推动各地科技治霾水平尽快提高。

5.1.4 危险废物名录

《国家危险废物名录(2021 年版)》(以下简称《名录》)于 2020 年 11 月 5 日经生态环境部部务会议审议通过,自 2021 年 1 月 1 日起施行。

该名录自 1998 年首次发布实施以来,历经 2008 年和 2016 年 2 次修订,逐步完善,是危险废物环境管理的技术基础和关键依据,对我国危险废物环境管理发挥了积极作用。

(1)坚持问题导向。《名录》重点针对 2016 年版实施过程环境管理工作中反映问题较为集中的废物进行修订。例如铅锌冶炼废物、煤焦化废物等。

(2)坚持精准治污。通过细化类别的方式,确保列入《名录》的危险废物的准确性,推动危险废物精细化管理,并根据实际情况实行动态调整。例如,从《名录》中排除了脱墨渣等不具有危险特性的废物。

(3)坚持风险管控。按照《固体废物污染环境防治法》关于"实施分级分类管理"的规定,在环境风险可控前提下,《名录》新增一批危险废物在特定环节满足相关条件时实施豁免管理的规定。

(4)正文规定原则性要求,附表规定具体危险废物种类、名称和危险特性等,附录规定危险废物豁免管理要求。

(5)于前版相比,该版《名录》正文部分增加了第七条"本名录根据实际情况实行动态调整"的内容,删除了 2016 年版中第三条和第四条的规定。附表部分主要对部分危险废物类别进行了增减、合并及表述的修改。《名录》共计列入 467 种危险废物,较 2016 年版减少了 12 种。附录部分新增豁免了 16 个种类危险废物,豁免的危险废物共计 32 个种类。

(6)该版《名录》进一步明确了纳入危险废物环境管理的废弃危险化学品的范围。《危险化学品目录(2018 年版)》中危险化学品并不是都具有环境危害特性,废弃危险化学品不能简单等同于危险废物,例如"液氧""液氮"等仅具有"加压气体"物理危险性的危险化学品。

(7)进一步明确了废弃危险化学品纳入危险废物环境管理的要求。有些易燃易爆的危险化学品废弃后,其危险化学品属性并没有改变;危险化学品是否废弃,监管部门也难以界定。因此,《名录》针对废弃危险化学品特别提出"被所有者申报废弃",即危险化学品所有者应该向应急管理部门和生态环境部门申报废弃。响水"321"事故就是由于企业既没有按照国家有关标准将废弃危险化学品稳定化处理后纳入危险废物环境管理,也没有向应急管理部门和生态环境部门申报,逃避监管,酿成重大事故。

(8)《名录》后附录"危险废物豁免管理清单"仅豁免了危险废物特定环节的部分管理要求,并没有豁免其危险废物的属性。因此,豁免的处置环节产生的废物仍应按照《国家危险废物名录(2021 年版)》、《危险废物鉴别标准通则》(GB 5085.7—2019)、《危险废物鉴别技术规范》(HJ 298—2019)等确定其危险废物属性。

①全过程不按危险废物管理:全过程均豁免,各管理环节无须执行危险废物环境管

理规定。需要强调的是，除了“全过程不按危险废物管理”的情景下的危险废物转移过程，以及收集过程豁免条件下危险废物收集并转移到集中贮存点的转移过程可不运行转移联单外，其他豁免情景下转移危险废物的，均需运行危险废物转移联单。

②收集过程不按危险废物管理：满足《名录》豁免清单规定的收集豁免条件，收集单位可不需要持有危险废物收集许可证，收集并转移至集中贮存点的转移过程可不运行转移联单；集中收集后的贮存及其他环节仍按照危险废物进行管理。

③利用过程不按危险废物管理：满足《名录》豁免清单规定的利用豁免条件、利用企业可不需要持有危险废物综合许可证；需运行转移联单，且在利用企业内的贮存等其他环节仍按照危险废物进行管理。

④填埋（或焚烧）处置过程不按危险废物管理：满足《名录》豁免清单规定的填埋（或焚烧）处置豁免条件，填埋（或焚烧）处置企业可不需要持有危险废物综合许可证，填埋（或焚烧）的污染控制执行豁免条件规定的要求；需运行转移联单，且在处置企业内的贮存等其他环节仍按照危险废物进行管理。

⑤不按危险废物进行运输：运输过程可不按危险货物运输，运输过程的污染控制执行豁免条件规定的要求；需运行转移联单。

(9)本次修订删除的废物及《名录》中用括号注明的“不包括……”的废物，均属于未列入《名录》的废物，根据国家规定的危险鉴别标准和鉴别方法认定具有危险特性的也属于危险废物。若不能通过工艺分析等排除其存在危险特性，则需进一步根据《危险废物鉴别标准》和《危险废物鉴别技术规范》等判定是否属于危险废物。

(10)该《名录》各行的含义如下。

①废物类别：类别格式是按照“HW××”完成的，HW 的意思是 Hazard Waste 的缩写，××是具体的编码，如上所示就是 HW18。

②行业来源：指危险废物的产生行业。

③废物代码：格式是“AAA-BBB-CC”。AAA 代表的是行业代码，来源于《国民经济行业分类》；BBB 代表的是在该类危险废物里的顺序代码；CC 代表的是废物类别，参考废物类别编号。

④危险废物：对危险废物的产生来源进行说明。

⑤危险特性：腐蚀性(Corrosivity，C)、毒性(Toxicity，T)、易燃性(Ignitability，I)、反应性(Reactivity，R)或者感染性(Infectivity，In)。

(11)豁免的一些要求如下。

①“序号”指列入本目录危险废物的顺序编号。

②“废物类别/代码”指列入本目录危险废物的类别或代码。

③“危险废物”指列入本目录危险废物的名称。

④“豁免环节”指可不按危险废物管理的环节。

⑤“豁免条件”指可不按危险废物管理应具备的条件。

⑥“豁免内容”指可不按危险废物管理的内容。

5.1.5 高等学校实验室排污及安全管理办法

(1)教技〔2005〕3号《教育部　国家环保总局关于加强高等学校实验室排污管理的通知》于2005年7月26日由教育部发布。

通知要求:实验室应定期登记和汇总本实验室各类试剂采购的种类和数量,存档、备查并报当地环境保护行政主管部门。实验室科研教学活动中产生和排放的废气、废液、固体废物、噪声、放射性等污染物,应按环境保护行政主管部门的要求进行申报登记、收集、运输和处置。严禁把废气、废液、废渣和废弃化学品等污染物直接向外界排放。

废气、废液、固体废物、噪声、放射性等污染物排放频繁、超出排放标准的实验室,应安装符合环境保护要求的污染治理设施,保证污染治理设施处于正常工作状态并达标排放。不能自行处理的废弃物,必须交由环境保护行政主管部门认可、持有危险废物经营许可证的单位处置。

危险废物的暂存、交换、运送和处置,应严格执行转移联单制度,接触危险物品的实验室器皿、包装物等,必须完全消除危害后,才能改为他用或废弃。

(2)教技函〔2019〕36号《教育部关于加强高校实验室安全工作的意见》于2019年5月24日由教育部发布。

文件要求:建立危险源全周期管理制度。

各高校应当对危化品、病原微生物、辐射源等危险源,建立采购、运输、贮存、使用、处置等全流程全周期管理。采购和运输必须选择具备相应资质的单位和渠道,贮存要有专门贮存场所并严格控制数量,使用时必须由专人负责发放、回收和详细记录,实验后产生的废弃物要统一收储并依法依规科学处置。对危险源进行风险评估,建立重大危险源安全风险分布档案和数据库,并制定危险源分级分类处置方案。

(3)教科信厅函〔2023〕5号《教育部办公厅关于印发〈高等学校实验室安全规范〉的通知》于2023年2月14日由教育部发布。

通知要求:学校应建有危险品贮存区、化学实验废物贮存站,对化学实验废物集中定点存放。

学校要建立化学实验危险废物管理制度,按要求制定实验危险废物管理计划并报生态环境部门备案;委托有相应危险废物经营许可证的单位,对实验危险废物进行清运、处置。

5.2 化学废弃物

实验室化学废弃物为化学实验过程中产生的、具有一种或多种毒害性质(如毒性、易燃性、爆炸性、腐蚀性、化学反应性和传染性)的,并会对生态环境和人类健康构成危害的废弃物。因化学废弃物种类繁多，为妥善处置实验室废弃物，国家和相关企事业单位制定并出台了标准、方法和规范，以保证鉴别的科学、规范、准确和统一。

5.2.1 化学实验固液废弃物

早在1986年国家环境保护局就颁布了《工业固体废物有害特性试验与监测分析方法(试行)》，后又陆续制定发布了若干鉴别分析标准、方法。1995年《中华人民共和国固体废物污染环境防治法》的出台从法律上确定了危险废物鉴别。为此，国家环境保护局先后制定了GB 50851—1996《危险废物鉴别标准　腐蚀性鉴别》、GB 5085.2—1996《危险废物鉴别标准　急性毒性初筛》、GB 5085.3—1996《危险废物鉴别标准　浸出毒性鉴别》、GB 5086.2—1997《固体废物　浸出毒性浸出方法　水平振荡法》、GB/T 15555.12—1995《固体废物　腐蚀性测定　玻璃电极法》等一系列鉴别方法和标准。

1. 危险废物的分类

危险废物的分类如下。

(1)按危险废物有害特性分类。按危险废物有害特性分类，可分六种：易燃性、反应性、腐蚀性、爆炸性、浸出毒性及急性素性。《控制危险废物越境转移及其处置巴塞尔公约》的附件三根据危险废物有害特性将危险废物特性的等级分为：等级1为爆炸物；等级3为易燃液体；等级4.1为易燃固体；等级4.2为易于自燃的物质或废物；等级5.1为本身不一定可燃，但通常可因产生氧气而引起或助长其他物质的燃烧的物质；等级5.2为有机过氧化物；等级6.1为毒性(急性)；等级6.2为传染性物质；等级8为腐蚀性物质；等级9(H10)为同空气或水互相作用后可能释放危险量的有毒气体的物质或废物同空气或水接触后释放有毒气体；等级9(H11)为毒性(延迟或慢性)；等级9(H12)为生态毒性；等级9(H13)为经处置后能以任何方式产生具有上列任何特性的另一种物质，如渗漏液。

(2)按废物有害成分的分子内部结构分类。通常危险废物可分为有机废物和无机废物。有机物中同系物或衍生物可分成一类，原因是它们的处置方法可能相似。无机废物可以分为单质(废物主体为单质)和化合物(废物主体为化合物)两类。

2. 国家标准对化学废弃物的分类

国家标准GB/T 31190—2014《实验室废弃化学品收集技术规范》中将化学废弃物分为如下几类。

(1)优先控制的实验室废弃化学品：镉、铅、汞、三氯苯、四氯苯、三氯苯酚、溴苯醚、苊、苊烯、蒽、苯并菸、氧芴、二噁英/呋喃、硫丹、氟、七氯、环氧七氯、六氨苯、六氯丁二烯、六氯环己烷、六氯乙烷、甲氧氯、卫生球、多环芳香类化合物、二甲戊乐灵、五氯苯、五氯硝基苯、五氯苯酚、菲、芘、氟乐灵、多氯联苯等。

(2)实验过程中产生的废弃化学品：指在教学、科研、分析检测等实验室活动中产生的实验室废弃化学品，如无机浓酸溶液及其相关化合物、无机浓碱溶液及其相关化合物、有机酸、有机碱、可燃性非卤代有机溶剂及其相关化合物、可燃性卤代有机溶剂及其相关化合物、不燃非卤代有机溶剂及其相关化合物、不燃卤代有机溶剂及其相关化合物、无机氧化剂及过氧化物、有机氧化剂及过氧化物、还原性水溶液及其相关化合物、有毒重金属及其混合物、毒性物质、除草剂、杀虫剂、致癌物质、氰化物、石棉或含石棉的废弃化学品、自燃物质、遇水反应的物质、爆炸性物质、不明废弃化学品。

(3)过期、失效或剩余的实验室废弃化学品:指未经使用的报废试剂等。

(4)盛装过化学品的空容器:指盛装过试剂、药剂的空瓶或其他容器,无明显残留物。

(5)沾染化学品的实验耗材等废弃物:指实验过程中被污染的实验耗材等。

3. 行业标准对化学废弃物的分类

行业标准 SN/T 3592—2013《实验室化学药品和样品废弃物处理的标准指南》中将化学废弃物分为以下几类。

(1)垃圾,惰性化学品,符合有关法律法规的无毒、无放射性、无腐蚀性的固体。

(2)弱酸废液及其相关化合物(质量分数<10%)。

(3)弱碱废液及其相关化合物(质量分数<10%)。

(4)浓酸废液及其相关化合物。

(5)浓碱废液及其相关化合物。

(6)易燃的(燃点<60 ℃)不含卤素的有机溶剂及其相关化合物。

(7)易燃的含卤素的有机溶剂及其化合物。

(8)难燃的不含卤素的有机溶剂及其化合物。

(9)难燃的含卤素的有机溶剂及其化合物。

(10)不可经稀释后排入下水道中的有机碳含量(TOD)大于等于10%的易燃物质。

(11)有机酸。

(12)有机碱。

(13)无机氧化物、过氧化物。

(14)有机氧化物、过氧化物。

(15)有毒重金属。

(16)毒药、除草剂、杀虫剂、致癌物质。

(17)还原剂废液及其化合物。

(18)发火物质。

(19)与水作用的物质。

(20)氰化物、硫化物、氨废液。

(21)爆炸物。

(22)放射物。

(23)传染物。

(24)医疗废弃物。

(25)来源或性质不确定的水溶性实验室废弃物。

(26)来源或性质不确定的非水溶性实验室废弃物。

(27)空容器。

(28)石棉、含石棉的实验室废弃物。

(29)被污染的实验室器皿和垃圾。

(30)多氯联苯(PCBs)。

5.2.2 化学实验废气排放物

目前现行的涉及废气排放的早期国家标准是 1997 年 1 月 1 日施行的 GB 16297—1996《大气污染物综合排放标准》。在我国现有的国家大气污染物排放标准体系中，按照综合性排放标准与行业性排放标准不交叉执行的原则，适用于现有大气污染物排放管理，以及建设项目的环境影响评价、设计、环境保护设施竣工验收及其投产后的大气污染物排放管理。它规定了 33 种大气污染物的排放限值，同时规定了标准执行中的各种要求。在该制度的影响下，全国各地各行业纷纷制定了国家性、区域性、行业性的标准，如 GB 41616—2022《印刷工业大气污染物排放标准》、GB 37823—2019《制药工业大气污染物排放标准》、GB 37824—2019《涂料、油墨及胶粘剂工业大气污染物排放标准》、DB11/501—2017《大气污染物综合排放标准》等。

实验废气中包含无机废气和有机废气，不同的实验室还会有某些特定种类的废气。无机废气主要包括氮氧化物、硫酸雾、氯化氢等无机废气。有机废气主要包括芳香类，如苯、甲醛、茚三酮、乙酸乙酯、甲酰胺、乙醇、三氯甲烷、环己烷等。

由于考虑到化学品会以某种形式危及人们的健康，所以从防止污染环境的立场出发排放这些废弃物时必须加以适当的处理；即使排放的数量甚微，也要在政府和环保部门等组织的限制内进行，避免把它无前处理(通过一系列的物理、化学、生物、物化及生化方法把废物转化为适宜贮存、转运、利用或处置的过程，实现化学废弃物的无害化、减量化、资源化)或直接排放到环境中去。与工业化学废弃物相比，从化学实验室排出的废液通常在数量上是很少的，但由于其种类多、组成经常变化，最好不要把它集中处理；应由各个实验室根据废弃物的性质，分别加以处理。为此，对化学废弃物的回收及处理自然就需依赖于实验室中每一个工作人员：实验人员必须加深对化学废弃物危害的认识，对其给予足够的重视，自觉采取措施，避免疏忽大意，以免危害自身或者危及他人。

5.3 化学废弃物的收集和贮存

化学废弃物收集和贮存应考虑以下几点。

1. 化学废弃物贮存区应有醒目标识

各实验室可设立卫生贮存区域放置本实验室产生的少量化学废弃物。收集和贮存化学废弃物时应当使用符合标准的容器，容器需要配备防渗漏托盘，并考虑废弃物与容器之间的化学相容性，即化学废弃物与容器、材料接触时，或两种以上废弃物混合时，它们之间不应发生反应。化学废弃物应当盛放在设计及构造适当的容器内，如不锈钢桶、塑料（如聚乙烯（PE）、聚丙烯（PP）、聚氯乙烯（PVC）、高密度聚乙烯（HDPE）或其他近似的材质）桶和玻璃瓶内。容器要满足相应的强度要求且完好无损。当废弃物装满容器容量的 3/4 时，应及时申请清运、处理。不明成分的化学废弃物在成分确定前不得贮存在集中贮存区域。

2. 贮存危险废物必须采取符合国家环境保护标准的防护措施

这里的“国家环境保护标准”是指 GB 18597—2001《危险废物贮存污染控制标准》，一般要求如下。

（1）所有危险废物产生者和危险废物经营者应建造专用的危险废物贮存设施，也可利用原有构筑物改建成危险废物贮存设施。

（2）在常温常压下，易爆、易燃及排出有毒气体的危险废物必须进行预处理，使之稳定后贮存，否则，按易爆、易燃危险品贮存。

（3）在常温常压下，不水解、不挥发的固体危险废物可在贮存设施内分别堆放。

（4）除（3）外，必须将危险废物装入容器内。

（5）禁止将不相容（相互反应）的危险废物在同一容器内混装。

（6）无法装入常用容器的危险废物可用防漏胶袋等盛装。

（7）装载液体、半固体危险废物的容器内必须留足够空间，容器顶部与液体表面之间保留 100 mm 以上的空间。

（8）医院产生的临床废物，必须当日消毒，消毒后装入容器。常温下，贮存期不得超过一天，于 5 ℃以下冷藏的，不得超过 7 天。

（9）盛装危险废物的容器上必须粘贴符合标准的标签。

（10）危险废物贮存设施在施工前应做环境影响评价。

此外，该标准还对危险废物的包装、贮存设施的选址、设计、运行、安全防护、监测和关闭等作了要求，例如要求危险废物贮存容器要符合以下条件。

①应当使用符合标准的容器盛装危险废物。

②装载危险废物的容器及材质要满足相应的强度要求。

③装载危险废物的容器必须完好无损。

④盛装危险废物的容器材质和衬里要与危险废物相容（不相互反应）。

⑤液体危险废物可注入开孔直径不超过 70 mm 并有放气孔的桶中。

不同种类实验室废弃物与一般容器的化学相容性如表 5.4 所示，供实验人员参考学习。

表 5.4　不同种类实验室废弃物与一般容器的化学相容性

实验室废弃物种类	容器或内衬垫的材料							
	塑胶				钢			
	高密度聚乙烯	聚丙烯	聚氯乙烯	聚四氟乙烯	软/碳钢	不锈钢		
						304	316	410
酸(非氧化)	R	R	A	R	N	—	—	—
酸(氧化)	R	N	N	R	N	R	R	—
碱	R	R	A	R	N	R	—	R
铬或非铬氧化剂	R	A	A	R	N	A	A	—
废氰化物	R	R	R	—	N	N	N	N
卤化或非卤化溶剂	—	N	N	—	A	A	A	A
润滑油	R	A	A	R	R	R	R	R
金属盐酸液	R	A	A	R	A	A	A	A
金属淤泥	R	R	R	R	R	—	R	—
混合有机化合物	R	N	N	A	R	R	R	R
油腻废物	R	N	N	R	A	R	R	R
有机淤泥	R	N	N	R	R	—	R	—
废漆油(源于溶剂)	R	N	N	R	R	R	R	R
酚及其衍生物	R	A	A	R	N	A	A	A
聚合前驱物及产生的废物	R	N	N	—	R	—	—	—
皮革废物(铬鞣溶剂)	R	R	R	R	N	—	R	—
废催化剂	R	—	—	A	A	A	A	A

注:A 表示可接受,N 表示不建议使用,R 表示建议使用。

3. 化学废弃物要分类收集和贮存

(1)化学废弃物应依不同性质进行分类收集,不得与生活垃圾混放。不具相容性的废弃物应分别倒于实验室指定的贮存容器内。易燃、易爆、剧毒等化学物品在使用中及使用后的废渣、废液由实验操作人员及时妥善预处理、分类后才能倒入指定的容器内,严禁乱放乱丢。

(2)收集、贮存危险废物,必须按照危险废物特性进行分类。危险废物依其危险特性的不同而分为不同的种类,如毒害性(含急性毒性、浸出毒性等)、爆炸性、易燃性、腐蚀性、传染性、化学易反应性等。因此,对于不同种类的危险废物,必须根据其特性,实施适合其特性的污染防治要求,采取不同的污染防治措施,即采取“因废制宜,分类控制”的污染防治原则。如果对性质相异的各类危险废物均采取相同的污染防治措施,则可能不仅不能有效控制污染,反而可能会扩大或加重污染危害。实践证明,经过明确分类的废弃物比没经分类的废弃物比较好处置。例如，使用过的烃类物质还可以作为燃料，借以获取生产或生活所需的能量。但是，如果在含烃类物质的废弃物中混杂了不少含有机氯的物质后，燃烧时会有氯化氢的污染。如果将这样的废弃物作为燃烧物，只能在特殊处理的焚烧炉内销毁。本条根据危险废物的这种特性相异的特点及其导致的污染防治的需要，规定收集、贮存危险废物必须按照危险废物特性进行分类。

(3)对危险废物实施分类管制，并非单纯地、绝对地将各类危险废物在任何条件下、任何环节中都截然分开管制。实际上，有些危险废物是可以同其他危险废物混合在一起收集、贮存、运输或处置的，以利用其各自不同的特性，使其在混合过程中相互发生性质转化，使危险废物转化为一般固体废物，或使危险特性较大、较活跃(如浓度较高或危险组分较多等)的危险废物转化为危险特性相对较小、较稳定(如减低浓度或减少危险组分等)的危险废物，或使危险废物的体积减小等。这种混合是有利于危险废物污染防治要求的，也是简便和成本较低的污染防治措施，因此这种处理方法是必要的。但是，这种混合不能盲目进行，并不是所有的危险废物均可以进行混合。混合必须要遵循科学的原理，符合科学的条件，采取科学的方式，必须是以不产生新的危险性质更为严重的危险废物、不会导致更为严重的污染为前提，必须是符合环境保护要求的安全性混合。特别是对于性质不相容的危险废物，在进行混合收集、贮存、运输或处置前，必须经过安全性处理、处置。如果不采取安全性混合，就可能使一般废物转化为危险废物，或使危险废物的危害性质更为强烈、严重，或产生新的或更为严重污染环境的危险废物，甚至产生爆炸事故、火灾或其他严重事故。因此，必须对危险废物的混合施以必要的严格限制，提出“事前安全处理、处置”的要求。

表 5.5 为不能相互混合的实验室废弃物简表，供实验工作人员在进行废弃物混合时参考。

表 5.5　不能相互混合的实验室废弃物简表

实验室废弃物 A	实验室废弃物 B
过氧化物	有机物
氢氟酸、盐酸等挥发性酸	不挥发性酸
铵盐、挥发性胺	强碱
浓硫酸、磺酸、羧基酸、聚磷酸	其他酸
硫化物、氰化物、次氯酸盐	酸
铜、铬及多种重金属	酸类、氧化物(如硝酸)

表 5.6 为化学品贮存相容性表，其中，H 表示放热，F 表示着火，G 表示产生无害不燃性气体，GT 表示产生有毒气体，GF 表示产生可燃性气体，E 表示爆炸，P 表示聚合反应，S 表示毒性物质溶解，U 表示可能有不明危险。实验人员要熟记它们。

表 5.6 化学品贮存相容性表

编号	化学品类别/名称	1	2	3	4	5	6	7	8	9	10	11	12	13	14	15	16	17	18	19	20	21	22	23	24	25	26	27	28	29	30	31	32	33	34	35	36	37	38	39	40	41
1	非氧化性无机酸																																									
2	氧化性无机酸																																									
3	有机酸		G H																																							
4	醇类、二醇类	H	H F	H P																																						
5	醛类	H P	H F	H P																																						
6	氨基化合物	H	H GT																																							
7	胺类、脂肪族、芳香族化合物	H	H GT	H P		H																																				
8	含氨及叠氮化合物、肼类	H G	H GT	H G	H G	H																																				
9	氨基甲酸盐	H G	H GT						G H																																	
10	腐蚀性物质	H	H	H		H				H G																																
11	氰化物	GT GF	GT GF	GT GF					G																																	
12	二硫代氨基甲酸盐类	H F GF	H F GF	H GT GF		GF GT		U	H G																																	

续表

编号	化学品类别/名称	1	2	3	4	5	6	7	8	9	10	11	12	13	14	15	16	17	18	19	20	21	22	23	24	25	26	27	28	29	30	31	32	33	34	35	36	37	38	39	40	41
13	酯类	H	H F						H G																																	
14	醚类	H	H F								H																															
15	无机氟化物	GT	GT	GT																																						
16	芳香烃		H F																																							
17	有机卤化物	H GT	H F GT					H GT	H G		H GF	H																														
18	异氰酸盐	HG	H F GT	H G	H P			H P	H G		H F G	H G	U																													
19	酮类	H	H F						H G		H	H																														
20	硫醇及其他有机硫化物	GT GF	H F GT						H G									H	H	H																						
21	碱金属和碱土金属	H F GF	H F GF	H F GF	H F GF	H F GF	GF H	GF H	GF H	GF H	GF H	GF H		GF H GT	GF H			H E	GF H	GF H	GF H																					

续表

编号	化学品类别/名称	1	2	3	4	5	6	7	8	9	10	11	12	13	14	15	16	17	18	19	20	21	22	23	24	25	26	27	28	29	30	31	32	33	34	35	36	37	38	39	40	41
22	其他金属或合金粉末、气化物或海绵态金属及合金	H F GF	H F GF	G F					H F GT	U	GF H							H E	GF H		H F GF																					
23	其他金属或合金板、棒、熔滴	H F GT	H F GT						H F GT									H F																								
24	有毒金属及金属化合物	S	S	S			S	S			S																															
25	氮化物	GF HF	H F E	H GF	H E GF	GF H			U	H G	U	GF H	GF H	GF H				GF H	U	GF H	GF H	E																				
26	腈类	H GT GF	H F GT	H							U											H P			S	H E GF																
27	有机硝基化合物		H F GT			H					H E											H E GF				H E GF																
28	不饱和脂肪烃	H	H F			H																	H E																			
29	饱和脂肪烃		H F																																							
30	有机过氧化物、氢过氧化物	H G	H E		H F	H G		H GT	H F E	H F GT		H E GT	H F GT					H E	H	E	H F GT	H E	H G		H G	H E GF	H F GT		H P													
31	酚类、甲酚	H	H F						H G										H P			GF H				GF H					H											

续表

编号	化学品类别/名称	1	2	3	4	5	6	7	8	9	10	11	12	13	14	15	16	17	18	19	20	21	22	23	24	25	26	27	28	29	30	31	32	33	34	35	36	37	38	39	40	41
32	有机磷酸酯、硫代磷酸酯、有机磷酸盐类	H GT	H GT						U		H E											H E									U											
33	无机硫化物	GT GF	HF GF	GT		H			E										H												H GT											
34	环氧化合物	H P	H P	H P	H P	U		H P	H P		H P	H P	U								H P	H P	H P		H P	H P					H P	H P	U	H P								
35	易燃材料及其混合物	H G	H F GT																			H F G				H F GF					H F GT											
36	爆炸品	H E	H E	H E					H E		H E			H E								H E	H E	H E	E	E					H E	H E		H E	H E	H E						
37	可聚合化合物	P H	P H	P H					P H		P H	P H	U									P H	P H	P H	P H	P H					P H	P H		P H			H E					
38	强氧化剂	H GT		H GT	H F	H F	H F GT	H F GT	H E	H F GT		H E GT	H F GT	H F	H F		H F	H GT	H F GT	H F	H F GT	H F E	H F E	H F		H F E	H F GT	H E		H F	H F	H F	H F GT	H F GT	H F G	H F G	H E	H F GT				
39	强还原剂	H GF	H F GT	H GF	H F GF	H F GF	H GF	H G				H GT	H F				H F E	H E	H GF	H GF	H GF						H GF	H E			H E	H GF	H GT GF		H	H GF	H E	H P GF	H F E			
40	水和含水混合物	H	H						G										H G			H GF	H GF		S	H GF								GT GF						GF GT		
41	遇水反应的物质	反应剧烈！严禁与任何化学品或废弃物混合！																																								

4. 化学废弃物应在收集前进行预处理

预处理一般有以下几种方法。

(1)回收再利用。对实验室产生的大量废试剂应首先考虑回收利用,宜采用精馏、沉淀、结晶等方法进行回收。实验中的冷却水可以冷却后重新使用。

(2)稀释。一些实验室废弃化学品可以通过稀释的方法消减危害。例如,对于含有水溶性易燃溶剂的废液可充分稀释至不可燃。对呈现生物累积性、持久性或会降解为毒性更强的物质,不应通过稀释方法处理。

(3)中和。强酸或强碱宜小心中和至 pH=3～11,以减少最终处理、处置时的危害。

(4)氧化。实验室废弃化学品中的一些化学品,如硫化物、氰化物、醛类、硫醇等,宜进行氧化处理生成毒性更小、刺激性气味更小的化合物。

(5)还原。氧化物、过氧化物和重金属溶液等很多化学品都可通过还原处理为毒性更小的物质。例如,6 价铬可通过加入酸式亚硫酸盐或硫酸亚铁还原成 3 价铬。

(6)其他可控反应法。对于一些特定的实验室废弃化学品,可根据其种类、处理量、产物要求、设备设施等具体情况选择合适的预处理方法,包括蒸发、过滤、离子交换、吸附、溶剂萃取、水解、臭氧分解和电解等。

常见化学废弃物安全预处理方法和处理方法如表 5.7 所示。

表 5.7　常见化学废弃物安全预处理方法和处理方法

实验室废弃物类型	预处理方法	处理方法
一般垃圾	—	垃圾箱
弱酸	稀释,中和	下水道排放,固化处理
弱碱	稀释,中和	下水道排放,固化处理
浓酸	稀释,中和	下水道排放,实验室包装,固化处理
浓碱	稀释,中和	下水道排放,实验室包装,固化处理
易燃的非卤化有机溶剂	—	焚烧,实验室包装,固化处理
易燃的卤化有机溶剂	—	焚烧,实验室包装,固化处理
难燃的非卤化有机溶剂	—	焚烧,实验室包装,固化处理
难燃的卤化有机溶剂	—	焚烧,实验室包装,固化处理
有机酸	中和	下水道排放,焚烧,实验室包装
有机碱	中和	下水道排放,焚烧,实验室包装
无机氧化物	稀释,还原	下水道排放,实验室包装
有机氧化物	稀释,还原	下水道排放,实验室包装
有毒金属	稀释,还原,氧化	下水道排放,实验室包装,固化处理
有毒有机物	稀释,还原,氧化	下水道排放,实验室包装,固化处理
还原剂溶液	稀释,氧化	下水道排放,实验室包装,固化处理
助燃物	—	消防队或警察局处置
含氰化物、硫化物或氮的废弃物	稀释,氧化	下水道排放,实验室包装

续表

实验室废弃物类型	预处理方法	处理方法
爆炸物	—	消防队或警察局处置
放射物	—	特殊废弃物处理
传染物	灭菌,消毒	焚烧,实验室包装
多氯联苯	碱分解法	焚烧

说明如下。

①对实验室废弃化学品进行预处理操作时应做好个体防护。使用防护用品时应参照产品使用说明书的相关规定,符合产品适用条件。在没有防护的情况下,任何人不应暴露在能够或可能危害健康的环境中。

②实验室废弃化学品产生者应备有书面应急程序,以应对实验室废弃化学品预处理时发生的溢出、泄漏、火灾等紧急情况。

③对浓度较高的实验室废弃化学品,处理时应防止局部剧烈反应和大量放热反应。因此,处理时应一次处理少量废弃化学品,处理剂倒入时应缓慢,并充分搅拌;必要时在水溶性实验室废弃化学品中加水稀释,以缓和反应速率。

④对实验室废弃化学品进行安全预处理时应充分了解化学品的相容性、反应性,应尽量选择已知的预处理方法,避免处理过程中产生有毒有害物质和其他危险。

5. 危险废弃物要贴标签

所有装载化学废弃物的容器应密封完好、表面清洁,并在适当位置标识装载物信息。标识中应准确提供废物名称、类别、危险情况(危险用语)、安全措施,以及废弃物产生单位、地址、电话及日期等信息,确保以上信息清晰、易读。如果废弃物成分比较复杂,一般以其中危害性最大物质的类别进行归类,并列出主要成分。图 5.1 为武汉纺织大学危险废弃物标签。

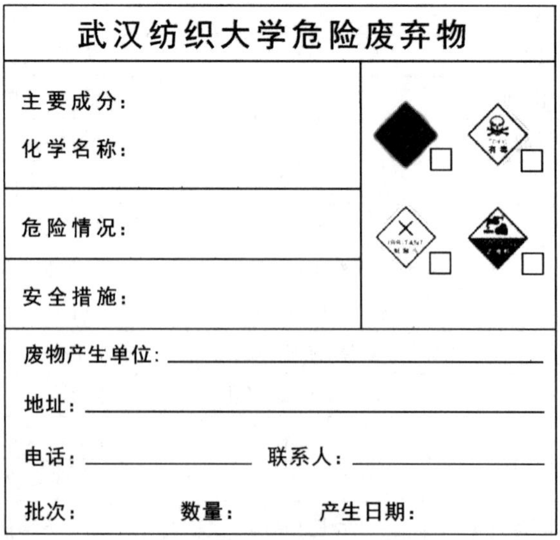

武汉纺织大学危险废弃物

主要成分:

化学名称:

危险情况:

安全措施:

废物产生单位:

地址:

电话: 联系人:

批次: 数量: 产生日期:

图 5.1 武汉纺织大学危险废弃物标签

表5.8为危险废弃物的种类和危险分类。

表5.8 危险废弃物的种类和危险分类

废弃物种类	危险分类
废酸类	刺激性/腐蚀性(视其强度而定)
废碱类	刺激性/腐蚀性(视其强度而定)
废溶剂,如乙醇、甲苯	易燃
卤化溶剂	有毒
油/水混合物	有害
氰化物溶液	有毒
酸及重金属混合物	有害/刺激性
重金属	有害
含六价铬的溶液	刺激性
石棉	石棉

1)推荐在标签上注明的参考危险用语

(1)干燥时容易爆炸。

(2)振动、摩擦、接触火焰或其他火源可能爆炸。

(3)振动、摩擦、接触火焰或其他火源极易爆炸。

(4)形成极度敏感的爆炸性金属化合物。

(5)加热可能引起爆炸。

(6)不论是否与空气接触都容易爆炸。

(7)可能引起火警。

(8)与可燃物料接触可能引起火警。

(9)与可燃物料混合时容易爆炸。

(10)易燃。

(11)高度易燃。

(12)极度易燃。

(13)极度易燃的液化气体。

(14)遇水即产生强烈反应。

(15)遇水即放出高度易燃气体。

(16)与助燃物质混合时容易爆炸。

(17)在空气中会自动燃烧。

(18)使用时,可能产生易燃/爆炸性气体及空气混合气体。

(19)可能产生容易爆炸的过氧化物。

(20)吸入后会对人体有害。

(21)沾及皮肤后会对人体有害。

(22)吞食后会对人体有害。

(23)吸入后会中毒。
(24)沾及皮肤后会中毒。
(25)吞食后会中毒。
(26)吸入后会中剧毒。
(27)沾及皮肤后会中剧毒。
(28)吞食后会中剧毒。
(29)遇水即放出毒气。
(30)使用时,可以变得高度易燃。
(31)与酸接触后即放出毒气。
(32)与酸接触后即放出剧毒气体。
(33)有累积效应的危险。
(34)引致灼伤。
(35)引致严重灼伤。
(36)刺激眼睛。
(37)刺激呼吸系统。
(38)刺激皮肤。
(39)有对人体造成非常严重及永不复原的损害的危险。
(40)可能对人体造成永不复原的损害。
(41)可能对眼睛造成严重损害。
(42)吸入后可能引起敏感。
(43)沾及皮肤后可能引起敏感。
(44)在密封情况下加热可能爆炸。
(45)可能致癌。
(46)可能造成遗传性的基因损害。
(47)可能造成先天性缺陷。
(48)长期接触可能严重危害健康。
(49)当潮湿时,在空气中会自动燃烧。
如以上危险情况同时存在,推荐在标签上注明的参考危险用语如下。
(1)遇水即产生强烈反应,并放出高度易燃气体。
(2)遇水即放出有毒及高度易燃气体。
(3)吸入或沾及皮肤后都对人体有害。
(4)吸入、沾及皮肤或吞食后都对人体有害。
(5)吸入或吞食后都对人体有害。
(6)沾及皮肤或吞食后都对人体有害。
(7)吸入或沾及皮肤后会中毒。
(8)吸入、沾及皮肤或吞食后会中毒。
(9)吸入或吞食后会中毒。

(10)沾及皮肤或吞食后会中毒。
(11)吸入或沾及皮肤后会中剧毒。
(12)吸入、沾及皮肤或吞食后会中剧毒。
(13)吸入或吞食后会中剧毒。
(14)沾及皮肤或吞食后会中剧毒。
(15)刺激眼睛及呼吸系统。
(16)刺激眼睛、呼吸系统及皮肤。
(17)刺激眼睛及皮肤。
(18)刺激呼吸系统及皮肤。
(19)吸入或沾及皮肤后都可能引起敏感。

2)推荐在标签上注明的安全用语

(1)必须锁紧。
(2)放在阴凉地方。
(3)切勿抵近住所。
(4)容器必须盖紧。
(5)容器必须保持干燥。
(6)容器必须放在通风的地方。
(7)切勿将容器密封。
(8)切勿抵近食物、饮品及动物饲料。
(9)切勿抵近(必须指定互不相容的物质)。
(10)切勿受热。
(11)切勿近火,不准吸烟。
(12)切勿抵近易燃物质。
(13)处理及打开容器时必须小心。
(14)使用时严禁饮食。
(15)使用时严禁吸烟。
(16)切勿吸入尘埃。
(17)切勿吸入气体(烟雾、蒸气、喷雾或其他)。
(18)避免沾及皮肤。
(19)避免沾及眼睛。
(20)如果沾及眼睛,立即用大量清水进行清洗,并尽快就医诊治。
(21)所有受污染的衣物必须立即脱掉。
(22)沾及皮肤后,立即用大量(须予指定)清洗。
(23)切勿倒入水渠。
(24)切勿加水。
(25)防止静电发生。
(26)避免振荡和摩擦。

(27)穿上适当防护服。

(28)戴上防护手套。

(29)如果通风不足,则必须佩戴呼吸器。

(30)佩戴护眼、护面用具。

(31)使用(须予指定)清理受这种物质污染的地面及物件。

(32)遇到火警时,使用(须予指定)灭火设备,切勿使用。

(33)存放温度不超过摄氏(须予指定)度。

(34)以(须予指定)保持湿润。

(35)只可放在原用的容器内。

(36)切勿与(须予指定)混合。

(37)只可放在通风的地方。

(38)容器必须锁紧,存在阴凉通风的地方。

(39)存放在阴凉通风的地方,切勿放近(须予指定)。

(40)容器必须盖紧,保持干燥。

(41)只可放在原用的容器内,并放在阴凉通风的地方,切勿放近(须予指定)。

(42)容器必须盖紧,并存放在通风的地方。

(43)使用时严禁饮食或吸烟。

(44)避免沾及皮肤和眼睛。

(45)穿上适当的防护服和戴上适当防护手套。

(46)穿上适当的防护服、戴上适当防护手套,并戴上护眼、护面用具。

5.4 化学废弃物处理

1.化学废弃物处理基本要求

(1)实验室化学废弃物处理前应充分了解废弃物的来源、主要组成、化合物性质,并对可能产生有毒气体、发热、喷溅及爆炸等危险有所警惕。

(2)处理废弃物应尽量选用无害或易于处理的药品,防止二次污染。例如,用漂白粉处理含氰废水,用生石灰处理某些酸液等,还应尽量采用“以废治废”的方法,如利用废酸液处理废碱液。

(3)分离实验中产生的废渣,对沾有有害物质的滤纸、称量纸、废活性炭、药棉及塑料容器等,进行单独处理,以减少废液的处理量。

(4)用量较大的有机试剂,原则上要进行回收利用。

(5)过期的实验药品应请厂商回收,不得并入废液处理。

(6)对无法自行妥善处理的实验室废弃物应委托相关法律法规认可的专业处理机构

处理。

(7)处理实验室废弃物时,应对处理人、处理数量、处理方式、处理时间等相关信息进行详细记录。

2. 化学废弃物一般处理方法

(1)放入垃圾箱。

对于适合公共卫生垃圾场处理,且不会对处理人产生危害的惰性固体垃圾,可直接丢入垃圾箱,但必须符合《中华人民共和国固体废物污染环境防治法》的相关规定。

(2)下水道排放。

经上述预处理方法处理后安全无害的实验室废弃物,符合相关环保法律法规排放要求的,可直接通过下水道排放。

(3)焚烧、溶剂回收。

对不含固体、腐蚀性或可能起化学反应的物质的废有机溶剂应分类收集,也可混入燃料后在锅炉房或发电站进行燃烧处理。

(4)实验室包装。

将少量的液体或实验室固体废弃物按照毒药、氧化剂、易燃物、腐蚀性的酸和腐蚀性的碱进行分类,然后用双层的密封罐收集,送往指定的安全场所或特定的垃圾场处理。

(5)固化。

在带有内衬且上端开口的金属罐中,对经过适当预处理后的实验室液体废弃物添加相容的固化剂(如蛭石、硅藻土或泥土等)。采用固化处理的容器要仔细密封,并做适当标识。

(6)废物变换。

某一实验室不需要的药剂或废液对于其他实验室并非完全无用,在有效的信息交换及确定分类原则下,可交换再利用。

3. 实验室固体废弃物、液体废弃物的后处理

实验室固体废弃物、液体废弃物的处理可参见前文中化学废弃物预处理方法。

国家标准 GB 12502—1990《含氰废物污染控制标准》中含氰化物废弃物 CN^- 含量有两个标准值:不大于 1.0 mg/L 和不大于 1.5 mg/L,分别对应:①该标准实施之日起,新建、扩建、改建的企事业单位应执行的标准;②该标准实施之前,已有企事业单位应执行的标准。凡符合标准值的含氰废物,属于一般含氰废物,可在环境保护部门批准的场地堆放。凡大于前文标准值的含氰废物,属于有害含氰废物,应在具有防水、防渗、防扬散、防流失的专用处置场所堆放,并设立明显标记。运输此类废物要遵守公安交通部门的有关规定。

除此之外,实验室液体废弃物还可以采用酸碱中和,混凝机理,斜管沉淀,多介质过滤,活性炭吸附,紫外、臭氧或氯片杀菌消毒,生物降解,或者多种组合的方式进行处理。

(1)酸碱中和。

废水经收集管网汇入收集调节池，经曝气管鼓风搅拌后水质均匀，提升泵将调节池废水经格栅去除毛发等杂物后流入碱沉反应池，通过 pH 自动仪监测废水 pH 值情况后自动加碱，使得废水中重金属离子形成沉淀后除去。然后通过自动加酸使得中和池中废水的 pH 值处于 8～9，通过提升泵将中和后的废水泵入带有絮凝和混凝两个反应段的组合气浮设备，主要是混凝去除实验室产生的组织碎屑、脂质等，以及水中的有机污染物、阴离子表面活性剂(LAS)等。

(2)混凝机理。

①双电层压缩机理：向溶液中投入电解质，使溶液中的离子浓度增高，则扩散层的厚度将减小。当两个胶粒互相接近时，由于扩散层厚度减小，电位 ζ 降低，因此它们之间的排斥力减小，胶粒得以迅速凝聚。

②吸附电中和作用机理：吸附电中和作用是指胶粒表面对带异号电荷的部分有强烈的吸附作用，由于这种吸附作用中和了它的部分电荷，减少了静电斥力，因而容易与其他颗粒接近而互相吸附。

③吸附架桥作用原理：吸附架桥作用主要是指高分子物质与胶粒相互吸附，但胶粒与胶粒本身并不直接接触，而使胶粒凝聚为大的絮凝体。

(3)斜管沉淀。

基本原理是“浅层沉淀”，又称“浅池理论”，设斜管沉淀池池长为 L，池中水平流速为 v，颗粒沉速为 u_0，在理想状态下，$\frac{L}{H}=\frac{v}{U_0}$。可见 L 与 v 值不变时，沉淀池越浅，可被去除的悬浮物颗粒越小。若用水平隔板将 H 分成 3 层，每层层深为$\frac{H}{3}$，在 u_0 与 v 不变的条件下，只需$\frac{L}{3}$，就可以将 u_0 的颗粒去除，即总容积可减少到原来的$\frac{1}{3}$。如果池长不变，由于池深为$\frac{H}{3}$，则水平流速可增加至 $3v$，仍能将沉速为 u_0 的颗粒除去，即处理能力提高 3 倍。同时，将沉淀池分成 n 层就可以再把处理能力提高 n 倍。

(4)多介质过滤。

过滤器材质为 FRP，内部配无烟煤和石英砂滤料，主要过滤废水中的大颗粒和絮状杂质，滤层高度一般大于等于 1000 mm，配置一台自动阀，按反洗、正洗运行模式运作。

(5)紫外、臭氧或氯片杀菌消毒。

废水按一定的速度从紫外杀菌器反应腔流过或臭氧发生器的产生臭氧或水中的微生物受到高强度的 UV 照射，微生物 DNA、RNA 内部结构遭到破坏，从而在不使用任何化学药物的情况下，达到大肠杆菌排放标准，或者采用定期投加氯片的消毒方式。

(6)活性炭吸附。

废水汇入活性炭生物滤池，尚未被去除的细小悬浮物、微量金属及极少量的有机物等通过具有巨大孔隙结构和比表面积的活性炭吸附、截留等物理、化学作用去除。

(7)生物降解。

利用厌氧、好氧及兼性菌进行生物降解。专性好氧的细菌在厌氧条件下处于压抑状态，以菌体内的多聚磷酸盐为能源，把有机物吸收到细胞内转化成聚β羟丁酸贮存起来，同时将体内多聚磷酸盐分解为可溶性磷酸盐排出体外，经过厌氧压抑释放的不动细菌，在好氧状态下具有很强的吸磷能力，将污水中的磷酸盐吸收转化为多聚磷酸盐贮存体内。在厌氧条件下释放的磷越多，则在好氧条件下吸收的磷越多。厌氧池内需配备液下搅拌系统，以防沉淀。

4. 废气的处理

实验室产生的少量废气一般通过通风装置直接排至室外。氯化氢、硫化氢等酸性气体，应用碱液吸收，如果浓度很低，则可以通过抽风设备排放到室外。毒性大的气体可以参考工业废气处理办法，用吸附、吸收、氧化、分解等方法处理后排放，废弃排放标准应符合 GB 14554—1993《恶臭污染物排放标准》和 GB 16297—1996《大气污染物综合排放标准》的相关要求。

常用的实验废气处理方案有活性炭吸附、光催化净化和填料喷淋塔，或者多种组合的方式进行处理。一般对有机废气采用活性炭吸附法和光催化净化法，对无机物采用填料喷淋塔进行处理。

(1)活性炭吸附。

活性炭是一种主要由含碳材料制成的外观呈黑色、内部空隙结构发达、比表面积大、吸附能力强的微晶质碳素材料。活性炭材料中有大量肉眼看不见的微孔，将 1 g 活性炭材料中的微孔展开后表面积可高达 800～1500 m^2，特殊的会更高。也就是说，在一个米粒大小的活性炭颗粒中，微孔的内表面积可能相当于一个客厅面积的大小。正是这些高度发达如人体毛细血管般的空隙结构，使活性炭拥有了优良的吸附性能。

分子之间相互吸附的作用力又称范德华力。虽然分子运动速度受温度和材质等原因的影响，但它在微环境下始终是不停运动的。由于分子之间拥有相互吸引的作用力，当一个分子被活性炭内孔捕捉进入到活性炭内部空隙后，由于分子之间相互吸引的原因，会导致更多的分子不断被吸引，直到填满活性炭内部空隙为止。

当活性炭内部空隙被有机废气(即被吸附物质)填满而达到饱和时，污染物便开始释放出来，这种现象称为穿透。达到饱和的活性炭需要进行再生，一般采用加热的气体对吸附床进行脱附，一方面使吸附床再生，重新具有活性，另一方面使污染物被解脱出来进行回收或分解处理。这种脱附方法称为升温脱附。物质的吸附量是随温度的升高而减小的，将吸附剂的温度升高，可以使已被吸附的组分脱附下来，这种方法也称为变温脱附，整个过程中的温度是周期变化的。

(2)光催化净化。

在聚氨酯蜂窝网孔基材上沉积纳米二氧化钛光催化材料，纳米二氧化钛光触媒经紫外光照射(理想紫外光波长为 253～365 nm)，激发价带上的电子(e^-)跃迁到导带，在价带上产生相应的空穴(h^+)，生成具有极强氧化作用的氢氧自由基、超氧离子自由基、超氧羟基自由基，将甲醛、苯、甲苯、二甲苯、氨、总挥发性有机物(TVOC)等有毒有害污染物，臭气异味物、细菌等污染物氧化分解成无害的 CO_2 和 H_2O。产品具有良好的空气净化效果和消毒杀菌性能，能有效净化室内空气，控制细菌、病毒的交叉感染，以达到空气净化和消毒杀菌的目的。光触媒滤网采用的纳米二氧化钛光触媒在作用过程中，本身不发生变化和损耗，只提供一个反应场所，具有作用时间长久，空气净化和消毒杀菌效率高，安全，无毒等优点，不产生二次污染，是国际公认的绿色环保无污染产品。

(3)填料喷淋塔净化。

酸雾喷淋塔净化是需处理的废气由玻璃钢离心风机压入净化塔进气段后，垂直向上与喷淋段自上而下的吸收液起中和反应，使废气浓度降低，然后继续向上进入填料段，废气在填料段内交叉洗涤，再与吸收液起中和反应，使废气浓度进一步降低后进入脱水层段，脱去液滴，将净化后的气排出。酸雾喷淋塔净化是无机气体净化的常用处理工艺，工艺技术相当成熟，且稳定、可靠。净化塔工作时吸收液通过填料塔顶部的喷淋装置被均匀地喷洒在填料层顶部，并沿着填料层自上而下呈膜状流动，而废气则自塔下部进入，穿过填料层从塔顶排出。在此过程中，废气被迫多次改变方向、速度，与吸收液不断碰撞、接触，使废气与吸收液在填料层中有充分接触、反应时间，令废气中有害成分能够被吸收液充分吸收净化。净化后的气体经塔内除雾后可达标排放。

5. 特殊实验室废弃物的处理

(1)爆炸性实验室废弃物，如金属钠、苦味酸、金属叠氮物、有机叠氮化物、有机过氧化物等，应交由消防队或警察局处置。

(2)含多氯联苯实验室废弃物处理参照 GB 16297—1996《大气污染物综合排放标准》执行。

(3)未知来源和性质的水溶性实验室废弃物，根据其放射性、水溶性、pH 值、可燃性、氰化物含量、硫化物含量和反应能力等信息，综合判定该实验室废弃物的分类、预处理和后处理方法。

(4)未知来源和性质的难溶性实验室废弃物，根据其可燃性(燃点)、有机卤化物含量、多氯联苯(PCB)含量、总固体含量和灰分等信息，综合判定该实验室废弃物的分类、预处理和处理方法。

(5)含原物质残余量小于 3%的空容器可当作惰性垃圾处理，如果残留物含有《国家危险废物名录(2021 年版)》中的废物，其处理方法必须满足《废弃危险化学品污染环境防治办法》的相关要求。建议所有的容器在处理前应进行清洗。

(6)石棉或含石棉的实验室废弃物应淋湿后装入防漏的密封容器，容器上应贴醒目标示“小心，含有石棉，严禁开启或损坏容器，吸入石棉有害健康”，其处理要在官方指定场所。

(7)被污染的器皿和垃圾如果不能被回收、清洁或作他用，只能按照实验室废弃物处理。如果该类废弃物被列为实验室危险废弃物，则按照实验室危险废弃物处理。

6. 安全措施

(1)实验室废弃物产生者需要制备书面的应急程序，以应对在处理、收集及存放实验室废弃物时发生的溢出、泄漏、火灾等紧急情况。一旦出现危险废物污染环境的事故，相关人员应立即根据应急程序采取处理措施，包括对已发生的污染立即采取减轻或消除的措施，防止污染危害进一步扩大。这里的“立即”是指时间上的要求，一旦发现事故，就必须马上采取措施，不允许有时间上的延误，否则要承担相应的法律后果。

(2)处理实验室废弃物时，应配备专用的防溅眼罩、手套和工作服。

(3)应在通风柜内倾倒会释放出烟和蒸气的废液，每次倾倒废弃物之后立刻盖紧容器。

(4)在特殊情况下于通风柜外处理废弃物时，操作人员必须带上具有过滤功能的防毒面具。

第6章

常用化学仪器简介及安全使用

6.1 压力容器及气体钢瓶的安全使用

压力容器一般是指用于有一定压力的流体的贮存、运输，或者传热、传质、反应的密闭容器，及工作压力大于等于0.1 MPa(表压)，且压力与容积的乘积大于等于2.5 MPa·L的气体、液化气体及最高工作温度不低于标准沸点的液体的固定式容器和移动式容器；盛装公称工作压力不小于0.2 MPa(表压)，且压力与容积的乘积大于等于1.0 MPa·L的气体、液化气体及标准沸点不高于60 ℃液体的气瓶；氧舱等(2009年5月1日起施行的《特种设备安全监察条例规定》)。

压力容器由于内部压力高，使用条件苛刻，容易造成超温(或超压)、工作介质毒性或腐蚀性。所以，压力容器就好像一颗炸弹，无论哪个方面(设计、制造、使用等)出现一点问题就会爆炸，造成人员伤亡。因此，我们必须掌握压力容器使用的安全知识，避免事故的发生。

6.1.1 压力容器的安全使用

1. 压力容器的分类

压力容器的分类方法很多，按照不同的方法可以有不同的分类。

(1)按制造方法分类，可分为焊接容器、锻造容器、铆接容器、铸造容器和组合容器五种。

(2)按制作材料分类，可分为钢制容器、有色金属容器和非金属容器三种。

(3)按壁厚分类，可分为薄壁容器和厚壁容器两种。容器外径与内径之比小于等于1.2为薄壁容器，大于1.2为厚壁容器。

(4)按设计压力 P 分类,可分为以下几种。

①低压容器,0.1 MPa≤P<1.57 MPa(1≤P<16 kg·f·cm^{-2})。

②中压容器,1.57 MPa≤P<9.81 MPa(16≤P<100 kg·f·cm^{-2})。

③高压容器,9.81 MPa≤P<98.1 MPa(100≤P<1 000 kg·f·cm^{-2})。

④超高压容器,P≥98.1 MPa(P≥1 000 kg·f·cm^{-2})。

(5)按设计温度分类,可分为以下几种。

①高温容器,t≥450 ℃。

②常温容器,−20 ℃<t<450 ℃。

③低温容器,t≤−20 ℃。

(6)按形状分类,分为球形容器、圆筒形容器、圆锥形容器。

(7)按承压方式分类,分为有内压容器和外压容器。

(8)按使用中工艺过程的作用原理分类,可分为反应容器、换热容器、分离容器和贮存容器四种。

(9)按使用方式分类,分为固定式容器和移动式容器。

(10)按压力容器的安全性能分类,可分为移动式压力容器和固定式压力容器两大类。

移动式压力容器是指一种装储容器,如气瓶、化学反应罐等。这类容器无固定使用地点,一般没有专职的操作人员,使用环境经常变化,管理比较复杂,容易发生事故。固定式压力容器是指有固定的安装和使用地点,工艺条件和操作人员也比较固定,一般不是单独装设,而是用管道与其他仪器设备相连的容器。

实验室常用压力容器有高压容器和气体钢瓶两类,在安全使用方面有相同的要求和内容。

2. 压力容器使用注意事项

正确合理地使用压力容器,是提高压力容器安全可靠性、保证压力容器安全运行的重要条件。使用压力容器要注意以下几点。

(1)压力容器要平稳操作。压力容器开始加压时,速度不宜过快,要防止压力突然上升。高温容器或工作温度低于0 ℃的容器,加热或冷却都应缓慢进行,尽量避免操作中压力频繁和大幅度波动。避免压力容器运行中温度急速变化。

(2)压力容器严禁在超温、超压下运行。工作中液化瓶严禁超量装载,并防止意外受热。随时检查安全附件的运行情况,保证其灵敏、可靠。

(3)严禁带压拆卸压紧螺栓。

(4)坚持压力容器运行期间的巡回检查,及时发现操作中或设备上出现不正常状态,并采取相应的措施进行调整以消除这种不正常状态。检查内容应包括工艺条件、设备状况及安全装置等。

(5)正确处理紧急情况。锅炉、压力容器、压力管道、气瓶等特种设备在企业运行中,长期带压运行,运行介质都是高温、易燃、有毒物质和介质,一旦发生爆炸,冲击波会危害周围的一切;泄漏的有毒物质会造成人员中毒。

(6)要清楚地知道工作中所使用的每一种仪器和物质的物理性质、化学性质、反应混合物的成分、所使用物质的纯度、仪器结构、器皿材料的特性、工作时的温度和压力等条件,以及能够激发爆炸的刺激物(如火花、热体等)远离工作地点。

(7)要掌握改变气相反应速度的最普通的影响因素,如光、压力、器皿中活性物质材料及杂质等。

(8)在由几个部分组成的仪器中,连接时可能形成爆炸混合物,所以要求在连接导管内装上保险器或安全阀。在任何情况下对危险物质都必须采用能保证实验结果精确性或可靠性的最小量进行,并且绝对不可用火直接加热。

(9)学生使用高压容器,必须经过严格的上岗操作培训,并且必须有指导老师在场指导。

6.1.2 气体钢瓶及压力设备的安全使用

高校实验室是师生完成教学科研活动的基本场所,实验室中使用的压力气瓶是常规的高危实验装备。实验室使用的气体种类较多,主要有氢气、氮气、氩气、氯气、氧气、二氧化碳及乙炔等,这些气体有些属于可燃气体、助燃气体、有毒气体等,它们通常贮存于气体钢瓶内,一般承载的压力在1.0~30 MPa之间,钢瓶容积一般为40 L,属于压力容器范畴。由于化学实验室气体钢瓶种类多,常涉及易燃易爆、有毒气体,因此,气体钢瓶的规范使用尤为重要。化学实验室常见气体钢瓶的危险特性如表6.1所示。

表6.1 化学实验室常见气体钢瓶的危险特性

气体类别	瓶身颜色	标字颜色	危险特征及注意事项
氧气	蓝	黑	①氧气与乙炔、氢气、甲烷等易燃气体能形成有爆炸性的混合物,因此氧气瓶不能与易燃气体钢瓶放在同一室内。 ②氧气能使油脂剧烈氧化,甚至燃烧,因此氧气瓶的出气口、减压阀及管道严禁沾染油脂,操作人员绝对不能穿粘有各种油脂或油污的工作服和手套,以免引起燃烧。 ③受热后瓶内压力增大,有爆炸危险,因此与明火的距离不得小于10 m,要远离热源
氢气	绿	红	①氢气与空气混合能形成爆炸性混合物,因此氢气钢瓶要经常检查导管是否漏气。 ②遇明火、高热会引起燃烧爆炸。 ③遇卤素会引起燃烧爆炸
氮气	黑	黄	①受热后瓶内压力增大,有爆炸危险,要远离热源。 ②含量高的环境易产生窒息的危险,使用和存放时必须通风良好
二氧化碳	铝白	黑	①遇阳光、火源会引起爆裂。 ②空气中二氧化碳的浓度高时会出现呼吸困难,产生窒息危险,使用和存放时必须通风良好
氩气	棕	白	受热后压力增大,有爆炸危险,要远离热源

续表

气体类别	瓶身颜色	标字颜色	危险特征及注意事项
乙炔	白	红	①乙炔与空气或氧气混合形成爆鸣音，与氯气混合发生爆炸。 ②浓度超过 20%以上会使人头昏或窒息。 ③乙炔管道及接头不能用紫铜材料制作，否则将形成一种极易爆炸的乙炔铜。 ④发现瓶身发热，则说明乙炔已自发分解，应立即停止使用，并用水冷却。 ⑤如果遇到乙炔减压阀冻结，可用热气等方法加温，使其逐渐解冻，但不可用火焰直接加热。 ⑥一般充罐后的乙炔钢瓶要静止 24 h 后使用。 ⑦乙炔易燃、易爆，应禁止接触火源
氩气	灰	绿	氩气浓度增加会引起缺氧，高浓度时会有窒息作用。液氩对眼、皮肤、呼吸道会造成冻伤

1. 气体钢瓶的安全使用

(1)正确识别气体钢瓶的种类和颜色标识。使用前检查气瓶标识、检验日期、气体质量、是否漏气等，如不符合，应拒绝使用。

(2)压力气瓶上选用的减压器要分类专用，安装时螺母要旋紧，防止泄漏；开、关减压器和开关阀时，动作必须缓慢；使用时应先旋动开关阀，然后开减压器；用完后，先关闭开关阀，放尽余气后，再关减压器。切不可只关减压器，不关开关阀。

(3)使用压力气瓶时，操作人员应站在与气瓶接口处垂直的位置上。操作时严禁敲打、撞击，并经常检查有无漏气，应注意压力表读数。

(4)氧气瓶或氢气瓶等应配备专用工具，并严禁与油类接触。操作人员不能穿戴粘有各种油脂或易感应产生静电的服装、手套操作，以免引起燃烧或爆炸。

(5)可燃性气体和助燃性气体瓶，与明火的距离应大于 10 m(确难达到时，可采取隔离等措施)。

(6)瓶内气体不得用尽，必须留有剩余压力或重量，永久气体气瓶的剩余压力应不小于 0.05 MPa；液化气体气瓶应留有不少于规定充装量 0.5%～1.0%的剩余气体。

2. 气体钢瓶的运输

气体钢瓶在运输或搬运过程易受到振动和冲击，可能造成瓶阀撞坏或碰断而造成安全事故。为确保气瓶在运输过程中的安全，气瓶在运输时应注意以下几点。

(1)装运气瓶的车辆应有“危险品”安全标志。气瓶必须佩戴好气瓶帽、防振圈，当装有减压器时应拆下，气瓶帽要拧紧，防止瓶阀摔断造成事故。

(2)气瓶应直立向上装在车上，妥善固定，防止倾斜、摔倒或跌落，车厢高度应在瓶高的 2/3 以上。

(3)所装介质接触能引燃爆炸、产生毒气的气瓶，不得同车运输。易燃品、油脂和带有油污的物品，不得与氧气瓶或强氧化剂气瓶同车运输。

(4)搬运气瓶时，要旋紧瓶帽，以直立向上的方向移动，注意轻装轻卸，禁止从钢瓶的安全帽处提升气瓶。近距离(5 m 内)移动气瓶，应用手扶瓶肩再转动瓶底，并且要使用手套。移动距离较远时，应使用专用小车搬运，特殊情况下可采用适当的安全方式搬运。

3. 气体钢瓶的存放

气体钢瓶存放时应注意以下几点。

(1)贮存场所应通风、干燥，防止雨(雪)淋、水浸，避免阳光直射，严禁明火和其他热源，不得有地沟、暗道和底部通风孔，并且严禁任何管线穿过。

(2)贮存可燃、爆炸性气体钢瓶的库房内的照明设备必须防爆，电器开关和熔断器都应设置在库房外，同时应设避雷装置。

(3)气瓶应分类贮存，并设置标签。空瓶和满瓶分开存放。氧气或其他氧化性气体的气瓶应与燃料气瓶和其他易燃材料分开存放，间隔至少 6 m。氧气瓶周围不得有可燃物品、油渍及其他杂物。严禁乙炔气瓶与氧气瓶、氯气瓶及易燃物品同室贮存。

(4)气瓶应直立贮存，用栏杆或支架加以固定或固定件，禁止利用气瓶的瓶阀或头部固定气瓶。支架或固定件应采用阻燃的材料，同时应保护气瓶的底部免受腐蚀。禁止将气瓶放置在可能导电的地方。

(5)气瓶(包括空瓶)贮存时应将瓶阀关闭，卸下减压器，戴上并旋紧气瓶帽，整齐排放。实验室对高压气体钢瓶必须分类保管，直立固定并经常检查是否漏气，严格遵守使用钢瓶的操作规程。

6.1.3 高压反应釜的安全使用

1. 高压反应釜的结构和反应系统的组成

高压反应釜反应系统因为要耐受压力的作用，一般采用不锈钢材料。化学实验室常用的高压反应釜容积为 100～5000 mL。一般反应釜带有磁感应电磁搅拌装置、压力表、循环冷却水盘管、进出料阀接口、超压防爆膜放空装置、电加热装置、测温装置等。根据反应体系有时要求很快降温的情况，设计制造了可以开启加热炉的高压反应釜。一旦反应体系发生冲温、冲压现象，可以直接打开加热炉，加快降温速度，增强反应釜的安全性能。根据能对进出料进行更好的处理的要求，设计制造出底部具备出料口的反应釜。典型的高压反应釜结构示意图如图 6.1 所示。

2. 高压反应釜的使用规定

实验室使用的高压反应釜的容积较小，一般在 100～5000 mL 之间，压力可以从 0.1 MPa到几十兆帕不等。根据国家《特种设备安全监察条例》，使用满足压力与容积的乘积大于等于 2.5 MPa · L 加压反应釜设备的操作人员应持证上岗。对于反应釜本身，应从具备资质的制造商处购买定型设备，将所有购买文件与质保证书、产品合格证书等

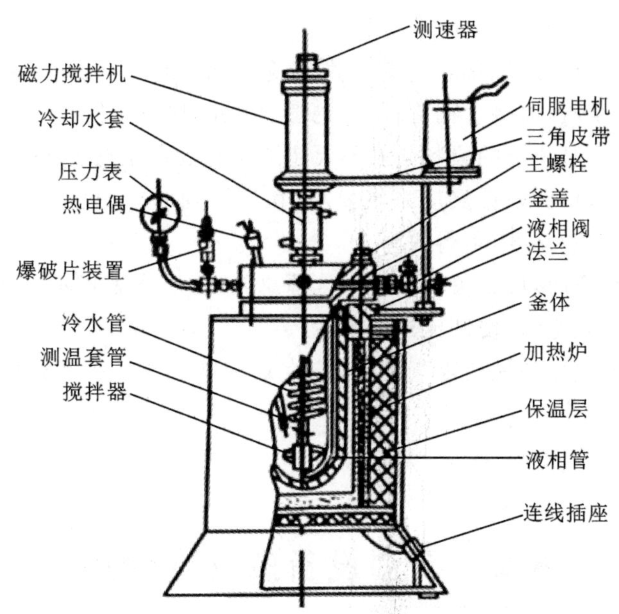

图 6.1 典型的高压反应釜结构示意图

存档备案,并按要求对高压反应釜进行日常维护、记录备案和定期质量检验,从而提升实验室安全状况。

3. 高压反应釜的使用对实验室场地的安全要求

高压反应实验应该在高压实验室中进行。在实验室规划、设计、建设过程中,应根据实验室研究方向,考虑适当的高压实验室建设。高压实验室的建造标准与普通实验室相比有很大差异,重点是其对防爆的要求需要在建筑构造上进行落实,考虑防爆墙和室外防爆区域的间距、建筑结构的抗爆防振能力等。

在高压反应釜装置前架设防爆隔离操作面板,当发生低当量的物理爆炸事故时,可以起到临时防爆隔离和防护的功能,也能对操作人员起到有效的保护作用,避免重大伤亡事故的发生。

4. 高压反应釜操作注意要点

(1)高压反应釜要在指定的地点使用,必要时配备防爆隔离装置,并按照使用说明进行操作。应认真查看主体容器上标注的试验压力、使用压力及最高使用温度等条件,在其容许的范围内使用。

(2)高压反应釜是由高光洁度金属面直接接触密封,应做好釜口金属密封面的清洁和保护。在盖上盘式法兰盖时,应使密封面吻合、螺栓号码与法兰盖上的标注相对应;在拧紧位于对角线上的螺栓时,应注意用力平衡,渐进加力。

(3)系统连接时,反应器与供气源(一般是钢瓶)之间必须有减压阀或调节阀,并安装压力表,以指示供气源压力;在装置运行前进行系统检漏。

(4)系统尾气放空管应通到室外安全处。对于产生有毒气体的反应系统,尾气应通过吸收等处理装置后放空。

(5)高压系统的所有组成部分及管路都应符合规定要求，并定期检查。在高压反应釜上均配有泄压安全阀，需接上钢管，并将钢管通到室外安全处。

(6)操作时，放入高压釜的原料最好不要超过其有效容积的 1/2。

(7)在系统运行时，要根据反应系统要求，在适当的时间内缓慢增压到设定压力，并密切关注系统的压力和温度，不得脱岗。

(8)系统运行结束时，应先关闭系统供气源总阀，等压力表指示下降后再关闭减压阀或调节阀，然后控制放空阀，使卸压过程平缓。

(9)当反应系统使用易燃易爆气体时，应在反应前和卸压后用惰性气体置换系统内的气体。

6.2 高温设备的安全使用

6.2.1 实验室高温加热设备安全使用须知

常见高温实验设备主要有马弗炉、电烤箱、干燥箱(烘箱)、电炉(明式电炉和箱式电炉)等。高温设备使用不当，极易发生火灾、爆炸、触电等事故。高温设备的安全使用需要注意以下几点。

(1)烘箱及电阻炉等加热设备应放置在通风干燥处，不得直接放置在木桌、木板等易燃物品上，放置位置高度合适、方便操作。设备周围有一定的散热空间，不得存放易燃、易爆、易挥发性化学品，以及纸板、泡沫、塑料等易燃物品，不能放置冰箱、气体钢瓶等设备，不得堆放杂物，并且在设备旁醒目位置张贴高温警示标识。

(2)配电插座(板、箱)的额定功率应与所使用的电热设备匹配，严重老化的电源线应及时更换，确保加热设备的温控、绝缘等性能完好。

(3)使用高温设备之前必须了解设备的工作原理和操作流程，遵循设备说明书上的操作指南。

(4)在操作前，检查设备的各项参数是否正常，如温度、压力等，确保设备处于安全状态。

(5)加热设备在使用时，应与易燃易爆物和杂物之间留有足够的安全距离。

(6)控制加热设备至合适的温度，控制适当的加热时间，不要在电热设备的上限温度上长时间使用。

(7)避免长时间连续运行，适当休息或停机冷却，避免过热导致设备故障或事故发生。

(8)使用适当的防护措施，如穿戴符合要求的防护服、手套、眼镜等，避免被高温设备产生的热辐射和火花伤害。

(9)操作人员不得离开加热设备使用现场。使用完毕,应立即断开电源。

(10)定期对设备进行维护保养,清理设备内部的积尘和杂物,确保设备的正常运转。

(11)在操作时保持警惕,随时留意设备的异常情况,及时采取相应的措施,以防事故的发生。

6.2.2　电热鼓风干燥箱的安全使用

1. 操作步骤

电热鼓风干燥箱如图6.2所示,其使用步骤如下。

(1)准备工作:将待烘烤物品放入烤盘或烤网,将烤盘或烤网放入电热鼓风干燥箱(烘箱)内,并将门关闭。

(2)设置温度和时间:按照物品的烘烤要求,在烘箱面板上设置合适的温度和时间。注意不要将温度设定过高或时间设定过长,以免造成物品烤焦或引发安全事故。

(3)启动烘箱:按下"启动"按钮,开始烘烤。在此期间,可以根据需要对温度和时间进行调整。

(4)监控烘烤过程:在烘烤过程中,应密切关注烤箱内部情况,避免出现异常情况。若发现异常,应及时停止烘烤并采取相应的措施。

(5)结束烘烤:当烘烤时间到达后,烘箱会自动停止运行并发出提示音。打开烤箱门,将烤盘或烤网取出,并将烘箱内部清洁干净。

(6)关闭烘箱:在彻底清洁烘箱内部后,将烤盘或烤网放回原位,关闭烘箱门,并将电源开关关闭。

图6.2　电热鼓风干燥箱

2. 注意事项

(1)在操作过程中要遵守安全规定,穿戴适当的防护服、手套、眼镜等防护装备。同时,不要在烘烤过程中打开烘箱门,以免热气外泄导致伤害。

(2)烘箱一般只能用于烘干玻璃金属容器和在加热过程中不分解、无腐蚀性的样品,禁止烘烤溶剂、油品等易燃、可挥发物,以及刚用乙醇、丙酮淋洗过的样品、仪器。

6.2.3 马弗炉的安全使用

马弗炉如图6.3所示,使用过程中要注意以下事项。

(1)确认气源、电源和设备的连接状态是否正常,检查各项参数是否符合要求。

(2)在加热前,先将炉腔内部清理干净,并将待处理物品放在马弗炉托盘上,并根据需要添加适量的助燃剂或助燃气体。

(3)设置温度和时间时,应按照物品的处理要求,设置合适的温度和时间,不要将温度和时间设定过高。

(4)启动马弗炉前,应先打开气源阀门,等到气体充满整个炉腔后,再开始加热。

(5)监控处理过程中,应密切关注炉内情况,避免出现异常情况。若发现异常,应及时停止处理并采取相应的措施。

(6)结束处理后,关闭气源阀门,等待炉腔冷却至安全温度,再打开炉门取出已经处理的物品,以免出现炸膛、玻璃器皿骤冷炸裂等现象。

(7)操作过程中需要穿戴适当的防护服、手套、眼镜等防护用品,以免被高温物质或有毒气体伤害。

(8)进行设备维护、保养时,需要先将电源和气源切断,并等待设备冷却至安全温度后再进行操作。

(9)任何情况下都不要使用损坏的马弗炉或配件,以及未经授权的替代品。

(10)遵循相关安全规定和操作规程,严格按照操作说明进行操作,确保设备正常运转和人员安全。

图6.3 马弗炉

6.2.4 其他加热设备的安全使用

1. 加热浴锅的安全使用

(1)使用油浴锅、沙浴锅、金属浴锅、水浴锅等加热设备前，应先加入适量的加热介质后才能通电。

(2)在加热浴锅周边醒目位置张贴高温警示标识，并有必要的防护措施。

(3)加热浴锅在运行时，禁止触摸内胆、板盖等部件，防止被烫伤。禁止向油浴锅、沙浴锅、金属浴锅等加入水、易燃易爆液体。

(4)加热浴锅使用完毕，应立即切断电源，拔掉电源插头。

(5)要保持浴锅清洁，按期洗刷，防止生锈和介质泄漏或漏电。介质要经常更换，如果浴锅较长时间停用，则浴锅中的介质要妥善处理。

2. 明火电炉的安全使用

(1)原则上不得在实验室使用明火电炉，应使用密封电炉、电陶炉、电磁炉等加热设备代替。确需使用明火电炉进行实验的，必须经学院同意并到实验室与设备管理处办理审批手续。

(2)使用明火电炉的实验室，必须在使用场所配备灭火器等灭火设施，用毕必须及时拔除电源插头。

(3)明火电炉周围严禁堆放易燃易爆物品、气体钢瓶和易燃杂物，确保明火电炉的使用安全。严禁使用明火电炉加热易燃易爆试剂。

6.3 低温设备的安全使用

在低温操作的实验中，实验人员获得低温的手段一般有采用冷冻机和使用适当的冷冻剂两种方法。但是在实验室中，因为后一种方法较为简便，所以以往经常被采用。例如，将冰与食盐或氯化钙等混合制成冷冻剂，大约可以冷却到－20 ℃的低温，且没有大的危险性。但是，采用－80～－70 ℃的干冰冷冻剂，以及－200～－180 ℃的低温液化气体时，则有相当大的危险性。因此，操作时必须十分注意。现在更常用的是循环冷却器，它采用机械制冷的低温液体循环设备，可提供恒流恒压循环冷却液体。它可以通过压缩机将冷冻剂注入低温浴中的蛇形管，使得低温浴中的浴液冷却至设定温度；它也可以通过液体泵将低温浴中的浴液注入旋转蒸发器、真空冷冻干燥箱、循环水式多用真空泵、磁力搅拌器等仪器冷却系统进行多功能低温下的化学反应作业和药物贮存。

1. 循环冷却器

使用循环冷却器时应注意以下几点。

(1)在仪器正常工作的室温和湿度范围内使用,否则会影响仪器的安全性能和使用性能。

(2)浴槽注入浴液后严禁随意搬运仪器或使仪器倾斜,以免浴液浸入机件造成危险或受损。

(3)仪器四周有散热孔的部位应留有足够的空间且防尘良好,仪器应远离暖气设备和避免日光直射。

(4)必须使用洁净的浴液,严禁泥沙等异物进入冷却系统或液体泵。

(5)不得在有易燃、易爆和强腐蚀气体的环境中工作。

2. 冷冻机

使用冷冻机时应注意以下几点。

(1)操作室内,禁止存放易燃易爆等化学危险品,并严禁烟火。冷冻系统所用阀门、仪表、安全装置必须齐全,并定期校正,保证其经常处于灵敏、准确状态,水、油、氨管道必须畅通,不得有漏氨、漏水、漏油现象。

(2)冷冻机在运行中,操作者应经常观察各压力表、温度表、氨液面、冷却水的情况,并听冷冻机运转声音是否正常。

(3)冷冻机运转中,不准擦拭、抚摸运转部位和调整紧固承受压力的零件。

(4)冷冻机运转过程中,发现严重缺水或特别情况时,应采取紧急停车。立即按下停止按钮,迅速将高压阀关闭,然后关上吸气阀、节流阀、搅拌器开关,15 min 后停止冷却水,并立即找有关人员检查、处理。

(5)充氨操作时必须遵守以下事项。

①将氨瓶放置在专用倾斜架上,氨瓶嘴与充氨管接头连接时,必须垫好密封垫,接好后,检查有无漏氨现象,打开或关闭氨瓶阀门时,必须先打开或关闭输氨总阀。操作人员应站在适当的位置。

②充氨量应不超过充氨容积的 80%。

3. 干冰冷冻剂

使用干冰冷冻剂时应注意以下几点。

(1)干冰与某些物质混合,即能得到 −80～−60 ℃的低温。但是,与其混合的大多数物质为丙酮、乙醇之类的有机溶剂,因而要求有防火的安全措施。

(2)避免直接接触干冰,因为它的温度极低,可以导致皮肤冻伤。

(3)在使用干冰冷冻剂时要戴上手套和护目镜等防护装备。

(4)确保在通风良好的地方使用干冰,因为它会释放出二氧化碳气体。

(5)不要将干冰放入密闭容器中,以避免压力过高导致容器破裂。

(6)注意保存干冰的温度和湿度要求,以确保其有效性。

(7)使用时需根据实际情况计算所需用量,不要过量使用。

(8)在密闭容器中存放或运输干冰时,要避免二氧化碳浓度过高导致窒息的危险。

4. 低温液化气体

由于低温液化气体能得到极低的温度及超高的真空度，所以在实验室里也经常被使用。但是，因为它具有如表6.2所列的危险性，所以操作时必须十分熟练并小心谨慎。

表6.2　低温液化气体的危险性

状态	危险性
液化状态	因为温度很低，所以容易发生冻伤，严重时会使肌肉坏死。同时实验装置所用的材料，由于低温变脆而容易破裂，造成二次伤害
气体状态	液化气体一旦汽化，体积就增加600～800倍而成为压缩气体，并且由于过热的作用而产生爆炸性的汽化(蒸气爆炸)。此外，二氧化碳影响呼吸功能，氮气及不活泼气体属于窒息剂，氯及臭氧有毒且腐蚀性大，可燃性气体汽化时有引起火灾、爆炸的危险

使用低温液化气时，一般应注意以下几点。

(1)使用液化气体及处理使用液化气体的装置时，操作必须熟练，一般要求两人以上进行实验。初次使用时，必须在有经验人员的指导下一起进行操作。

(2)一定要穿防护衣，戴防护面具或防护眼镜，戴皮手套等防护用具，以免液化气体直接接触皮肤、眼睛。

(3)使用液化气体的实验室，要保持通风良好。实验的附属用品要固定起来。

(4)金属在低温时容易变脆，因此接触低温时不要使用普通的金属，可以使用一些低温下不易变脆的铝、铜和不锈钢等金属材料，或者聚四氟乙烯、尼龙和酚醛树脂等非金属材料。

(5)液化气体的容器要放在没有阳光照射、通风良好的地方。

(6)处理液化气体容器时，要轻、快、稳。

(7)液化气体不能放入密闭容器中。装液化气体的容器必须开设排气口，用玻璃棉等作塞子，以防着火和爆炸。

(8)装冷冻剂的容器，特别是新的真空玻璃瓶如未经实验检验，可能会发生破裂，所以不要把脸靠近容器的正上方。

(9)如果液化气体沾到皮肤上，要立刻用水洗去，而沾到衣服上时，要马上脱去衣服。

(10)严重冻伤时，要请专业医生治疗。

(11)如果实验人员出现窒息，要立刻把其移到空气新鲜的地方进行人工呼吸，并速请医生抢救。

使用不同种类低温液化气体应注意的事项如表6.3所示。

表6.3　使用不同种类低温液化气体应注意的事项

低温液化气体类型	注意事项
液态氢	液态氢具有可燃性，要严禁烟火，如果与空气接触，则在液面上形成对撞击很敏感的爆炸混合物，因而与空气的接触要限制在最小限度内。要注意室内通风，特别是实验室上部的通风，要注意防止与液态氧或空气混合
液态氧	氧无论是液态的还是气态的都是很强的氧化剂，液态氧与可燃性物质混合，即形成对撞击很敏感的爆炸性混合物。注意不要使液态氧接触其覆盖物。液态氧汽化后，会使可燃性物质剧烈燃烧。液态氧会伤害皮肤、眼睛和黏膜。注意不要与氢气或可燃性气体混合。室内要严禁烟火，并保持良好的通风

续表

低温液化气体类型	注意事项
液化空气	液化空气的使用注意事项与液态氧相同，液化空气在使用及贮存过程中，沸点较低的液氮迅速蒸发，会使氧含量逐渐增大
液态氮	液态氮为不活泼、无毒性的物质，因而是比较安全的冷冻剂。但是，它与其他的液化气体一样，也有冻伤或发生蒸气爆炸的危险性。当它置换空气时是简单窒息剂，更要加以注意

5. 紧急救援

（1）若发生冷冻事故，应将身体受害部位快速浸入水温不超过 40 ℃的水中，将身体加热暖和或暴露在温暖的空气中。如果是身体大面积受害，应该立即启用紧急喷淋让身体暖和，在喷淋打开前应该先脱去衣物。保持受害人受伤害部位的体温在人体正常体温，直到医生到达。

（2）让受害人保持平静，防止加重伤害。如果脚部受冻就不能用脚步行。不要摩擦和按摩身体受伤的部位。

（3）防止感染，用香皂温水清洗受伤的部位，如果皮肤是完整无缺的就需要辅料处理。如果眼睛受伤，要立即用温水冲洗眼睛 15 min。

（4）所有使用和操作低温液体的人员必须培训，包括低温设备的使用、低温液体的特性、防护装备的使用、事故应急程序等培训。使用液氮的新手必须由有经验的成员或技术员指导。

6.4 其他常用仪器的安全使用

6.4.1 台式低速离心机的安全使用

实验室中常采用台式低速离心机对悬浮物液体进行分离，其原理是利用离心机转子高速旋转产生强大的离心力，加快液体中颗粒的沉降速度，把样品中不同沉降系数和浮力密度的物质进行分离、浓缩和提纯。

1. 台式低速离心机的操作步骤

（1）转子和试管检查：操作者在使用前，必须认真检查转子、试管。严禁使用有裂纹、有损伤的转子和试管。

（2）离心管加液及放置：离心管加液应两两目测加液均匀，且离心管必须成偶数对称放置，否则会因不平衡而产生振动和噪声。

（3）关闭门盖：将门盖向下合到底，可以听到门锁插销进入锁钩而发出的清脆声音，用手往上抬门盖，检查门锁是否已锁紧，若门盖打不开，表示门盖已锁紧。

(4)在停止状态下,设置程序号、转速、时间、加减挡等参数,按"ENTER"键,以确认并保存上述所设置的参数。

(5)启动:按"START"键启动离心机运行,运行指示灯亮。

(6)自动停止:运行时间倒计时到零,离心机自动减速,直至停止运行,停止指示灯亮,当转速等于 0 时,蜂鸣器鸣叫 3 声。人工停止:在运行中按"STOP"键,离心机减速,直至停止运行,停止指示灯亮。

(7)离心管的取出:当转子停止旋转后,切断电源,将门盖打开,取出离心管。

2. 使用台式低速离心机的注意事项

(1)离心机应放置在水平坚固的地板或平台上,机体应始终处于水平位置,外接电源系统的电压要匹配,并有良好的接地。

(2)转速-容量限制必须遵守离心机说明书要求。开机前检查转头安装是否牢固,机腔有无异物掉入。

(3)试管和试样必须对称放置,试样容量必须目测等量,应避免造成过大的不平衡。

(4)挥发性或腐蚀性液体离心时,应使用带盖的离心管,并确保液体不外漏,以免侵蚀机腔或造成事故。

(5)离心标本前,盖上转头盖,关好离心机盖;离心机运行过程中严禁强行打开离心机盖板。

(6)离心过程若发现异常现象,应立即关闭电源,报请技术人员检修。

(7)转子装入旋转轴中,必须保证十字销槽对准销轴,机腔室必须保持清洁,积水必须及时清除并擦干,防止有腐蚀性的介质沾污机器内腔。

(8)机器应该在通风、干燥(相对湿度小于 90%)、无腐蚀气体的环境中使用,用完后切断电源。

6.4.2　超声波清洗器的安全使用

1. 超声波清洗器的操作步骤

(1)将需要清洗的物品放入清洗网架中,再把清洗网架放入清洗槽内,不能将物品直接放入清洗槽内,以免影响清洗效果和损坏仪器。

(2)按电源"ON"键,温度、水位、时间、功率显示器上显示的数字,表示出厂日期。过 3 s 后发出一种特定的蜂鸣声,同时在温度、水位、时间、功率显示器上显示数字,表示累积工作时间。

(3)当清洗槽内无液体的情况下,水位显示器闪烁,表示清洗槽内没有水溶液或低于标准水位线。在这种情况下任何功能键均自动关闭保护,槽内需加水或水溶液。

(4)清洗槽内加入水或水溶液,到达标准水位。

(5)温度设定:根据所需要的温度按下设定键,温度选定后,按温度加热键,红色指示灯会亮,表示开始加热,显示器开始显示测量当前容器内的实际温度。当温度达到所需要的温度时，红色指示灯会熄灭，温度加热器会停止加热。

(6)超声功率设定：按超声"ON"键，轴流风机会运转，超声黄色指示灯会亮，表示开始超声清洗，超声功率大小的设定根据物件清洗功率的要求按下设定键，设定键允许所希望的操作超声功率在40%～100%之间。设定超声功率的大小必须在未开启超声的情况下设定，否则超声设定键失效。

(7)清洗完毕后，从清洗槽内取出网架，并用温水喷洗或在另一只无溶剂的温水清洗槽中漂洗。

(8)漂洗完毕后进行干燥、存放、组装。

(9)清洗槽内的溶液可重复使用，使用期限根据物品的污垢程度决定，当发射的超声波被水溶液所饱和的情况下必须把污液排除。

(10)清洗完毕后，清洗槽内污液需排出时，关闭加热电源，清洗电源，打开手控阀门。

2. 使用超声波清洗器的注意事项

(1)使用超声波清洗器时，电源必须有接地装置。

(2)在清洗过程中物品必须放入网架中清洗，切勿将物品直接放入清洗槽内。

(3)使用适当的清洗化学试剂，必须与不锈钢制造的超声清洗槽相适应，不得使用强酸、强碱等化学试剂。

(4)应避免水溶液或其他各种有腐蚀性的液体侵入清洗器内部。

(5)开启清洗电源开关，轴流风机必须运转，若不运转应立即停机，否则清洗器会升温造成损坏。

(6)在清洗槽内无水溶液的情况下，不应开机工作，以免烧坏清洗器。

(7)当清洗一种新的物品时，最好在进行一批物品清洗前做一个样品清洗试验，再清洗批量物品。

(8)在清洗过程中水溶液不慎误食或入眼，应立即用大量清水冲洗或及时就诊。

6.4.3 旋转蒸发仪的安全使用

旋转蒸发仪是一种常见的分离和浓缩溶液的实验室设备。其原理是利用离心力和真空吸取使溶液在旋转锅内迅速挥发，从而实现对溶质的分离和纯化。实验室旋转蒸发仪主要由马达、蒸馏瓶、加热锅、冷凝管等部分组成。

1. 旋转蒸发仪的操作步骤

(1)抽真空：打开真空泵后，发现真空打不上，应检查各瓶口是否密封好、真空泵自身是否漏气、放置轴处密封圈是否完好。外接真空管中串联一只真空开关可以提高回收率和蒸发速度。

(2)加料：利用系统真空负压，可在加料口上用软管吸入液料至旋转瓶，液料不要超过旋转瓶的一半。本仪器可连续加料，加料时需注意：①关掉真空泵；②停止加热；③待蒸发停止后缓缓打开管旋塞，以防倒流。

(3)加热:本仪器配备专门设计的水浴锅,必须先加水、后通电,温控刻度为0～99 ℃。由于热惯性的作用,实际水温要比设定温度略高,使用时可修正设定值,用毕拔去电源插头。

(4)旋转:打开电控箱开关,调节旋钮至最佳蒸发转速。注意避开水浴振波动。

(5)接通:接通冷却水。

(6)回收溶媒:关掉真空泵,打开加料开关放气,取出收集瓶内溶媒。

2. 使用旋转蒸发仪注意事项

(1)设备在安装时,各磨口、密封面、密封圈及接头安装前都需要涂一层真空脂。

(2)加热槽通电前必须加水,不允许无水干烧。

(3)若真空抽不上来,需检查:①各接头的接口是否密封;②密封圈的密封面是否有效;③主轴与密封圈之间真空脂是否涂好;④真空泵及其皮管是否漏气;⑤玻璃件是否有裂缝、碎裂、损坏的现象。

6.4.4 液压压片机的安全使用

实验室压片机也称热压机、液压机、嵌样机等,主要用途是将实验室粉体物料压制成片状以便后续实验和分析。标准压片机选项包含双柱和四柱,台面式和落地式,以及手动和自动压片机。

1. 液压压片机操作规程

(1)将模具套和模具底组装好,放上模具片。

(2)将样品装到模具中,然后碾匀成粉末。

(3)将模具放到压片机中心,并紧上手轮。

(4)紧上放油阀门,摇动压把开始加压,压到所需压力。

(5)放开放油阀杆,取出模具,将模具底取出,装上退模工具。

(6)将组装好的模具倒置放到压片机中,用压片机的丝杠将模具的样品顶出。

(7)取下模具,将样品从模具中取出。

2. 使用液压压片机的注意事项

(1)压片机在运输过程中禁止带压运输,使用前逆时针拧松放油阀,使压力表显示为零时再使用。

(2)使用前将表后内六方螺丝拧松。

(3)如果油缸上升超过20 mm,卸压后油缸可能会出现不复位现象,这时需要手动旋转螺旋丝杠,将油缸顶回到原位。

(4)压片机长时间不使用时请打压至5 MPa,防止进气(再次使用前逆时针拧松放油阀,使压力表显示为零时再使用)。

(5)搬运过程中将注油孔螺丝拧紧,防止漏油。

(6)液压机压机周围不能贮存易燃、易爆物品,必须做好防火处理。

第7章

化学分析测试仪器简介

7.1 仪器分析简介

仪器分析是利用仪器对物质进行定性或定量分析的方法，具体指采用比较复杂或特殊的仪器设备，通过测量物质的某些物理或化学性质的参数及其变化来获取物质的化学组成、成分含量及化学结构等信息的一类方法。

1. 仪器分析主要特点

(1)灵敏度高：大多数仪器分析法适用于微量、痕量分析。例如，原子吸收分光光度法测定某些元素的绝对灵敏度可达 10^{-14} g。

(2)取样量少：化学分析法需为 $10^{-4}\sim10^{-1}$ g，仪器分析试样常在 $10^{-8}\sim10^{-2}$ g。

(3)在低浓度下的分析准确度较高：含量在 $10^{-9}\%\sim10^{-5}\%$范围内的杂质测定，相对误差低，达 1%～10%。

(4)快速：例如，发射光谱分析法在 1 min 内可同时测定水中 48 个元素。

(5)可进行无损分析：有时可在不破坏试样的情况下进行测定，适于考古、文物等特殊领域的分析。有的方法还能进行表面或微区分析，或试样可回收。

(6)能进行多信息或特殊功能的分析：有时可同时进行定性、定量分析，有时可同时测定材料的组分比和原子的价态。放射性分析法还可进行痕量杂质分析。

(7)专一性强：例如，用单晶 X 衍射仪可专测晶体结构；用离子选择性电极可测定离子的浓度等。

(8)便于遥测、遥控、自动化：可进行即时、在线分析，控制生产过程、自动监测环境。

(9)操作较简便：省去了繁多化学操作过程。随自动化、程序化程度的提高，操作将更趋于简化。

(10)大多数仪器设备较复杂,价格较昂贵,维护较困难等。

2. 仪器分析的意义

仪器分析的基本步骤包括样品处理、信号产生、信号检测和信号处理。仪器分析就是利用能直接或间接地表征物质的各种特性(如物理、化学、生理性质等)的实验现象,通过探头(或传感器)、放大器、分析转化器等转变成人可直接感受的已认识的关于物质成分、含量、分布或结构等信息的分析方法。也就是说,仪器分析是利用各种学科的基本原理,采用电学、光学、精密仪器制造、真空、计算机等先进技术探知物质化学特性的分析方法。因此,仪器分析是体现学科交叉、科学与技术高度结合的一个综合性极强的科技分支。仪器分析的发展极为迅速,应用前景极为广阔。

3. 现代分析仪器

现代仪器分析应用了现代分析化学的各项新理论、新方法、新技术,把光谱学、量子学、傅里叶变换、微积分、模糊数学、生物学、电子学、电化学、激光、计算机及软件成功地运用到现代分析的仪器上,研发了原子光谱(原子吸收光谱、原子发射光谱、原子荧光光谱)、分子光谱(UV、IR、MS、NMR、Flu)、色谱(GC、LC)等现代分析仪器,计算机的应用极大地提高了仪器分析能力,因此现代分析仪器灵敏度高、选择性好、检出限低、准确性好,在数据处理和显示分析结果上实现了分析仪器的自动化和样品的连续测定。现代科学技术的发展、生产的需要和人民生活水平的提高对物质分析提出了新的要求,为了适应科学发展,仪器分析正在向快速、准确、灵敏及适应特殊分析的方向迅速发展。

7.2　化学分析测试仪器

7.2.1　化学分析测试仪器的分类

化学分析测试仪器是用于测定物质的组成、结构、形态等特征的仪器设备。它们在科学研究、工业生产、环境监测等领域有着广泛的应用。根据分析原理和方法,化学分析测试仪器可以分为以下几类。

(1)光谱仪器:利用物质对电磁辐射的吸收、发射或散射等现象,获得物质的光谱信息。

根据电磁辐射波长的范围,可以分为紫外-可见光谱仪、红外光谱仪、拉曼光谱仪、原子光谱仪、核磁共振波谱仪等。紫外-可见光谱仪可以测定分子中 π 键和非键电子的能级跃迁,红外光谱仪可以测定分子中化学键的振动和转动,拉曼光谱仪可以测定分子中化学键的对称性和极性,原子光谱仪可以测定元素的种类和含量,核磁共振波谱仪可以测定分子中原子核的自旋状态。

(2)质谱仪器:利用物质在高真空下被电离后产生的离子束,通过电场或磁场的偏转或聚焦,获得物质的质量信息。

根据离子源的类型,可以分为电子轰击离子源质谱仪、化学电离离子源质谱仪、场解吸离子源质谱仪、激光解吸离子源质谱仪等。电子轰击离子源质谱仪可以测定低分子量有机物的结构和组成,化学电离离子源质谱仪可以测定高分子量有机物的结构和组成,场解吸离子源质谱仪可以测定固体表面或薄膜的组成和形貌,激光解吸离子源质谱仪可以测定热不稳定或难挥发有机物的分子量。

(3)色谱仪器:利用物质在两种不同相(固相和流动相)之间的分配或吸附平衡,实现物质的分离和定量。

根据固相和流动相的类型,可以分为气相色谱仪、液相色谱仪、离子色谱仪等。气相色谱仪可以测定挥发性有机物的分离和定量,液相色谱仪可以测定非挥发性有机物和无机物的分离和定量,离子色谱仪可以测定水溶液中的阳离子和阴离子的分离和定量。

(4)电化学分析仪器:利用物质在电极表面发生的氧化还原反应或其他电化学过程,获得物质的电位或电流信息。

根据电化学过程的类型,色谱仪器可以分为电导法、电位法、库伦法、极谱法等。电导法可以测定溶液中的总电解质含量或单一电解质含量,电位法可以测定溶液中的 pH 值或其他氧化还原指示剂,库伦法可以测定溶液中的总氧化还原容量或单一氧化还原物质含量,极谱法可以测定溶液中的微量金属元素或有机物含量。

(5)热分析测试仪器:利用物质在加热或冷却过程中发生的重量变化或热效应,获得物质的热稳定性或反应动力学信息。

根据热效应的类型,可以分为差示扫描量热法(DSC)、热重法(TG)、差示热重法(DTG)等。DSC 可以测定物质在加热或冷却过程中发生的吸热或放热反应,TG 可以测定物质在加热或冷却过程中发生的重量变化,DTG 可以测定物质在加热或冷却过程中发生的重量变化率。

7.2.2 化学分析测试仪器的使用规定

各种分析测试仪器价格不等,一般大型的、较精密的价格也较贵。为了延长仪器的使用寿命和保护师生的人身安全,各种分析测试仪器的使用也会有相应的规定。下面是一般的基本管理规定。

(1)实验室仪器设备设专人管理。仪器设备应严格管理,保持可用完好,防止损坏,不得任意拆改或自行变卖处理。

(2)实验室仪器设备均应有简明的标准操作规程,并放在实验室人员随时可查阅的地方。

(3)小型仪器应分类入柜,贴上柜门标签,仪器上应有小标签,注明编号名称。

(4)严格履行实验室仪器设备登记制度。大型仪器设立专用档案,建立使用登记本,注明使用时间、目的、仪器运行情况、使用人签名等内容。

(5)非实验室人员使用仪器设备,需征得实验室主任和仪器设备管理人员同意并经培训后方可使用。

(6)为提高仪器设备的利用率,实验室仪器设备可根据需要统一调配使用。寒暑假前,需对仪器设备进行维护保养,包括通电、除湿等工作。

(7)确实因教学、科研工作需要外借仪器设备的,必须经所在实验室同意并办理好手续后方可借用。用后及时归还,损坏照章赔偿。

(8)应严格按照设备使用说明操作,尽量避免误操作。

(9)设备及连线不得随意更改和拆卸,如有特殊需要必须经管理人员同意,使用后复位。

(10)使用过程中,若出现故障,应立即停用,并与管理人员联系,不得擅自拆修。

(11)爱护仪器设备,保持室内整洁。

(12)使用完毕,应及时关闭各种电源开关,设备复位。离开实验室前检查水、电、气阀门是否关闭。

(13)实验室仪器设备每学期清点一次。如发现仪器丢失,相关保管使用人员必须向保卫处报案,迅速组织查找。设备丢失、损坏、事故、报废需参照学校有关规章制度执行。

下面对一些常用的分析测试仪器进行简单介绍,以供参考学习。

7.2.3　紫外-可见光谱仪

紫外-可见光谱仪是指根据物质分子对波长为 200～760 nm 的电磁波的吸收特性建立起来的一种进行定性、定量和结构分析的仪器,具有操作简单、准确度高和重现性好等特点。分光光度测量是关于物质分子对不同波长和特定波长处辐射吸收程度的测量。对应 200～400 nm 波长的称为紫外光,400～760 nm 波长的称为可见光。仪器由光源、单色器、样品池、检测器和记录仪五个部件组成,可分为单光束直读式分光光度计和双光束自动记录式分光光度计。该仪器广泛用于土壤中各种微量和常量的无机和有机物质的测定、无机矿物和有机物质的定性和结构分析,以及土壤化学分析(络合-解析、溶解沉淀、酸碱离解常数等),也用于植物营养诊断和营养品质分析,如蛋白质、淀粉、可溶性糖、维生素 C,以及铁、锰、铜、锌、硼等元素的分析,根系活力和多种酶活性的测定。

紫外-可见光谱仪设计一般都尽量避免在光路中使用透镜,主要使用反射镜,以防止由仪器带来的吸收误差。当光路中无法避免使用透明元件时,应选择对紫外-可见光均透明的材料(如样品池和参考池均选用石英玻璃)。紫外-可见吸收光谱仪是紫外-可见光谱仪中用途较广的一种,其主要由光源、单色器、吸收池、检测器及数据处理和记录(计算机)等部分组成。紫外-可见光谱仪法主要用于化合物鉴定、纯度检查、异构物确定、位阻作用测定、氢键强度测定,以及其他相关的定量分析,但通常只是一种辅助分析手段,还需借助其他分析方法(例如红外、核磁、EPR 等综合方法)对待测物进行分析,以得到精准的数据。下面列举两个紫外-可见光谱的重要应用。

(1)金属络合物的紫外-可见光谱主要分为三个谱带:第一,位于紫外区,有配体-金属中心离子的电子转移跃迁谱带,其强度通常比较大;第二,有 d-d 跃迁谱带,其产生的原因是电子从中心离子中较低的 d 轨道跃迁到较高的 d 轨道,通常其强度比较弱,位于可见光区，它的最大吸收波长位置和强度与络合物宏观颜色及深浅相对应；第三，配位体内的电荷转移带，即配体本身的紫外吸收带。因此，利用紫外-可见光谱法，可以研究金属离子与有机物配体之间的络合作用。

（2）紫外-可见光谱可以用来表征金属纳米粒子的聚集程度。金属的表面等离子体共振吸收与表面自由电子的运动有关。贵金属可看作自由电子体系，由导带电子决定其光学和电学性质。在金属等离子体理论中，若等离子体内部受到某种电磁扰动而使一些区域电荷密度不为零，就会产生静电回复力，使电荷分布发生振荡，当电磁波的频率和等离子体振荡频率相同时，就会产生共振。这种共振，在宏观上就表现为金属纳米粒子对光的吸收。金属的表面等离子体共振是决定金属纳米颗粒光学性质的重要因素。由于金属粒子内部等离子体共振激发或带间吸收，它们在紫外-可见光区域具有吸收谱带。不同的金属粒子具有不同的特征吸收谱。因此，通过紫外-可见光光谱，特别是与 Mie 理论的计算结果相配合时，能够获得关于粒子颗粒度、结构等方面的许多重要信息。此技术简单、方便，是表征液相金属纳米粒子最常用的技术。

7.2.4 红外光谱仪

红外光谱仪是利用物质对不同波长的红外辐射的吸收特性，进行分子结构和化学组成分析的仪器。红外光谱仪通常由光源、单色器、探测器和计算机处理信息系统组成。根据分光装置的不同，分为色散型和干涉型。对色散型双光路光学零位平衡红外分光光度计而言，当样品吸收了一定频率的红外辐射后，分子的振动能级发生跃迁，透过的光束中相应频率的光被减弱，造成参比光路与样品光路相应辐射的强度差，从而得到所测样品的红外光谱。

1. 理论

电磁光谱的红外部分根据其与可见光谱的关系，可分为近红外光、中红外光和远红外光。远红外光（$400\sim10\ cm^{-1}$）同微波毗邻，能量低，可以用于旋转光谱学。中红外光（$4000\sim400\ cm^{-1}$）可以用来研究基础振动和相关的旋转-振动结构。更高能量的近红外光（$14000\sim4000\ cm^{-1}$）可以激发泛音和谐波振动。红外光谱法的工作原理是振动能级不同，化学键具有不同的频率。共振频率或者振动频率取决于分子等势面的形状、原子质量和最终的相关振动耦合。为使分子的振动模式在红外区域活跃，红外光谱必须存在永久双极子的改变。具体地，在波恩-奥本海默和谐振子近似中，例如，当对应电子基态的分子哈密顿量能被分子几何结构的平衡态附近的谐振子近似时，分子电子能量基态的势面决定的固有振荡模，决定了共振频率。然而，共振频率经过一次近似后同键的强度与键两头的原子质量联系起来。这样，振动频率可以与特定的键型联系起来。简单的双原子分子只有一种键，那就是伸缩。更复杂的分子可能会有许多键，并且振动可能会共轭出现，导致某种特征频率的红外吸收可以与化学组联系起来。常在有机化合物中发现的 CH_2 组，可以以“对称伸缩”“非对称伸缩”“剪刀式摆动”“左右摇摆”“上下摇摆”“扭摆”六种方式振动。

2. 原理

傅里叶变换红外光谱仪被称为第三代红外光谱仪，利用麦克尔逊干涉仪将两束光程差按一定速度变化的复色红外光相互干涉，形成干涉光，再与样品作用。探测器将得到的干涉信号送入计算机进行傅里叶变换，把干涉图还原成光谱图。

3. 分类

红外光谱一般分为两类，一类是光栅扫描的，很少使用；另一类是迈克尔逊干涉仪扫描的，称为傅里叶变换红外光谱，这是最广泛使用的。光栅扫描的是利用分光镜将检测光（红外光）分成两束，一束作为参考光，另一束作为探测光照射样品，再利用光栅和单色仪将红外光的波长分开，扫描并检测逐个波长的强度，最后整合成一张谱图。傅里叶变换红外光谱是利用迈克尔逊干涉仪将检测光（红外光）分成两束，在动镜和定镜上反射回分束器上，这两束光是宽带的相干光，会发生干涉。相干的红外光照射到样品上，经检测器采集，获得含有样品信息的红外干涉图数据，经过计算机对数据进行傅里叶变换后，得到样品的红外光谱图。傅里叶变换红外光谱具有扫描速率快、分辨率高、可重复性稳定等特点，被广泛使用。

4. 应用

红外光谱仪主要应用于染织工业、环境科学、生物学、材料科学、高分子化学、催化、煤结构研究、石油工业、生物医学、生物化学、药学、无机和配位化学基础研究、半导体材料、日用化工等研究领域。

红外光谱可以研究分子的结构和化学键，如力常数和分子对称性等的测定，利用红外光谱法可测定分子的键长和键角，并由此推测分子的立体构型。根据所得的力常数可推知化学键的强弱，由简正频率计算热力学函数等。分子中的某些基团或化学键在不同化合物中所对应的谱带波数基本上是固定的或只在小波段范围内变化，因此许多有机官能团如甲基、亚甲基、羰基、氰基、羟基、氨基等在红外光谱中都有特征吸收，通过红外光谱测定，人们就可以判定未知样品中存在哪些有机官能团，这为最终确定未知物的化学结构奠定了基础。

由于分子内和分子间的相互作用，有机官能团的特征频率会由于官能团所处的化学环境不同而发生细微变化，这为研究表征分子内、分子间相互作用创造了条件。分子在低波数区的许多简正振动往往涉及分子中的全部原子，不同分子的振动方式互不相同，这使得红外光谱具有像指纹一样的高度区分特性，称为指纹区。利用这一特点，人们采集了成千上万种已知化合物的红外光谱，并把它们存入计算机中，编成红外光谱标准谱图库。人们只需把测得未知物的红外光谱与标准库中的光谱进行比对，就可以迅速判定未知化合物的成分。

当代红外光谱技术的发展已使红外光谱的意义远远超越了对样品进行简单的常规测试从而推断化合物组成的阶段。红外光谱仪与其他多种测试手段联合使用衍生出许多新的分子光谱领域，例如，色谱技术与红外光谱仪联合为深化认识复杂的混合物体系中各种组分的化学结构创造了机会；把红外光谱仪与显微镜方法结合起来，形成红外成像技术，用于研究非均相体系的形态结构。由于红外光谱能利用其特征谱带有效地区分不同化合物，这使得该方法具有其他方法难以匹敌的化学反差。

5. 使用注意事项

(1)测定时实验室的温度应在 15～30 ℃，相对湿度应在 65%以下，所用电源应配备稳压装置和接地线。因为要严格控制室内的相对湿度，所以红外实验室的面积不要太大，能放得下必需的仪器设备即可，但室内一定要有除湿装置。

(2)如所用的是单光束型傅里叶红外分光光度计(目前应用最多)，实验室里的 CO_2 含量不能太高，因此实验室里的人数应尽量少，无关人员最好不要进入，还要注意适当通风换气。

(3)如供试品为盐酸盐，因考虑到在压片过程中可能出现离子交换现象，标准规定用氯化钾(同溴化钾一样预处理后使用)代替溴化钾进行压片，但也可比较氯化钾压片和溴化钾压片后测得的光谱，如二者没有区别，则可使用溴化钾进行压片。

(4)为防止仪器受潮而影响使用寿命，红外实验室应经常保持干燥，即使仪器不用，也应每周开机至少两次，每次半天，同时打开除湿机除湿。特别是梅雨季节，最好是能每天打开除湿机。

(5)红外光谱测定最常用的试样制备方法是溴化钾压片法(药典收载品种 90%以上用此法)，因此为了减少对测定的影响，所用溴化钾最好应为光学试剂级，至少要分析纯级。使用前应适当研细(200 目以下)，并在 120 ℃以上烘 4 h 以上后置干燥器中备用。如发现结块，则应重新干燥。制备好的空溴化钾片应透明，与空气相比，透光率应在 75%以上。

(6)压片法取用的供试品量一般为 1～2 mg，因不可能用天平称量后加入，并且每种样品对红外光的吸收程度不一致，故常凭经验取用。一般要求所得的光谱图绝大多数吸收峰处于 10%～80%透光率范围内。如最强吸收峰的透光率太高(如大于 30%)，则说明取样量太少；相反，如最强吸收峰的透光率接近 0%，且为平头峰，则说明取样量太多，此时应调整取样量后重新测定。

(7)测定用样品应干燥，否则应在研细后置于红外灯下烘几分钟。试样研好并放在模具中装好，应与真空泵相连后抽真空至少 2 min，以使试样中的水分进一步被抽走，然后再加压到 0.8～1 GPa(8～10 T/cm^2)后维持 2～5 min。不抽真空会影响片子的透明度。

(8)压片时溴化钾的取用量一般为 200 mg 左右(也是凭经验)，应根据制片后的片子厚度来控制 KBr 的量，一般片子厚度应在 0.5 mm 以下，厚度大于 0.5 mm 时，常可在光谱上观察到干涉条纹，对供试品光谱产生干扰。

(9)压片时，应先取供试品研细，再加入溴化钾再次研细研匀，这样比较容易混匀。研磨所用的应为玛瑙研钵，因玻璃研钵内表面比较粗糙，易黏附样品。研磨时应按同一方向(顺时针或逆时针)均匀用力,如不按同一方向研磨,有可能在研磨过程中使供试品转晶,从而影响测定结果。研磨力度不用太大,研磨到试样中不再有肉眼可见的小粒子即可。试样研好后,应通过一小的漏斗倒入压片模具中(因模具口较小,直接倒入较难),并尽量把试样铺均匀,否则压片后试样少的地方的透明度要比试样多的地方的低,并因此对测定产生影响。另外,如压好的片子上出现不透明的小白点,则说明研好的试样中有未研细的小粒子,应重新压片。

(10)压片模具用完后应立即擦干净,必要时用水清洗干净并擦干,置干燥器中保存,以免锈蚀。

7.2.5 拉曼光谱仪

拉曼光谱仪主要应用于科研院所、高等院校物理和化学实验室、生物及医学领域等,进行物质成分的判定与确认,还可以应用于刑侦及珠宝行业,进行毒品的检测及宝石的鉴定。该仪器以其结构简单,操作简便,测量快速、高效准确,低波数测量能力著称;采用共焦光路设计以获得更高分辨率,可对样品表面进行微米级的微区检测,也可用此进行显微影像测量。

1. 原理

当一束频率为 ν_0 的单色光照射到样品上后,分子可以使入射光发生散射。大部分光只是改变光的传播方向,从而发生散射,而穿过分子的透射光的频率仍与入射光的频率相同,这时这种散射称为瑞利散射;还有一种散射光,它占总散射光强度的 $10^{-10} \sim 10^{-6}$,该散射光不仅传播方向发生了改变,而且它的频率也发生了改变,从而不同于激发光(入射光)的频率,该散射光称为拉曼散射。在拉曼散射中,散射光频率相对入射光频率是减少的,称为斯托克斯散射;反之,频率增加的散射称为反斯托克斯散射。斯托克斯散射通常要比反斯托克斯散射强得多,拉曼光谱仪大多测定的是斯托克斯散射(也统称为拉曼散射)。

散射光与入射光之间的频率差 ν 称为拉曼位移,拉曼位移与入射光频率无关,它只与散射分子本身的结构有关。拉曼散射是由于分子极化率的改变而产生的(电子云发生变化)。拉曼位移取决于分子振动能级的变化,不同化学键或基团有特征的分子振动,ΔE 反映了指定能级的变化,因此与之对应的拉曼位移也是特征的。因而拉曼光谱可以作为分子结构定性分析的依据。

2. 应用

(1)石油领域:检测石油产品质量,定性分析石油产品组成或种类。

(2)食品领域:用于食品成分的“证实”,以及掺杂物的“证伪”。

(3)农牧领域:农牧产品的分类及鉴定。

(4)化学、高分子、制药及医学相关领域:过程控制、质量控制、成分鉴定、药物鉴别、疾病诊断。

(5)刑侦及珠宝行业:毒品检测、珠宝鉴定。

(6)环境保护:环保部门水质污染监测、表面污染检测和其他有机污染物检测。

(7)物理领域:光学器件和半导体元件研究。

(8)鉴定:文物古玩鉴定、公安刑事鉴定等。

(9)地质领域:现场探矿、矿石成分的定量定性分析和包裹体的研究等。

7.2.6 原子吸收光谱仪

原子吸收光谱仪又称原子吸收分光光度计,根据物质基态原子蒸气对特征辐射吸收的作用来进行金属元素分析。它能够灵敏、可靠地测定微量或痕量元素。

1. 基本部件

原子吸收分光光度计一般由四大部分组成,即光源(单色锐线辐射源)、试样原子化器、单色仪和数据处理系统(包括光电转换器及相应的检测装置)。

原子化器主要有两大类,即火焰原子化器和电热原子化器。火焰有多种,目前普遍应用的是空气-乙炔火焰。电热原子化器普遍应用的是石墨炉原子化器,因而原子吸收分光光度计有火焰原子吸收分光光度计和带石墨炉的原子吸收分光光度计。前者原子化的温度在 2100～2400 ℃之间,后者的在 2900～3000 ℃之间。

火焰原子吸收分光光度计,利用空气-乙炔测定的元素可达 30 多种,若使用氧化亚氮-乙炔火焰,测定的元素可达 70 多种。但氧化亚氮-乙炔火焰安全性较差,应用不普遍。空气-乙炔火焰原子吸收分光光度计一般可检测到 10^{-6}级,精密度为 1%左右。国产的火焰原子吸收分光光度计都可配备各种型号的氢化物发生器(属电加热原子化器),利用氢化物发生器,可测定砷(As)、锑(Sb)、锗(Ge)、碲(Te)等元素,一般灵敏度在 ng/mL 级(10^{-9}),相对标准偏差 2%左右。汞(Hg)可用冷原子吸收法测定。

石墨炉原子吸收分光光度计可以测定近 50 种元素。石墨炉法进样量少、灵敏度高,有的元素也可以分析到 pg/mL 级。

2. 工作原理

元素在热解石墨炉中被加热原子化,成为基态原子蒸气,对空心阴极灯发射的特征辐射进行选择性吸收。在一定浓度范围内,其吸收强度与试液中被测元素的含量成正比,其定量关系可用朗伯-比尔定律,即

$$A=-\lg(I/I_0)=-\lg T=KCL$$

式中:I 为透射光强度;I_0 为发射光强度;T 为透射比;L 为光通过原子化器光程(长度),每台仪器的 L 值是固定的;C 是被测样品浓度。

利用待测元素的共振辐射,通过其原子蒸气测定其吸光度的装置称为原子吸收分光光度计。它有单光束、双光束、双波道、多波道等结构形式。其基本结构包括光源、原子化器、光学系统和检测系统。它主要用于痕量元素杂质的分析,具有灵敏度高及选择性好两大主要优点。它广泛应用于各种气体、金属有机化合物、金属醇盐中微量元素的分

析。但是，测定每种元素均需要相应的空心阴极灯，这给检测工作带来不便。

3. 仪器分类

火焰原子化法的优点是：操作简便，重现性好，有效光程大，对大多数元素有较高灵敏度，因此应用广泛。缺点是：原子化效率低，灵敏度不够高，而且一般不能直接分析固体样品。

石墨炉原子化器的优点是：原子化效率高，在可调的高温下试样利用率达 100%，灵敏度高，试样用量少，适用于难熔元素的测定。缺点是：试样组成不均匀性的影响较大，测定精密度较低，共存化合物的干扰比火焰原子化法大，干扰背景比较严重，一般都需要校正背景。

4. 实际应用

原子吸收光谱分析现已广泛用于各个分析领域，主要有理论研究、元素分析、有机物分析、金属化学形态分析四个方面。

1)理论研究中的应用

原子吸收光谱分析可作为物理和化学的一种实验手段，可对物质的一些基本性能进行测定和研究。电热原子化器容易做到控制蒸发过程和原子化过程，所以用它测定一些基本参数有很多优点。用电热原子化器测定的一些参数有离开机体的活化能、气态原子扩散系数、解离能、振子强度、光谱线轮廓的变宽、溶解度、蒸气压等。

2)元素分析中的应用

原子吸收光谱分析由于灵敏度高，干扰少，分析方法简单、快速，现已广泛地应用于工业、农业、生化、地质、冶金、食品、环保等各个领域，目前原子吸收光谱分析已成为金属元素分析的强有力工具之一，并且在许多领域已作为标准分析方法。原子吸收光谱分析的特点决定了它在地质和冶金分析中的重要地位，它不仅取代了许多一般的湿法化学分析，而且还与 X 射线荧光分析，甚至与中子活化分析有着同等的地位。

目前原子吸收光谱分析已用于测定地质样品中 70 多种元素，并且大部分能够达到足够的灵敏度和很好的精密度。钢铁、合金和高纯金属中多种痕量元素的分析现在也多用原子吸收法。原子吸收光谱分析在食品分析中应用越来越广泛。食品和饮料中的 20 多种元素已有满意的原子吸收光谱分析。生化和临床样品中必需元素和有害元素的分析现已采用原子吸收光谱分析。有关石油产品、陶瓷、农业样品、药物和涂料中金属元素的原子吸收光谱分析的文献报道近年来越来越多。水体和大气等环境样品的微量金属元素分析已成为原子吸收光谱分析的重要领域之一。利用间接原子吸收光谱分析尚可测定某些非金属元素。

3)有机物分析中的应用

利用间接原子吸收光谱分析可以测定多种有机物。8-羟基喹啉(Cu)、醇类(Cr)、酯类(Fe)、氨基酸(Cu)、维生素 C(Ni)、含卤素的有机化合物(Ag)等多种有机物，均可通过与相应的金属元素之间的化学计量反应而间接测定。

4)金属化学形态分析中的应用

通过气相色谱和液体色谱分离,然后以原子吸收光谱加以测定的方式,可以分析同种金属元素的不同有机化合物。例如汽油中的5种烷基铅,大气中的5种烷基铅、烷基硒、烷基胂、烷基锡,水体中的烷基胂、烷基铅、烷基汞、有机铬,生物中的烷基铅、烷基汞、有机锌、有机铜等多种金属有机化合物,均可通过不同类型的光谱原子吸收联用方式加以鉴别和测定。

5. 故障及排除

1)总电源指示灯不亮

故障原因:①仪器电源线断路或接触不良;②仪器保险丝熔断;③保险管接触不良。

排除方法:①将电源线接好,压紧插头;②更换保险丝;③卡紧保险管,使接触良好。

2)初始化中波长电机出现"×"

故障原因:①空心阴极灯未安装;②光路中有物体遮挡;③通信系统联系中断。

排除方法:①重新安装灯;②取出光路中的遮挡物;③重新启动仪器。

3)元素灯不亮

故障原因:①电源线脱焊;②灯电源插座松动;③灯坏了。

排除方法:①更换灯位;②换灯。

4)寻峰时能量过低,能量超上限

故障原因:①元素灯不亮;②元素灯位置不对;③灯老化。

排除方法:①重新安装空心阴极灯;②重设灯位;③更换新灯。

5)点击"点火",无高压放电打火

故障原因:①空气无压力;②乙炔未开启;③废液液位低;④乙炔泄漏,报警。

排除方法:①检查空压机;②检查乙炔出口压力;③加入蒸馏水;④关闭,紧急灭火。

6)测试基线不稳定、噪声大

故障原因:①仪器能量低,倍增管负压高;②波长不准确;③元素灯发射不稳定。

排除方法:①检查灯电流;②寻峰是否正常;③更换元素灯。

7)标准曲线弯曲

故障原因:①光源灯失气;②工作电流过大;③废液流动不畅;④样品浓度高。

排除方法:①更换灯或反接;②减小电流;③采取措施;④减小试样浓度。

8)分析结果偏高

故障原因:①溶液固体未溶解;②背景吸收假象;③空白未校正;④标液变质。

排除方法:①调高火焰温度;②在共振线附近重测;③使用空白;④重配标液。

9)分析结果偏低

故障原因:①试样挥发不完全;②标液配制不当;③试样浓度太高;④试样被污染。

排除方法:①调整撞击球和喷嘴相对位置;②重配标液;③降低试样浓度;④消除污染。

7.2.7 核磁共振波谱仪

核磁共振波谱仪是研究原子核对射频辐射的吸收，是对各种有机物和无机物的成分、结构进行定性分析的最强有力的工具之一，有时也可进行定量分析。

1. 工作原理

核磁共振波谱仪的工作原理是：在强磁场中原子核发生能级分裂，当吸收外来电磁辐射时，将发生核能级的跃迁，即产生所谓 NMR 现象。当外加射频场的频率与原子核自旋进动的频率相同时，射频场的能量才能够有效地被原子核吸收，为能级跃迁提供助力。因此某种特定的原子核在给定的外加磁场中，只吸收某一特定频率射频场提供的能量，这样就形成了一个核磁共振信号。NMR 研究的对象是处于强磁场中的原子核对射频辐射的吸收。

原子核除具有电荷和质量外，半数以上的元素的原子核还能自旋。由于原子核是带正电荷的粒子，它自旋就会产生一个小磁场。具有自旋的原子核处于一个均匀的固定磁场中，它们就会发生相互作用，结果会使原子核的自旋轴沿磁场中的环形轨道运动，这种运动称为进动。自旋核的进动频率 ω_0 与外加磁场强度 H_0 成正比，即

$$\omega_0=\gamma H_0$$

式中：γ 为旋磁比，是一个以不同原子核为特征的常数，即不同的原子核各有其固有的旋磁比 γ，这就是利用核磁共振波谱仪进行定性分析的依据。从上式可以看出，如果自旋核处于一个磁场强度 H_0 的固定磁场中，设法测出其进动频率 ω_0，就可以求出旋磁比 γ，从而达到定性分析的目的。同时，还可以保持 ω_0 不变，测量 H_0，求出 γ，实现定性分析。核磁共振波谱仪就是在这一基础上，利用核磁共振的原理进行测量的。

核磁共振波谱仪主要由 5 个部分组成。

(1)磁铁：它的作用是提供一个稳定的高强度磁场，即 H_0。

(2)扫描发生器：在一对磁极上绕制一组磁场扫描线圈，用以产生一个附加的可变磁场，叠加在固定磁场上，使有效磁场强度可变，以实现磁场强度扫描。

(3)射频振荡器：它提供一束固定频率的电磁辐射，用以照射样品。

(4)吸收信号检测器和记录仪：检测器的接收线圈绕在试样管周围。当某种核的进动频率与射频频率匹配而吸收射频能量产生核磁共振时，便会产生一信号。记录仪自动描记图谱，即核磁共振波谱。

(5)试样管：直径为数毫米的玻璃管，样品装在其中，固定在磁场中的某一确定位置。整个试样探头是迅速旋转的，以减少磁场不均匀的影响。

2. 分类

核磁共振波谱仪又分为连续波核磁共振波谱仪和脉冲傅里叶变换核磁共振波谱仪。其最简单的方式就是固定电磁波频率，连续扫描静磁感强度；当然也可以固定静磁感强度，连续改变电磁波频率。但不论上述中的哪一种，都称为连续扫描方式，以这样方式工

作的谱仪称为连续波谱仪。这样的波谱仪有很多缺点，如效率低，采样慢，难于累加，更不能实现核磁共振的新技术，因此连续波谱仪已被取代为脉冲-傅里叶变换核磁共振波谱仪。

3. 应用

利用不同元素原子核性质的差异分析物质的磁学式分析仪器。这种仪器广泛用于化合物的结构测定、定量分析和动物学研究等方面。它与紫外、红外、质谱和元素分析等技术配合，是研究测定有机和无机化合物的重要工具。

4. 注意事项

磁场强度相等是指在特定的容积限度内磁场的同一性，即穿过单位面积的磁力线数目相等。在核磁测试中匀场的作用就是保证场强在一个较大的空间尺寸范围内相等，即在磁场的各个点上(水平方向、垂直方向)，磁场强度不应有一点点变化，打个不太恰当的比喻，匀场就像液相色谱平衡柱子一样。静磁场均匀性越差，测试结果的偏差越大，图谱质量越差。绝对均匀的磁场是一个理想的极限要求，在真实的仪器上是难以实现的。换句话说，仪器离这个极限目标越近，实验的结果越好。核磁共振实验中，匀场的好坏直接关系到仪器的实验结果，而且影响是巨大的。因此，对使用人员来讲，匀场是仪器操作的关键。特别是低阶项匀场线圈，更是影响巨大。

5. 故障排除

(1)核磁管破碎在探头内。

故障发生时，迅速清洗探头是最佳方法。

(2)联机异常。

开启 Terminal 终端机窗口，于 Terminal 终端机窗口下输入 Suacqproc，此时系统会出现“Stopping acquisition communication”字样，压下谱仪电子电路板最右侧的采样计算机电路板上的“Reset”按钮，于 Terminal 终端机窗口下再次输入 Suacqproc，检查工作站 Vnmrj 接口状态是否为 Idle，如果是则完成重置作业。

(3)气体流量传感器红灯亮。

一般两种可能：一种是气体流量异常，另一种是有灰尘附着在指示灯和刻度盘上。排查原因即可。

(4)样品无法弹出。

可能原因是供气不足，样品卡在探头里，或是 upperbarrel 被污染。

(5)无法识别进入的样品。

调节气动单元侧面的黑色样品传感器增益按钮，直到调整至合适位置，即样品进入后 present 灯亮、样品弹出后灯灭的状态。

(6)高温实验达不到预设温度。

7.2.8　质谱仪

质谱仪以离子源、质量分析器和离子检测器为核心。离子源是使试样分子在高真空条件下离子化的装置。电离后的分子因接收了过多的能量会进一步碎裂成较小质量的多种碎片离子和中性粒子。它们在加速电场作用下获取具有相同能量的平均动能而进入质量分析器。质量分析器是将同时进入其中的不同质量的离子，按质荷比(m/e)大小分离的装置。分离后的离子依次进入离子检测器，采集放大离子信号，经计算机处理，绘制成质谱图。离子源、质量分析器和离子检测器都有多种类型。质谱仪按应用范围分为同位素质谱仪、无机质谱仪和有机质谱仪；按分辨本领分为高分辨质谱仪、中分辨质谱仪和低分辨质谱仪；按工作原理分为静态仪器和动态仪器。

1. 用法

质谱仪是分离和检测不同同位素的仪器。仪器的主要装置放在真空中，将物质气化、电离成离子束，经电压加速和聚焦，然后通过磁场、电场区，不同质量的离子受到磁场、电场的作用而偏转不同，聚焦在不同的位置，从而获得不同同位素的质谱。质谱方法最早于1913年由J. J. 汤姆孙确定，以后经F. W. 阿斯顿等人改进完善。现代质谱仪经过不断改进，仍然利用电磁学原理，使离子束按质荷比分离。质谱仪的性能指标是它的分辨率，如果质谱仪恰能分辨质量 m 和 $m+\Delta m$，分辨率定义为 $m/\Delta m$。

质谱仪最重要的应用是分离同位素并测定它们的原子质量及相对丰度。测定原子质量的精度超过化学测量方法，2/3以上的原子的精确质量是用质谱方法测定的。由质量和能量的当量关系，可得到有关核结构与核结合能的知识。通过矿石中提取的放射性衰变产物元素的分析测量，可确定矿石的地质年代。质谱方法还可用于有机化学分析，特别是微量杂质分析，测量分子的分子量，为确定化合物的分子式和分子结构提供可靠的依据。由于化合物有着像指纹一样的独特质谱，质谱仪在工业生产中也得到广泛应用。

固体火花源质谱：对高纯材料进行杂质分析，可应用于半导体材料有色金属、建材部门。气体同位素质谱：对稳定同位素C、H、N、O、S及放射性同位素Rb、Sr、U、Pb、K、Ar测定，可应用于地质石油、医学、环保、农业等部门。

2. 分类

1)有机质谱仪

有机质谱仪的基本工作原理：以电子轰击或其他的方式使被测物质离子化，形成各种质荷比的离子，然后利用电磁学原理使离子按不同的质荷比分离，并测量各种离子的强度，从而确定被测物质的分子量和结构。

有机质谱仪主要用于有机化合物的结构鉴定，它能提供化合物的分子量、元素组成及官能团等结构信息。它可分为四极杆质谱仪、离子阱质谱仪、飞行时间质谱仪和磁质谱仪等。

有机质谱仪很重要的发展是与各种联用仪(气相色谱、液相色谱、热分析等)一起使用。它的基本工作原理是:利用一种具有分离技术的仪器,作为质谱仪的“进样器”,将有机混合物分离成纯组分进入质谱仪,充分发挥质谱仪的分析特长,为每个组分提供分子量和分子结构信息。

有机质谱仪可广泛用于有机化学、生物学、地球化学、核工业、材料科学、环境科学、医学卫生、食品化学、石油化工等领域,以及空间技术和公安工作等特种分析方面。

2)无机质谱仪

无机质谱仪工作原理与有机质谱仪工作原理不同之处是物质离子化的方式不一样,无机质谱仪是以电感耦合高频放电(ICP)或其他的方式使被测物质离子化。

无机质谱仪主要用于无机元素微量分析和同位素分析等方面,分为火花源质谱仪、离子探针质谱仪、激光探针质谱仪、辉光放电质谱仪、电感耦合等离子体质谱仪。火花源质谱仪不仅可以进行固体样品的整体分析,而且可以进行表面和逐层分析,甚至液体分析;激光探针质谱仪可进行表面和纵深分析;辉光放电质谱仪分辨率高,可进行高灵敏度、高精度分析,适用范围包括元素周期表中绝大多数元素,分析速度快,便于进行固体分析;电感耦合等离子体质谱仪谱线简单、易认,灵敏度与测量精度很高。

无机质谱仪的特点是测试速度快,结果精确,广泛用于地质学、矿物学、地球化学、核工业、材料科学、环境科学、医学卫生、食品化学、石油化工等领域,以及空间技术和公安工作等特种分析方面。

3)同位素质谱仪

同位素质谱仪的特点是测试速度快,结果精确,样品用量少(微克量级),能精确测定元素的同位素比值,广泛用于核科学、地质年代测定、同位素稀释质谱分析、同位素示踪分析等领域。

4)离子探针

离子探针是用聚焦的一次离子束作为微探针轰击样品表面,测射出原子及分子的二次离子,在磁场中按质荷比分开,可获得材料微区质谱图谱及离子图像,再通过分析计算求得元素的定性和定量信息。测试前对不同种类的样品必须做不同制备,离子探针兼有电子探针、火花型质谱仪的特点。可以探测电子探针显微分析方法检测极限以下的微量元素,研究其局部分布和偏析,可以作为同位素分析,可以分析极薄表面层和表面吸附物,表面分析时可以进行纵向的浓度分析。成像离子探针适用于许多不同类型的样品分析,包括金属样品、半导体器件、非导体样品,如高聚物和玻璃产品等,广泛应用于金属、半导体、催化剂、表面、薄膜等领域,以及环保科学、空间科学和生物化学等方面。

7.2.9 气相色谱仪

气相色谱仪是利用色谱分离技术和检测技术,对多组分的复杂混合物进行定性和定量分析的仪器。它通常用于分析土壤中热稳定且沸点不超过 500 ℃的有机物,如挥发性有机物、有机氯、有机磷、多环芳烃、酞酸酯等。

1. 基本构造

气相色谱仪的种类繁多，功能各异，但其基本结构相似。气相色谱仪一般由气路系统、进样系统、分离系统（色谱柱系统）、检测器、温控系统、记录系统组成。

1）气路系统

气路系统包括气源、净化干燥管、载气流速控制及气体化装置，是一个载气连续运行的密闭管路系统。通过该系统可以获得纯净的、流速稳定的载气。它的气密性、流量测量的准确性及载气流速的稳定性，都是影响气相色谱仪性能的重要因素。

气相色谱中常用的载气有氢气、氮气、氩气，纯度要求99%以上，化学惰性好，不与有关物质反应。载气的选择除了要考虑对柱效的影响外，还要考虑与分析对象和所用的检测器相匹配。

2）进样系统

进样系统包括进样器、气化室和加热系统。

(1)进样器：根据试样的状态不同，采用不同的进样器。液体样品的进样一般采用微量注射器。气体样品的进样常用色谱仪本身配置的推拉式六通阀或旋转式六通阀。固体试样一般先溶解于适当试剂中，然后用微量注射器进样。

(2)气化室：气化室一般由一根不锈钢管制成，管外绕有加热丝，其作用是将液体或固体试样瞬间气化为蒸气。为了让样品在气化室中瞬间气化而不分解，要求气化室热容量大，无催化效应。

(3)加热系统：用以保证试样气化，其作用是将液体或固体试样在进入色谱柱之前瞬间气化，然后快速定量地转入色谱柱中。

3）分离系统

分离系统是色谱仪的心脏部分，其作用就是把样品中的各个组分分离开。分离系统由柱室、色谱柱、温控部件组成，其中色谱柱是色谱仪的核心部件。色谱柱主要有两类：填充柱和毛细管柱（开管柱）。柱材料包括金属、玻璃、熔融石英、聚四氟乙烯等。色谱柱的分离效果除与柱长、柱径和柱形有关外，还与所选用的固定相和柱填料的制备技术以及操作条件等许多因素有关。

4）检测器

检测器是将经色谱柱分离出的各组分的浓度或质量（含量）转变成易被测量的电信号（如电压、电流等），并进行信号处理的一种装置，是色谱仪的眼睛。它通常由检测元件、放大器、数模转换器三部分组成。被色谱柱分离后的组分依次进入检测器，按其浓度或质量随时间的变化，转化成相应电信号，经放大后记录和显示，绘出色谱图。检测器性能的好坏直接影响色谱仪器最终分析结果的准确性。

根据检测器的响应原理，可将其分为浓度型检测器和质量型检测器。

(1)浓度型检测器：测量的是载气中组分浓度的瞬间变化，即检测器的响应值正比于组分的浓度，如热导检测器、电子捕获检测器。

(2)质量型检测器：测量的是载气中所携带的样品进入检测器的速度变化，即检测器的响应信号正比于单位时间内组分进入检测器的质量，如氢焰离子化检测器和火焰光度检测器。

5)温控系统

在气相色谱测定中，温度是重要的指标，直接影响柱的分离效能、检测器的灵敏度和稳定性。温控系统主要对气化室、色谱柱、检测器三处温度控制。气化室要保证液体试样瞬间气化；色谱柱要准确控制分离需要的温度，当试样复杂时，分离室温度需要按一定程序控制，各组分在最佳温度下分离；检测器要使被分离后的组分通过时不在此冷凝。

控温方式分恒温和程序升温两种。

(1)恒温：对于沸程不太宽的简单样品，可采用恒温模式。一般的气体分析和简单液体样品分析都采用恒温模式。

(2)程序升温：所谓程序升温是指在一个分析周期里色谱柱的温度随时间由低温到高温呈线性或非线性变化，使沸点不同的组分在其最佳柱温下流出，从而改善分离效果，缩短分析时间。对于沸程较宽的复杂样品，如果在恒温下分离很难达到好的分离效果，应使用程序升温方法。

6)记录系统

记录系统记录检测器的检测信号，进行定量数据处理。一般采用自动平衡式电子电位差计进行记录，绘制出色谱图。一些色谱仪配备有积分仪，可测量色谱峰的面积，直接提供定量分析的准确数据。先进的气相色谱仪还配有电子计算机，能自动对色谱分析数据进行处理。

2. 工作原理

气相色谱仪是以气体作为流动相(载气)。当样品由微量注射器“注射”进入进样器后，被载气携带进入填充柱或毛细管色谱柱。由于样品中各组分在色谱柱中的流动相(气相)和固定相(液相或固相)间分配或吸附系数的差异，在载气的冲洗下，各组分在两相间反复进行多次分配使各组分在柱中得到分离，然后用接在柱后的检测器根据组分的物理化学特性将各组分按顺序检测出来。

检测器对每个组分所给出的信号，在记录仪上表现为一个个的峰，称为色谱峰。色谱峰上的极大值是定性分析的依据，而色谱峰所包罗的面积取决于对应组分的含量，故峰面积是定量分析的依据。一个混合物样品注入后，由记录仪记录得到的曲线称为色谱图。分析色谱图就可以得到定性分析和定量分析结果。

3. 使用方法

气相色谱仪的一般分析流程：载气由高压钢瓶中流出，经减压阀降到所需压力后，通过净化干燥管使载气净化，再经稳压阀和转子流量计后，以稳定的压力、恒定的速度流经气化室与气化的样品混合，将样品气体代入色谱柱中进行分离。分离后的各组分随着载气先后流入检测器，然后载气放空。检测器将物质的浓度或质量的变化转变为一定的电信号，经放大后在记录仪上记录下来，就得到色谱流出曲线。根据色谱流出曲线上得到的每个峰的保留时间，可以进行定性分析，根据峰面积或峰高的大小可以进行定量分析。

4. 应用领域

气相色谱法是以气体为流动相的色谱分析方法，主要用于分离、分析易挥发的物质。气相色谱法已成为极为重要的分离、分析方法之一，在医药卫生、石油化工、环境监测、生物化学等领域得到广泛的应用。气相色谱仪具有灵敏度高、效能高、选择性多、分析速度快、所需试样量少、应用范围广等优点。

气相色谱仪将分析样品在进样口中气化后，由载气带入色谱柱，通过对欲检测混合物中组分有不同保留性能的色谱柱，使各组分分离，依次导入检测器，以得到各组分的检测信号。按照导入检测器的先后次序，经过对比可以区别出它是什么组分，根据峰高度或峰面积可以计算出各组分含量。通常采用的检测器有热导检测器、火焰离子化检测器、氦离子化检测器、超声波检测器、光离子化检测器、电子捕获检测器、火焰光度检测器、电化学检测器、质谱检测器等。

5. 常见故障

1)进样后不出色谱峰的故障

气相色谱仪在进样后检测信号没有变化，不出峰，输出仍为直线。遇到这种情况时，应按从样品进样针、进样口到检测器的顺序逐一检查。

(1)检查注射器是否堵塞。

(2)检查进样口和检测器的石墨垫圈是否紧固、不漏气。

(3)检查色谱柱是否有断裂、漏气情况。

(4)观察检测器出口是否畅通。

检测器出口的畅通是很重要的，有人在工作中会遇到这样的问题：前一天仪器工作一切正常，第二天开机后却无响应峰信号。检查进样口、注射器、垫圈和色谱柱都正常，可就是不出峰，无意中发现进样口柱头压达不到设定值，总是偏高，这时才怀疑是 ECD 检验器出口不畅通。由于 ECD 的排放物有一定的放射性，所以 ECD 出口是引到室外的。当时是秋冬之交，雨水进入到 ECD 排出口之后冻住了，因此造成 ECD 检验器的出口堵塞，柱头压居高不下，气体在气路中无法流动，也就无法载样品到检测器，所以不出峰。

2)基线问题

气相色谱基线波动、飘移都是基线问题，基线问题可使测量误差增大，有时甚至会导致仪器无法正常使用。

(1)遇到基线问题时应先检查仪器的使用条件是否有改变，近期是否新换气瓶和设备配件。

(2)如果有更换或条件有改变，则要先检查基线问题是不是由这些改变造成的，一般来说，这种变化往往是产生基线问题的原因。有些人在工作中就遇到过这种情形：新载气纯度不够，换过载气之后，基线逐渐上升（由于载气净化管的原因，基线不是马上变化的）。第二天开机之后，基线非常高，并伴有基线强烈抖动，所有峰都湮没在噪音中，无法检测。经过检查，问题出现在新换的载气上，重新更换载气后，立即恢复了正常。

(3)当排除了以上可能造成基线问题的原因后，则应当检查进样垫是否老化（应养成定期更换进样垫的好习惯）。

(4)石英棉是不是该更换了。

(5)衬管是否清洁。值得一提的是，清洗衬管时可先用试验最后定容的溶剂充分浸泡，再用超声波清洗几分钟，然后放入高温炉中加热到比工作温度略高的温度，最后再重新安装。

(6)此外，检测器污染也可能造成基线问题，可以通过清洗或热清洗的方法解决。

3)造成峰丢失的故障

造成峰丢失的原因有两种：第一种是气路中有污染，可通过多次空运行和清洗气路（进样口、检测器等）解决。

为了减少对气路的污染，可采用以下措施。

(1)程序升温的最后阶段应有一个高温清洗过程。

(2)注入进样口的样品应当清洁。

(3)减少高沸点的油类物质的使用。

(4)使用尽量高的进样口温度、柱温和检测器温度。

峰丢失的第二种原因是峰没有分开。除了这两种原因外，也有可能是系统污染造成的柱效下降，或者是柱子老化导致的，但柱子老化所造成的峰丢失是渐进的、缓慢的。假峰一般是系统污染和漏气造成的，通过检查漏气和去除污染解决。在平时的工作中应当记录正常时基线的情况，以便在维护时作参考。

这里介绍的只是工作中三种常见问题的检修方法，气相色谱仪的故障点比较多，故障恢复时间也较长，因此进行设备维护时的关键在于对原因的正确分析。每检查一个部件，便要将前后的分析结果进行比较，做到不将问题扩大化，相信通过反复尝试，一定能成功解决问题。

7.2.10 液相色谱

液相色谱的特点是以液体作为流动相，固定相可以有多种形式，如纸、薄板和填充床等。在色谱技术发展的过程中，为了区分各种方法，根据固定相的形式产生了各自的命名，如纸色谱、薄层色谱和柱液相色谱。

经典液相色谱的流动相是依靠重力缓慢地流过色谱柱，因此固定相的粒度不可能太小（100～150 μm）。分离后的样品是被分级收集后再进行分析的，使得经典液相色谱不仅分离效率低、分析速度慢，而且操作也比较复杂。20 世纪 60 年代发展出粒度小于 10 μm 的高效固定相，并使用了高压输液泵和自动记录检测器，克服了经典液相色谱的缺点，发展成高效液相色谱，也称为高压液相色谱。

1. 类型

液相色谱按其分离机理,可分为四种类型。

1)吸附色谱

吸附色谱的固定相为吸附剂,色谱的分离过程是在吸附剂表面进行的,不进入固定相的内部。与气相色谱不同,流动相(即溶剂)分子也与吸附剂表面发生吸附作用。在吸附剂表面,样品分子与流动相分子进行吸附竞争,因此流动相的选择对分离效果有很大的影响,一般可采用梯度淋洗法来提高色谱分离效率。

在聚合物的分析中,吸附色谱一般用来分离添加剂,如偶氮染料、抗氧化剂、表面活性剂等,也可用于石油烃类的组成分析。

2)分配色谱

这种色谱的流动相和固定相都是液体,样品分子在两个液相之间很快达到平衡分配,利用各组分在两相中分配系数的差异进行分离,类似于萃取过程。

一般常用的固定液有 β,β′-氧二丙腈(ODPN)、聚乙二醇(PEG400～4000)、三甲撑乙二醇(TMG)和角鲨烷(SQ)。采用与气相色谱(GC)同样的方法,将固定液涂在多孔的载体表面,但在使用中固定液易流失。目前,应用较多的是键合固定相。在这种固定相中,固定液不是涂在载体表面,而是通过化学反应在纯硅胶颗粒表面键合上某种有机基团。

3)离子交换色谱

离子交换色谱通常用离子交换树脂作为固定相。一般是样品离子与固定相离子进行可逆交换,由于各组分离子的交换能力不同,从而达到分离的目的。

离子交换色谱是新发展起来的一项现代分析技术,已广泛用于氨基酸、蛋白质的分析,也适合于某些无机离子(NO_3^-、SO_4^{2-}、Cl^- 等无机阴离子和 Na^+、Ca^{2+}、Mg^{2+}、K^+ 等无机阳离子)的分离和分析,具有十分重要的作用。

4)凝胶色谱

目前,凝胶色谱既适用于水溶液体系,又适用于有机溶剂体系。当所用的洗脱剂为水溶液时,称为凝胶过滤色谱,其在生物界的应用比较多;采用有机溶剂为洗脱剂时,称为凝胶渗透色谱,在高分子领域应用较多。

2. 液相色谱与气相色谱的比较

液相色谱所用基本概念,如保留值、塔板数、塔板高度、分离度、选择性等与气相色谱一致。液相色谱所用基本理论,如塔板理论、速率方程也与气相色谱基本一致。但由于在液相色谱中以液体代替气相色谱中的气体作为流动相,而液体和气体的性质不相同,且液相色谱所用的仪器设备和操作条件也与气相色谱不同,所以液相色谱与气相色谱有一定的差别,主要有以下几方面。

(1)操作条件及应用范围不同。

气相色谱是加温操作,仅能分析在操作温度下能气化而不分解的物质,对高沸点化合物、非挥发性物质、热不稳定化合物、离子型化合物及高聚物的分离、分析较为困难，致使其应用受到一定程度的限制，据统计只有大约20%的有机物能用气相色谱分析。而液相色谱是常温操作，不受样品挥发度和热稳定性的限制，它非常适合相对分子量较大、难气化、不易挥发或对热敏感的物质，以及离子型化合物和高聚物的分离和分析，占有机物的70%～80%。

(2)液相色谱能完成难度较高的分离工作。

①气相色谱的流动相载气是色谱惰性的，基本不参与分配平衡过程，与样品分子无亲和作用，样品分子主要与固定相相互作用。而在液相色谱中流动相液体也与固定相争夺样品分子，为提高选择性增加了一个因素。也可选择不同比例的两种或两种以上的液体作为流动相，增加分离的选择性。

②液相色谱固定相类型多，如离子交换色谱和排阻色谱等，分析时选择余地大。

③液相色谱通常在室温下操作，较低的温度一般有利于色谱分离条件的选择。

(3)由于气体的扩散性是液体的10^5倍，因此，溶质在液相中的传播速率慢，柱外效应就显得特别重要；而在气相色谱中，由色谱柱外区域引起的扩张可以忽略不计。

(4)液相色谱中，制备样品简单，回收样品也比较容易，而且回收是定量的，适合大量制备，但液相色谱尚缺乏通用的检测器，仪器比较复杂，价格昂贵。

综上所述，液相色谱具有柱效高、选择性多、灵敏性高、分析速度快、重复性好、应用范围广等优点，该法已成为现代分析技术的主要手段之一，目前在化学、化工、医药、生化、环保、农业等科学领域获得广泛的应用。

3. 高效液相色谱法的介绍

1)基本原理

高效液相色谱(HPLC)是在经典液相色谱法的基础上，于20世纪60年代后期引入了气相色谱理论而迅速发展起来的。它与经典液相色谱的区别是填料颗粒小而均匀。因为较小的填充颗粒具有高柱效，但会引起高阻力，需用高压输送流动相，故又称高压液相色谱。

使用高效液相色谱时，液体待检测物被注入色谱柱，通过压力在固定相中移动，由于被测物种不同物质与固定相的相互作用不同，不同的物质依次离开色谱柱，通过检测器得到不同的峰信号，最后通过分析比对这些信号来判断待测物所含有的物质。高效液相色谱作为一种重要的分析方法，广泛地应用于化学和生化分析中。高效液相色谱从原理上与经典的液相色谱没有本质的差别，它的特点是采用了高压输液泵、高灵敏度检测器和高效微粒固定相，适于分析沸点高、不易挥发、分子量大、不同极性的有机化合物。

2)高效液相色谱仪的构造

高效液相色谱仪主要由流动相储液瓶、输液泵、进样器、色谱柱、检测器和记录仪组成，其整体组成类似于气相色谱，但是针对其流动相为液体的特点作出很多调整。高效液相色谱的输液泵要求输液量恒定、平稳，进样系统要求进样便利、切换严密。同时，由于液体流动相黏度远远高于气体，为了降低柱压，高效液相色谱的色谱柱一般比较粗，其长度也远小于气相色谱柱。

3)高效液相色谱的应用

高效液相色谱应用非常广泛，几乎遍及定量、定性分析的各个领域。

(1)分离混合物。

高效液相色谱只要求样品能制成溶液，不受样品挥发性的限制，流动相可选择的范围宽，固定相的种类繁多，因而可以分离热不稳定和非挥发性的、离解的和非离解的，以及各种分子量范围的物质。

通过与试样预处理技术相配合，高效液相色谱所达到的高分辨率和高灵敏度，可分离并同时测定性质十分相近的物质，能够分离复杂混合物中的微量成分，并且随着固定相的发展，还可在充分保持生化物质活性的条件下完成分离。

(2)生化分析。

由于高效液相色谱法具有分辨率高、灵敏度高、速度快、色谱柱可反复利用、流出组分易收集等优点，因而被广泛应用到生物化学、食品分析、医药研究、环境分析、无机分析等各种领域，并已成为解决生化分析问题最有前途的方法。

(3)仪器联用。

高效液相色谱仪与结构仪器的联用是一个重要的发展方向。高效液相色谱-质谱联用技术受到普遍重视，如分析氨基甲酸酯农药和多核芳烃等；高效液相色谱-红外光谱联用也发展很快，如在环境污染分析中测定水中的烃类等，使环境污染分析得到新的发展。

7.2.11 热重分析仪

热重分析仪(Thermal Gravimetric Analyzer，TGA)是一种利用热重法检测物质温度与质量变化关系的仪器。热重法是在程序控温下，测量物质的质量随温度(或时间)的变化关系。

当被测物质在加热过程中升华、气化、分解出气体或失去结晶水时，被测的物质质量就会发生变化。这时热重曲线就不是直线上升，而是有所下降。通过分析热重曲线，就可以知道被测物质在什么温度时产生变化，并且根据失重量，可以计算失去了多少物质(如 $CuSO_4 \cdot 5H_2O$ 中的结晶水)。

1. 工作原理

热重分析仪主要由天平、炉子、程序控温系统、记录系统等几个部分构成。

最常用的测量的原理有两种，即变位法和零位法。变位法是根据天平梁倾斜度与质量变化成比例的关系，用差动变压器等检知倾斜度，并自动记录。零位法是采用差动变压器法、光学法测定天平梁的倾斜度，然后去调整安装在天平系统和磁场中线圈的电流，使线圈转动，从而恢复天平梁的倾斜。由于线圈转动所施加的力与质量变化成比例，这个力又与线圈中的电流成比例，因此只需测量并记录电流的变化，便可得到质量变化的曲线。

2. 影响因素

1)试样量和试样皿

热重法测定,试样量要少,一般为 2~5 mg。一方面是因为仪器天平灵敏度很高(可达 0.1 μg),另一方面是因为试样量越多,传质阻力越大,试样内部温度梯度越大,甚至试样产生的热效应会导致试样温度偏离线性程序升温,使 TG 曲线发生变化。粒度也是越细越好,应尽可能将试样铺平,如粒度大,会使分解反应移向高温。

试样皿的材质要求耐高温,并对试样、中间产物、最终产物和气氛都是惰性的,即不能有反应活性和催化活性。通常用的试样皿的材质有铂金、陶瓷、石英、玻璃、铝等。特别要注意,不同的样品要采用不同材质的试样皿,否则会损坏试样皿。例如,碳酸钠会在高温时与石英、陶瓷中的 SiO_2 反应生成硅酸钠,所以像碳酸钠一类碱性样品,测试时不要用铝、石英、玻璃、陶瓷试样皿。铂金试样皿对加氢或脱氢的有机物有活性,也不适合做含磷、硫和卤素的聚合物样品,因此要加以选择。

2)升温速度

升温速度越快,温度滞后越严重,如聚苯乙烯在 N_2 中分解,当分解程度都取失重10%时,用 1 ℃/min 测定为 357 ℃,用 5 ℃/min 测定为 394 ℃,相差 37 ℃。升温速度快,使曲线的分辨力下降,会丢失某些中间产物的信息,如对含水化合物,慢升温可以检出分步失水的一些中间物。

3)气氛影响

热天平周围气氛的改变对 TG 曲线影响显著,$CaCO_3$ 在真空、空气和 CO_2 三种气氛中的 TG 曲线,其分解温度相差近 600 ℃,原因在于 CO_2 是 $CaCO_3$ 的分解产物,气氛中存在 CO_2 会抑制 $CaCO_3$ 的分解,使分解温度提高。

聚丙烯在空气中,150~180 ℃下会有明显增重,这是聚丙烯氧化的结果,在 N_2 中就没有增重。气流速度一般为 40 mL/min,流速大对传热和气体扩散有利。

4)挥发物冷凝

分解产物从样品中挥发出来,往往会在低温处再冷凝,如果冷凝在吊丝式试样皿上会造成测得的失重结果偏低,而当温度进一步升高,冷凝物再次挥发会产生假失重,使 TG 曲线变形。解决的办法一般是加大气体的流速,使挥发物立即离开试样皿。

5)浮力

浮力变化是由于升温使样品周围的气体热膨胀、相对密度下降、浮力减小,从而使样品表观增重。例如,300 ℃时的浮力可降低到常温时浮力的一半,900 ℃时的浮力可降低到约 1/4。实用校正方法是做空白试验(空载热重实验),消除表观增重。

3. 应用

热重分析法可以研究晶体性质的变化,如熔化、蒸发、升华和吸附等物质的物理现象;研究物质的热稳定性、分解过程、脱水、解离、氧化、还原、成分定量分析、添加剂与填充剂影响、水分与挥发物、反应动力学等。

热重分析法广泛应用于塑料、橡胶、涂料、药品、催化剂、无机材料、金属材料与复合材料等各领域的研究开发、工艺优化与质量监控。

热重分析法的重要特点是定量性强，能准确地测量物质的质量变化及变化的速率，可以说，只要物质受热时发生重量的变化，就可以用热重法研究其变化过程。热重法已在下述诸方面得到应用：无机物、有机物及聚合物的热分解；金属在高温下受各种气体腐蚀的过程；固态反应；矿物的煅烧和冶炼；液体的蒸馏和汽化；煤、石油和木材热解过程；含湿量、挥发物及灰分含量的测定；升华过程；脱水和吸湿；爆炸材料的研究；反应动力学的研究；发现新化合物；吸附和解吸；催化活度的测定；表面积的测定；氧化稳定性和还原稳定性的研究；反应机制的研究。热重分析法还可以作为测量固体表面酸碱度的表征手段。

7.2.12　扫描电子显微镜

扫描电子显微镜（scanning electron microscope，SEM）是一种用于高分辨率微区形貌分析的大型精密仪器，具有景深大、分辨率高、成像直观、立体感强、放大倍数范围宽，以及待测样品可在三维空间内进行旋转和倾斜等特点，另外它具有可测样品种类丰富，几乎不损伤和污染原始样品，以及可同时获得形貌、结构、成分等优点。目前，扫描电子显微镜已广泛应用于生命科学、物理学、化学、司法、地球科学、材料学及工业生产等领域的微观研究，仅在地球科学方面就包括了结晶学、矿物学、矿床学、沉积学、地球化学、宝石学、微体古生物、天文地质、油气地质、工程地质和构造地质等。

1. 类型

扫描电子显微镜类型多样，不同类型的扫描电子显微镜存在性能上的差异。电子枪可分为场发射电子枪、钨丝枪和六硼化镧电子枪三种。其中，场发射扫描电子显微镜根据光源性能可分为冷场发射扫描电子显微镜和热场发射扫描电子显微镜。冷场发射扫描电子显微镜对真空条件要求高，束流不稳定，发射体使用寿命短，需要定时对针尖进行清洗，仅局限于单一的图像观察，应用范围有限；而热场发射扫描电子显微镜不仅连续工作时间长，还能与多种附件搭配实现综合分析。在地质领域中，我们不仅需要对样品进行初步形貌观察，还需要结合分析仪对样品的其他性质进行分析，所以热场发射扫描电子显微镜的应用更为广泛。

2. 基本原理

扫描电子显微镜是一种大型分析仪器，它广泛应用于观察各种固态物质的表面超微结构的形态和组成。

所谓扫描是指在图像上从左到右、从上到下依次对图像像元扫掠的工作过程。它与电视一样是由控制电子束偏转的电子系统来完成的，只是在结构和部件上稍有差异而已。

在电子扫描中，把电子束从左到右扫描称为行扫描或水平扫描，把电子束从上到下扫描称为帧扫描或垂直扫描。两者的扫描速度完全不同，行扫描的速度比帧扫描的速度快，对于1000条线的扫描图像来说，速度比为1000。

电子显微镜的工作是进入微观世界的工作。我们平常所说的微乎其微或微不足道的东西，在微观世界中，这个微也就不称为微，我们提出用纳米作为显微技术中的常用度量单位，即1 nm=10^{-6} mm。

扫描电镜成像过程与电视成像过程有很多相似之处，而与透射电镜的成像原理完全不同。透射电镜利用成像电磁透镜一次成像，而扫描电镜的成像不需要成像透镜，其图像按一定时间、空间顺序逐点形成并在镜体外显像管上显示。

二次电子成像是使用扫描电镜所获得的各种图像中应用最广泛、分辨本领最高的一种图像。我们以二次电子成像为例来说明扫描电镜成像的原理。

由电子枪发射的电子束最高可达30 keV，经会聚透镜、物镜缩小和聚焦，在样品表面形成一个具有一定能量、强度、斑点直径的电子束。在扫描线圈的磁场作用下，入射电子束在样品表面按照一定的空间和时间顺序做光栅式逐点扫描。由于入射电子与样品之间的相互作用，将从样品中激发出二次电子。由于二次电子收集极的作用，可将各个方向发射的二次电子汇集起来，再将加速极加速射到闪烁体上，转变成光信号，经过光导管到达光电倍增管，使光信号再转变成电信号。这个电信号又经视频放大器放大并将其输送至显像管的栅极，调制显像管的亮度。因而，在荧光屏上呈现一幅亮暗程度不同的、反映样品表面形貌的二次电子像。

在扫描电镜中，入射电子束在样品上的扫描与显像管中电子束在荧光屏上的扫描是用一个共同的扫描发生器控制的。这样就保证了入射电子束的扫描和显像管中电子束的扫描完全同步，保证了样品上的"物点"与荧光屏上的"像点"在时间和空间上一一对应，称为"同步扫描"。一般扫描图像是由近100万个与物点一一对应的图像单元构成的，正因为如此，才使得扫描电镜除能显示一般的形貌外，还能将样品局部范围内的化学元素、光、电、磁等性质的差异以二维图像形式显示。

3. 特点

扫描电镜虽然是显微镜家族中的后起之秀，由于其本身具有许多独特的优点，发展速度很快。

(1)仪器分辨率较高，通过二次电子成像能够观察试样表面6 nm左右的细节，采用六硼化镧电子枪，可以进一步提高到3 nm。

(2)仪器放大倍数变化范围大，且能连续可调。因此，可以根据需要选择大小不同的视场进行观察，同时在高放大倍数下也可获得一般透射电镜较难达到的高亮度的清晰图像。

(3)观察样品的景深大、视场大，图像富有立体感，可直接观察起伏较大的粗糙表面和试样凹凸不平的金属断口像等，使人具有亲临微观世界现场之感。

(4)样品制备简单，只要将块状或粉末状的样品稍加处理或不处理，就可直接放到扫描电镜中进行观察，因而更接近于物质的自然状态。

(5)可以通过电子学方法有效地控制和改善图像质量,如亮度及反差自动保持、试样倾斜角度校正、图像旋转,或通过 Y 调制改善图像反差的宽容度,以及图像各部分亮度。采用双放大倍数装置或图像选择器,可在荧光屏上同时观察放大倍数不同的图像。

(6)可进行综合分析。装上波长色散 X 射线谱仪(WDX)或能量色散 X 射线谱仪(EDX),使其具有电子探针的功能,也能检测样品发出的反射电子、X 射线、阴极荧光、透射电子、俄歇电子等。把扫描电镜扩大应用到各种显微的和微区的分析方式,显示出了扫描电镜的多功能。另外,还可以在观察形貌图像的同时,对样品任选微区进行分析;装上半导体试样座附件,通过电动势像放大器可以直接观察晶体管或集成电路中的 PN 结和微观缺陷。由于不少扫描电镜电子探针实现了电子计算机自动和半自动控制,因而大大提高了定量分析的速度。

7.3　化学分析仪器基本安全操作规范

光谱仪器、质谱仪器、色谱仪器、电化学分析仪器、热分析测试仪器的基本安全操作规范是一个很广泛的话题,不同的仪器可能有不同的注意事项。具体的操作规范还要参考仪器的使用说明书和实验室的规定。以下是一些最基本的安全操作规范,仅供参考。

1. 光谱仪器的基本安全操作规范

(1)不使用时要关闭光源和检测器,防止光电管疲劳。

(2)拿比色皿时只能捏住毛玻璃面,不要碰透光面,以免沾污。

(3)清洗比色皿时先用水冲洗,再用酒精或丙酮擦拭,最后用吹风机吹干。

(4)使用前要校准零点和满度,并检查波长准确性。

(5)使用后要清洁工作台和仪器表面,并关闭电源。

2. 质谱仪器的基本安全操作规范

(1)不要在没有通风设施或易燃易爆物品附近使用质谱仪。

(2)不要在质谱仪工作时打开真空系统或高压部件。

(3)不要在质谱仪工作时触摸样品进样口或出样口。

(4)不要在质谱仪工作时更换气源或调节气压。

(5)使用后要关闭电源和气源,并将样品取出。

3. 色谱仪器的基本安全操作规范

(1)不要在没有通风设施或易燃易爆物品附近使用色谱仪。

(2)不要在色谱柱温度过高时触摸柱箱或柱头。

(3)不要在色谱柱压力过高时强行打开柱箱或断开管路。

(4)不要在色谱流动相中含有有机溶剂时使用火焰离子化检测器或火焰光度检测器。

(5)使用前后都要清洗流动相系统,并保持恒定流速。

4. 电化学分析仪器的基本安全操作规范

(1)不要将电极插入强酸、强碱等腐蚀性溶液中,以免损坏电极表面或内部结构。

(2)不要将电极暴露于空气中过久,以免干燥失效。

(3)清洗电极时先用水冲洗,再用酒精擦拭,最后用吹风机吹干。不可用硬物刮擦电极表面。

(4)使用前后都要校准电极,并记录校准数据。校准液应与待测液相近。

5. 热分析测试仪器的基本安全操作规范

(1)不要将样品放入未预热到指定温度的加热炉中,以免影响测试。

(2)仪器经常使用的情况下,每月进行一次校准,不经常使用的情况,在每次使用前校准。

(3)注意在测试完成后按照降温步骤操作。

第8章

实验室事故与应急

8.1 事故应急处理原则

一旦发生实验室事故，若能采取有效措施，可以尽量减少人员伤亡及财产损失。实验室事故应急处理原则如下。

1. 冷静对待，正确判断

实验室一旦发生安全事故，首先不能情绪失控、手忙脚乱，要冷静对待，对事故情况作一个正确的判断。平时应参加过应急演练。

2. 及时行动，有效处理

当对事故有了正确的判断后，要立即有针对性地采取行动，有效地控制事故，包括救火、救人、救物、控制事态的进一步发展等。应尽量切断有毒、易燃、易爆气体源，切断电源，移走易燃、易爆物质等。火灾初期的10～15 min非常重要，如果能利用现场的灭火器材及时扑救，措施得当，火情就能被控制，否则会引发大火。

3. 报告主管，通告旁人

在采取行动的同时，应尽量通过呼叫、电话等方式报告实验室主管、教师和拨打“119”报警，并通告旁人，一起加入救灾救援行动。切忌因惊慌而不声不响地逃离。

4. 控制不住，及时撤离

对于火灾事故，如果火势很旺，已经不能控制，发现或意识到自己可能被困、生命安全受到威胁时，要立即放弃手中的工作，争分夺秒地设法脱险。撤离时应想好正确的逃生路线，别进入死胡同。

5. 相互照应，自救他救

在事故现场，每个人都应该发扬救死扶伤的精神，相互照应、相互帮助。既要自救，也应对有需要的他人施予救援。

8.2 火灾、爆炸事故的应急处理

实验室广泛使用易燃易爆物质、高压设备、加热设备等，必定存在发生火灾和爆炸的可能性。一旦发生火灾和爆炸事故，将造成重大的财产损失和人员伤亡。为了使损失降低到最低程度，需重视防火防爆、灭火方法和逃生技巧。

1. 防火防爆基本原则

(1)燃烧和火灾必须同时具备三个条件：可燃物、助燃物(氧气)、点火源。因此，在实验室要尽量不让三个要素同时存在，尤其是点火源，一定要严格控制。对已经发生的火灾事故，只要能消除前两个条件中的一个，如消除可燃物、将可燃物的浓度降低到安全范围、隔离氧气(或把氧气量充分减少)、把可燃物冷却到燃点以下，火灾就会终止。

(2)在采取相应的预防措施时，应从预防性、限制性、消防救火、疏散性等四个方面考虑。关于疏散性措施，一些实验室因为空间拥挤或为了防盗，将消防通道、消防门堵塞或封死，这是违反消防要求的，不可取。

(3)在实验室特别是具有危险性的场所应该安装火灾报警装置，如手揿式火灾报警器、烟感自动报警系统、热感自动报警系统等。手揿式火灾报警器一般设于实验室、办公室等场所，其按钮应安装在人员容易触摸的地方。

2. 灭火基础知识

(1)冷却法：对一般可燃物火灾，用水喷射、浇洒即可将火熄灭。

(2)窒息法：用二氧化碳、氮气、灭火毯、石棉布、沙子等不燃烧或难燃烧的物质覆盖在燃烧物上，即可将火熄灭。

(3)隔离法：将可燃物附近易燃烧的东西撤到远离火源地方。

(4)抑制法(化学中断法)：用卤代烷化学灭火剂喷射、覆盖火焰，通过抑制燃烧的化学反应过程使燃烧中断，达到灭火目的。

3. 消防器材及其使用方法

火灾种类主要分为 A～F 六类，当火灾发生时可选用不同的灭火器类型，如表 8.1 所示。

表 8.1　火灾种类与灭火器选择

火灾种类	火灾举例	适用灭火器类型
A 类	指固体物质火灾，如木材、棉、毛、麻、纸张及其制品等火灾	水型灭火器 泡沫灭火器 磷酸铵盐干粉灭火器
B 类	指液体火灾或可熔化固体物质火灾，如汽油、煤油、柴油、原油、甲醇、乙醇、沥青、石蜡、塑料等火灾	泡沫灭火器 二氧化碳灭火器 碳酸氢钠干粉灭火器 磷酸铵盐干粉灭火器
C 类	指气体火灾，如煤气、天然气、甲烷、乙烷、丙烷、氢气等火灾	二氧化碳灭火器 碳酸氢钠干粉灭火器 磷酸铵盐干粉灭火器
D 类	指金属火灾，如钾、钠、镁、钛、锆、锂、铝镁合金等火灾	四氯化碳灭火器 七氟丙烷灭火器
E 类	指带电物体的火灾，如仪器仪表间和电子计算机房等火灾	碳酸氢钠干粉灭火器 磷酸铵盐干粉灭火器 二氧化碳灭火器
F 类	指烹饪器具内的烹饪物火灾，如动、植物油脂火灾	干粉灭火器

各种灭火器的报废期限如表 8.2 所示。

表 8.2　灭火器的报废期限

灭火器类型	报废期限
手提式水型灭火器	6 年
手提式(贮气瓶式)干粉灭火器	8 年
手提式(贮压式)干粉灭火器	10 年
手提式 1211 灭火器	
推车式 1211 灭火器	
推车式(贮气瓶式)干粉灭火器	
手提式二氧化碳灭火器	12 年
推车式(贮压式)干粉灭火器	
推车式二氧化碳灭火器	

不相容的灭火剂举例、灭火器的适用性分别如表 8.3 和表 8.4 所示。

表 8.3　不相容的灭火剂举例

灭火剂类型	不相容的灭火剂	
干粉与干粉	磷酸铵盐	碳酸氢钠、碳酸氢钾
干粉与泡沫	碳酸氢钠、碳酸氢钾	蛋白泡沫
泡沫与泡沫	蛋白泡沫、氟蛋白泡沫	水成膜泡沫

表 8.4　灭火器的适用性

<table>
<tr><th rowspan="3">火灾场所</th><th colspan="7">灭火器类型</th></tr>
<tr><th rowspan="2">水型灭火器</th><th colspan="2">干粉灭火器</th><th colspan="2">泡沫灭火器</th><th rowspan="2">卤代烷(1211)灭火器</th><th rowspan="2">二氧化碳灭火器</th></tr>
<tr><th>磷酸铵盐干粉灭火器</th><th>碳酸氢钠干粉灭火器</th><th>机械泡沫灭火器</th><th>抗溶泡沫灭火器</th></tr>
<tr><td>A类场所</td><td>适用。水能冷却并穿透固体燃烧物质而灭火，并可有效防止复燃</td><td>适用。粉剂能附着在燃烧物的表面层，起到窒息火焰作用</td><td>不适用。碳酸氢钠对固体可燃物无黏附作用，只能控火，不能灭火</td><td colspan="2">适用。具有冷却和覆盖燃烧物表面，与空气隔绝的作用</td><td>适用。具有扑灭 A 类火灾的效能</td><td>不适用。灭火器喷出的二氧化碳无液滴，全是气体，对 A 类火基本无效</td></tr>
<tr><td>B类场所</td><td>不适用。水射流冲击油面，会激溅油火，致使火势蔓延，灭火困难</td><td colspan="2">适用。干粉灭火剂能快速窒息火焰，隔绝空气，中断燃烧连锁反应的化学活性</td><td>适用。扑救非极性溶剂和油品火灾，覆盖燃烧物表面，使其与空气隔绝</td><td>适用。扑救极性溶剂火灾</td><td>适用。洁净气体灭火剂能快速窒息火焰，抑制燃烧连锁反应，中止燃烧</td><td>适用。二氧化碳靠气体堆积在燃烧物表面，稀释并隔绝空气</td></tr>
<tr><td>C类场所</td><td>不适用。灭火器喷出的细小水流对气体火灾作用很小，基本无效</td><td colspan="2">适用。喷射干粉灭火剂能快速灭气体火焰，中断燃烧连锁反应的化学活性</td><td colspan="2">不适用。泡沫对可燃液体火灾灭火有效，但扑灭可燃气体火基本无效</td><td>适用。洁净气体灭火剂能抑制燃烧连锁反应，中止燃烧</td><td>适用。二氧化碳窒息灭火，不留残迹，不污损设备</td></tr>
<tr><td>E类场所</td><td>不适用</td><td>适用</td><td>适用于带电的 B 类火灾</td><td colspan="2">不适用</td><td>适用</td><td>适用于带电的 B 类火灾</td></tr>
</table>

手提式灭火器的类型、规格及灭火级别如表 8.5 所示。

表 8.5　手提式灭火器的类型、规格和灭火级别

<table>
<tr><th rowspan="2">灭火器类型</th><th colspan="2">灭火器充装量(规格)</th><th>灭火器规格</th><th colspan="2">灭火级别</th></tr>
<tr><th>容积/L</th><th>重量/kg</th><th>(型号)</th><th>A 类</th><th>B 类</th></tr>
<tr><td rowspan="6">水型</td><td rowspan="2">3</td><td rowspan="2">—</td><td>MS/Q3</td><td rowspan="2">1A</td><td>—</td></tr>
<tr><td>MST3</td><td>55B</td></tr>
<tr><td rowspan="2">6</td><td rowspan="2">—</td><td>MS/Q6</td><td rowspan="2">1A</td><td>—</td></tr>
<tr><td>MST6</td><td>55B</td></tr>
<tr><td rowspan="2">9</td><td rowspan="2">—</td><td>MSQ9</td><td rowspan="2">2A</td><td>—</td></tr>
<tr><td>MST9</td><td>89B</td></tr>
<tr><td rowspan="4">泡沫</td><td>3</td><td>—</td><td>MP3、MP/AR3</td><td>1A</td><td>55B</td></tr>
<tr><td>4</td><td>—</td><td>MP4、MP/AR4</td><td>1A</td><td>55B</td></tr>
<tr><td>6</td><td>—</td><td>MP6、MP/AR6</td><td>1A</td><td>55B</td></tr>
<tr><td>9</td><td>—</td><td>MP9、MP/ARO</td><td>2A</td><td>89B</td></tr>
</table>

续表

灭火器类型	灭火器充装量(规格)		灭火器规格	灭火级别	
	容积/L	重量/kg	(型号)	A 类	B 类
干粉(碳酸氢钠)	—	1	MF1	—	21B
	—	2	MF2	—	21B
	—	3	MF3	—	34B
	—	4	MF4	—	55B
	—	5	MF5	—	89B
	—	6	MF6	—	89B
	—	8	MF8	—	144B
	—	10	MF10	—	144B
干粉(磷酸铵盐)	—	1	MF/ABC1	1A	21B
	—	2	MF/ABC2	1A	21B
	—	3	MF/ABC3	2A	34B
	—	4	MF/ABC4	2A	55B
	—	5	MF/ABC5	3A	89B
	—	6	MF/ABC6	3A	89B
	—	8	M/ABC8	4A	144B
	—	10	MF/ABC10	6A	14B
卤代烷(1211)	—	1	MY1	—	21B
	—	2	M2	0.5A	21B
	—	3	MY3	0.5A	34B
	—	4	MY4	1A	34B
	—	6	MY6	—	55B
二氧化碳	—	2	MT2	—	21B
	—	3	MT3	—	21B
	—	5	MT5	—	34B
	—	7	MT7	—	55B

推车式灭火器的类型、规格和灭火级别如表 8.6 所示。

表 8.6 推车式灭火器的类型、规格和灭火级别

灭火器类型	灭火器充装量(规格)		灭火器规格	灭火级别	
	容积/L	重量/kg	(型号)	A 类	B 类
水型	20	—	MST20	A	—
	45	—	MST40	A	—
	60	—	MST60	A	—
	125	—	MST125	6A	—

续表

灭火器类型	灭火器充装量(规格)		灭火器规格	灭火级别	
	容积/L	重量/kg	(型号)	A类	B类
泡沫	20	—	MPT20、MPT/AR20	A	113B
	45	—	MPT40、MPT/AR40	4A	144B
	60	—	MPT60、MPT/AR60	A	233B
	125	—	MPT125、MPT/AR125	6A	297B
干粉(碳酸氢钠)	—	20	MFT20	—	183B
	—	50	MFT50	—	297B
	—	100	MFT100	—	297B
	—	125	MFT125	—	297B
干粉(碳酸铵盐)	—	20	MFT/ABC20	6A	183B
	—	50	MFT/ABC50	8A	297B
	—	100	MFT/ABC100	10A	297B
	—	125	MFT/ABC125	10A	297B
卤代烷(1211)	—	10	MYT10	—	70B
	—	20	MYT20	—	144B
	—	30	MYT30	—	183B
	—	50	MYT50	—	297B
二氧化碳	—	10	MTT10	—	55B
	—	20	MTT20	—	70B
	—	30	MTT30	—	113B
	—	50	MTT50	—	183B

民用建筑类非必要配置卤代烷灭火器的场所如表 8.7 所示。

表 8.7　民用建筑类非必要配置卤代烷灭火器的场所

序号	名称
1	电影院、剧院、会堂、礼堂、体育馆的观众厅
2	医院门诊部、住院部
3	学校教学楼、幼儿园与托儿所的活动室
4	办公楼
5	车站、码头、机场的候车厅、候船厅、候机厅
6	旅馆的公共场所、走廊、客房
7	商店
8	百货楼、营业厅、综合商场
9	图书馆一般书库
10	展览厅
11	住宅
12	民用燃油、燃气锅炉房

工业建筑类非必要配置卤代烷灭火器的场所如表 8.8 所示。

表 8.8　工业建筑类非必要配置卤代烷灭火器的场所

序号	名称
1	橡胶制品的涂胶和胶浆部位，压延成型和硫化厂房
2	橡胶、塑料及其制品库房
3	植物油加工厂的浸出厂房，植物油加工精炼部位
4	黄磷、赤磷制备厂房及其应用部位
5	樟脑或松香提炼厂房、焦化厂精禁厂房
6	煤粉厂房和面粉厂房的碾磨部位
7	谷物筒仓工作塔、亚麻厂的除尘器和过滤器室
8	散装棉花堆场
9	稻草、芦苇、麦秸等堆场
10	谷物加工厂房
11	饲料加工厂房
12	粮食、食品库房及粮食堆场
13	高锰酸钾、重铬酸钠厂房
14	过氧化钠、过氧化钾、次氯酸钙厂房
15	可燃材料工棚
16	可燃液体贮罐、桶装库房或堆场
17	柴油、机器油或变压器油罐桶间

4. 火场自救与逃生常识

1）跑离火场

（1）要沉着冷静，不要慌乱。

突遇火灾，面对浓烟和烈火，首先要令自己保持镇静，切不可惊慌失措，迅速判断危险地点和安全地点，决定逃生办法，尽快撤离险地。

火灾初起发现火灾时，立即呼叫周围人员，维持消防通道通畅，积极组织灭火。若火势较小，立即报告所在楼宇物管和学校保卫处。若火势较大，应拨打“119”报警。拨打“119”火警电话要情绪镇定，说清发生火灾的单位名称、地址，起火楼宇和实验室房间号，起火物品，火势大小，有无易爆、易燃、有毒物质，是否有人被困，报警人信息（姓名、电话等）。接警人员说消防人员已经出警，方可挂断电话，并且派人在校门口等候，引导消防车迅速准确到达起火地点。

生命安全最重要，发生火灾时，应尽快撤离，不要把宝贵的逃生时间浪费在寻找、搬离贵重物品上。已经逃离险境的人员，切莫重返火灾点。

（2）做好必要的防护。

做好烟熏防护，逃生时经过充满烟雾的路线，要防止烟雾中毒、预防窒息。为了防止吸入火场浓烟，可采用浸湿衣物、口罩蒙鼻、俯身行走或伏地爬行撤离的办法。

当身上衣服着火时，千万不可奔跑和拍打，应立即撕脱衣服或就地打滚，压灭火苗。

被烟火围困暂时无法逃离时，应尽量待在实验室窗口等易于被人发现和能避免烟火近身的地方，及时发出有效的求救信号，引起救援者的注意。当火势尚未蔓延到房间内时，防烟堵火是关键，紧闭门窗、堵塞孔隙，防止烟火窜入。若发现门、墙发热，说明大火逼近，这时千万不要开窗、开门，要用水浸湿衣物等堵住门窗缝隙，并泼水降温。

(3)熟悉逃生路线。

安全出口要牢记，应对实验室逃生路径做到了如指掌，留心疏散通道、安全出口及楼梯等的方位，以便关键时刻能尽快逃离现场。

突遇火灾，面对浓烟和烈火，一定保持镇静，尽快撤离险地。不要在逃生时大喊大叫。逃生时应从高楼层处向低楼层处逃生。若无法向下逃生，可退至楼顶，等待救援。

发生火情勿乘电梯逃生，火灾发生后，要根据情况选择进入相对较为安全的楼梯通道。千万不要乘电梯逃生。

2)结绳自救，安全跳楼

如果安全通道无法安全通过，救援人员也不能及时赶到，可以迅速利用身边的衣物等自制简易救生绳，从实验室窗台沿绳缓滑到下面楼层或地面安全逃生，切勿直接跳楼逃生。不得已跳楼(一般 3 层以下)逃生时应尽量选择向救生气垫中部或有草地等地方跳下。如果徒手跳楼逃生，一定要扒窗台使身体自然下垂跳下，尽量降低垂直距离。

8.3 触电事故的应急处理

1. 触电事故处理原则

(1)先断电，后救人。由于电具有看不见、摸不着、嗅不到的特性，救援措施不当，极易使施救者也发生触电事故。因此，当有人员触电时，必须首先切断电源，而后方可进行救援。

(2)救援过程中要注意自身安全。如果电源开关离触电人员很近，而且很容易操作，应及时拔掉开关，切断电源。如果电源离得比较远，需要先把触电人员和电源分离，可以戴上绝缘手套或者用木棒让触电人员和电源分离。如果电线等在触电人员身上，一定不要徒手去拿，要用绝缘的东西把电源线拿开。

2. 触电伤员的表现

(1)轻者有头晕、心悸、面色苍白、四肢乏力等症状。

(2)重者有尖叫后立即昏迷、抽搐、休克、呼吸停止等症状，甚至死亡。

(3)皮肤局部出现电灼伤，伤处焦化或炭化。

(4)电击后,出现胸闷、手臂麻木等症状。

3.触电事故的应急处理

1)脱离电源

现场人员发现发生触电事故后,应迅速切断电源;就近拉闸,拔下漏电设备的插头或关闭空气开关,并将触电人员脱离带电设备。帮助触电者脱离带电设备时应注意以下三点。

(1)在应急救援过程中,应急人员必须做好自身安全防护措施,在将触电人员脱离带电设备前,应确认设备已断电,避免造成救援人员触电。

(2)应尽可能使用绝缘工具帮助触电者脱离带电设备,如干燥绝缘的木棒、绳索、绝缘手套等。

(3)切记避免碰到带电物体和触电者裸露的身体。

2)报警

脱离电源后根据伤者受伤程度决定采取合适的救治方法,若伤势较为严重,应拨打"120"医疗急救电话,同时派人等候在交叉路口处,指引救护车迅速赶到事故现场;在医务人员未接替救治前,现场人员应及时组织现场抢救。报警时应向接警人员提供以下信息。

(1)事故发生的类型、时间和地点。

(2)事故发生的原因、性质、范围、严重程度。

(3)已采取的控制措施及其他应对措施。

(4)事故报告的单位、报告人及通信联络方式等。

3)现场救援

脱离电源后,应观察触电者的情况,并视实际情况实施抢救。

(1)如触电者伤势不重、神志清醒,应使其就地仰面平躺,严密观察,暂时不要使其站立或走动。

(2)如触电者心跳停止,要采取体外心脏按压;对于呼吸困难或发生痉挛的,需进行人工呼吸等急救措施,直至救援车辆到达,将触电者送往附近的医院。

(3)触电后又摔伤的伤员,应就地仰面平躺,保持脊柱在伸直状态,不得弯曲;如需搬运,应用硬木板保持仰面平躺,使伤员身体处于平直状态,避免脊椎受伤。

4.心肺复苏法简述

当触电伤员的呼吸和心跳均已停止时,应立即按心肺复苏法中支持生命的三项基本措施进行抢救。三项基本措施分别为通畅气道、人工呼吸、胸外按压(人工循环)。

1)通畅气道

触电伤员呼吸停止,重要的是应始终确保气道通畅。如发现伤员口腔内有异物,可将其身体及头部同时侧转,并迅速用一根手指或用两根手指交叉从口角处插入,取出异物。操作中要注意防止将异物推到咽喉深部。

通畅气道可采用仰头抬颏法。用一只手放在触电者前额，另一只手的手指将其下颌骨向上抬起，两手协同将头部推向后仰，舌根随之抬起，气道即可通畅，严禁用枕头或其他物品垫在伤员头下。

2）人工呼吸

在保持伤员气道通畅的同时，救护人员用放在伤员额头上的手指捏住伤员的鼻翼，在救护人员深吸气后，与伤员口对口紧合，在不漏气的情况下，先连续大口吹气两次，每次 1～1.5 s，然后每分钟进行 12～16 次。如两次吹气后颈动脉仍无搏动，可判断心跳已经停止，要立即同时进行胸外按压。

除开始时大口吹气两次外，正常口对口呼吸的吹气量不需过大，以免引起胃膨胀。吹气和放松时要注意伤员胸部应有起伏的呼吸动作。吹气时如有较大阻力，可能是头部后仰，应及时纠正。

触电伤员如牙关紧闭，可口对鼻进行人工呼吸。口对鼻呼吸吹气时，要将伤员嘴唇紧闭，防止漏气。

3）胸外按压

正确的按压位置是保证胸外按压效果的重要前提。正确按压主要有以下几步骤。

(1)确定按压位置。

右手的食指和中指沿触电伤员的右侧肋骨下缘向上，找到肋骨和胸骨接合处的中点；两手指并齐，中指放在切迹中点（剑突底部），食指平放在胸骨下部；另一只手的掌根紧挨食指上缘，置于胸骨上，即为正确按压位置。

(2)规范按压。

①使触电伤员仰面躺在平硬的地方，救护人员站立或跪在伤员一侧肩旁，两肩位于伤员胸骨正上方，两臂伸直，肘关节固定不屈，两手掌根相叠，手指翘起，不接触伤员胸壁；以髋关节为支点，利用上身的重力，垂直将正常成人胸骨压陷 3～5 cm；按压至要求程度后，立即全部放松，但放松时救护人员的掌根不得离开胸壁。

②胸外按压要以均匀速度进行，每分钟 80 次左右，每次按压和放松的时间相等。胸外按压与口对口（鼻）人工呼吸同时进行，其节奏为：单人抢救时，每按压 15 次后吹气 2 次（15∶2），反复进行；双人抢救时，每按压 5 次后由另一人吹气 1 次（5∶1），反复进行。

8.4 中毒事故的应急处理

1. 急性中毒的现场抢救原则

(1)救护者做好自身防护。

急性中毒发生时毒物多由呼吸道和皮肤侵入人体，因此救护者在进入毒区抢救之前，要做好自身呼吸系统和皮肤的防护，佩戴好防毒面具或氧气呼吸器，穿好防护服。

(2)尽快切断毒物源。

救护人员进入事故现场后,除对中毒者进行抢救外,同时应采取果断措施切断毒物源,如关闭毒气管道阀门、堵塞泄漏的设备等,防止毒物继续外逸。对于已经扩散出来的有毒气体或蒸气,应立即启动通风设施排毒或开启门、窗等措施,降低有毒物质在空气中的浓度,为抢救工作创造有利条件。

(3)尽快转移患者,阻止毒物继续侵入人体。

迅速将中毒人员转移到空气新鲜的安全地方,解开领口和纽扣,将中毒人员下颌抬高,使头偏向一侧,清除其口腔内异物,使其呼吸通畅,注意转移中毒人员的过程中应双手拖移,动作要轻,不可强拖硬拉;脱去中毒人员受污染的衣服,并彻底清洗其污染的皮肤和毛发,注意保暖。

(4)现场施救。

针对不同的中毒事故,采取相应的措施进行现场应急救援,然后立即送医院治疗。

救护人员应通过“看、听、摸、感觉”的方法来检查中毒人员有无呼吸和心跳:看有无呼吸时的胸部起伏;听有无呼吸的声音;摸颈动脉或肱动脉有无搏动;感觉中毒人员是否清醒。遵循“先抢救、后治病、先重后轻、先急后缓”的原则分类对中毒人员进行救护。

对呼吸困难或呼吸停止者,应立即进行人工呼吸,有条件的应给其吸氧和注射兴奋呼吸中枢的药物;对心脏骤停者,应立即行胸外心脏按压。

现场抢救成功的心肺复苏人员或重症人员(如昏迷、惊厥、休克、深度青紫等),应立即送医院治疗。

(5)现场组织指挥。

出现成批急性中毒人员时,应立即成立抢救领导小组负责现场指挥,分组有序进行,不要慌乱,并立即通知医院做好急救准备,应尽可能说清是什么毒物中毒、中毒人数、侵入途径和大致病情。

2. 误食性化学中毒的应急处理

1)误食强酸的急救方法

误食强酸的中毒人员可以口服3%~5%的氢氧化铝凝胶60 mL或0.178%的氢氧化钙200 mL。如果找不到上述药物,可服生鸡蛋清或牛奶60 mL或植物油100 mL来保护食管及胃黏膜。禁止催吐、洗胃,禁服硫酸氢钠液,以减轻酸碱性液体对胃肠道的腐蚀,应立即服石灰水、肥皂水、生蛋清以保护胃黏膜。

2)误食强碱的急救方法

应立即服用稀释的米醋或者2%的醋酸,也可以服用鸡蛋清或者食物油。禁忌催吐和洗胃,随即送往医院治疗。

3. 吸入性化学中毒的应急处理

1)吸入汞(水银)的急救处理

水银容易由呼吸道进入人体,也可以经皮肤直接吸收而引起积累性中毒。严重中毒的征象是口中有金属气味，呼出气体也有气味；流唾液，牙床及嘴唇上有硫化汞的黑色；淋巴结及唾液腺肿大。若不慎中毒，应送医院急救。急性中毒时，通常用碳粉或呕吐剂彻底洗胃，或者食入蛋白（如1 L牛奶加3个鸡蛋清）或蓖麻油解毒并使之呕吐，然后立即送医院治疗。

2）吸入一氧化碳的急救处理

（1）一氧化碳中毒不严重时，患者的意识是清醒的，会有脑涨、心跳加速等症状。此时，应第一时间将中毒人员转移至空气新鲜、通风处，同时需要拨打急救电话评估中毒人员的病情是否需要进一步入院治疗。

（2）一氧化碳中毒严重时，要及时拨打急救电话，快速地进行高压氧治疗，因为吸入一氧化碳过多就会导致大脑缺氧，甚至威胁生命。如呕吐时，要及时清除口中呕吐物，保持呼吸通畅；如果患者昏迷，针刺人中、十宣、内关、百会、足三里、涌泉等穴位；对于呼吸、心脏停止者，应立即进行人工呼吸及胸外心脏按压。

3）吸入氨气、硫化氢的急救处理

应迅速将中毒者转移至空气新鲜、通风处，保持其呼吸通畅，必要时给其输氧。

4）吸入卤素气的急救处理

吸入氯气、氯化氢、溴蒸气时，应迅速将中毒者转移至空气新鲜、通风处，用湿毛巾捂住口鼻，保持安静；可给病人嗅1∶1的乙醚与乙醇的混合蒸气解毒，还可给其嗅稀氨水解毒。

吸入氟化氢者，应使其立即脱离现场，密切注意观察，防止其喉头及肺水肿发生，用浓度为2%～4%的碳酸氢钠洗鼻、含漱、雾化吸入。

4. 中毒事故的预防与处理

（1）处理具有刺激性、恶臭和有毒的化学药品时，如 H_2S、NO_2、Cl_2、Br_2、CO、SO_2、SO_3、HCl、HF、浓硝酸、发烟硫酸、浓盐酸、乙酰氯等，必须在通风橱中进行。通风橱开启后，不要把头伸入橱内，保持实验室通风良好。

（2）实验中应避免用手直接接触化学药品，尤其严禁用手直接接触剧毒品。沾在皮肤上的有机物应当立即用大量清水和肥皂洗去，切莫用有机溶剂清洗，否则只会增加化学药品渗入皮肤的速度。

（3）溅落在桌面或地面的有机物应及时除去。如不慎损坏水银温度计，撒落在地上的水银应尽量收集起来，并用硫黄粉盖在撒落的地方。

（4）实验中所用剧毒物质由实验室负责人负责保管、适量发给使用人员并要回收剩余药品。实验装有毒物质的器皿要贴标签注明，用后及时清洗，经常使用有毒物质进行实验的操作台及水槽要注明，实验后的有毒残渣必须按照实验室规定进行处理，不准乱丢。

（5）进行有毒物质实验时，若感觉咽喉灼痛、嘴唇脱色或发绀、胃部痉挛或恶心呕吐、心悸头晕等症状，则可能系中毒所致。视中毒原因施以相应急救后，立即送医院治疗，不得延误。

8.5　辐射安全事故的应急处理

1. 概念

按照放射性粒子能否引起传播介质的电离，把辐射分为电离辐射和非电离辐射两类。电离辐射是指能引起物质电离的辐射的总和，特点是波长短、频率高、能量高，电离作用可以引起癌症。种类为：高速带电粒子，如 α 粒子、β 粒子、质子；不带电离子，如中子、X 射线、γ 射线。非电离辐射比电离辐射能量更弱，非电离辐射不会电离物质，而会改变分子或者原子的旋转、振动或价层电子轨态。通常所说的辐射主要是指电离辐射。

随着放射性核素的广泛应用，越来越多的人认识到辐射对机体造成的损害随着辐射照射量的增加而增大，大剂量的辐射照射会造成被照部位的组织损伤，并导致癌变，即使是小剂量的辐射照射，尤其是长时间的小剂量照射蓄积，也会导致照射组织器官诱发癌变，并会使受照射的生殖细胞发生遗传缺陷。

放射性物质进入人体的途径很多，包括呼吸道吸入、消化道进入、皮肤或者黏膜（包括伤口）侵入。因此，工作人员应严格遵守操作规程，熟知防护原则和措施，保障自身和公众的健康和安全。

根据《放射性同位素与放射装置安全和防护条例》（国务院第 449 号令）中的辐射事故分级情况，将辐射安全事故分为如下四类。

（1）放射源丢失，包括放射源意外丢失和失窃。

（2）人员的意外放射性照射，指放射性实验工作人员或公众受到放射源或射线装置的超剂量误照射。

（3）放射性核素污染，包括人员体表、体内意外受到放射性核素的污染和对环境的污染。

（4）放射性实验室火灾。

2. 放射性实验室注意事项

（1）放射性实验工作人员必须取得辐射安全培训合格证书才可上岗，工作时应佩戴个人剂量卡片，并委托有资质部门定期对从事放射性检测的工作人员开展个人剂量检测。

（2）在不影响实验和工作的条件下尽量少用，并在工作中减少与放射性物质的接触时间，增长接触距离，采用适当的材料对射线进行遮挡。

（3）工作中应穿工作服，戴手套、口罩、帽子，实验操作尽量在通风橱中完成，实验室保持良好的通风和高度清洁。

（4）处理含一定放射性浓度的样品时要在瓷盘中操作，并垫上吸水纸，操作完毕废弃物放入放射性废物专用桶中。

(5)操作有挥发性的放射性物质和高活度放射性溶液等,必须在通风橱内进行。

(6)严重伤风和受外伤时,不准做放射性实验。

(7)禁止在实验室饮食。

3. 放射性物质遗洒时的操作步骤

(1)停止工作。立即停止工作,在安全情况下,阻止放射性物质继续遗洒。判断是小范围还是大范围遗洒。

(2)警示他人。警示周围的人。如果没有造成人员伤害或严重污染,拨打辐射防护组和环保办电话。

(3)隔离场所。限制人员出入,封闭实验室门窗,用警戒线或绳子划出被污染的区域。

(4)自身检测。检测手、脸、头、袖子、身体、鞋帮和鞋底等区域是否被污染,限制自身活动。

(5)等待救援。报告熟知各种救援方式的联系人,报告导师。

(6)辐射防护。操作 γ 射线的同位素采用铅板、铅衣、铅眼镜等进行防护。操作 β 射线的同位素采用有机玻璃进行防护。

8.6 其他类型事件的急救知识

1. 割伤处理

一般轻伤应及时挤出污血,并用消过毒的镊子取出玻璃碎片,用蒸馏水洗净伤口,涂上碘酒,再用创可贴或绷带包扎;大伤口应立即用绷带扎紧伤口上部,使伤口停止流血,急送医院就诊。

2. 烧烫伤处理

烧烫伤的类型主要有四种:一是热力烧伤,如火焰、开水等造成的烧伤;二是化学烧伤,如硫酸、盐酸、生石灰等造成的烧伤;三是电烧伤;四是放射烧伤。

在日常生活中,热力烧伤较常见,占各种烧伤的85%～90%。烧烫伤分三个程度:

Ⅰ度——皮肤起红斑,有火辣辣的刺痛感;

Ⅱ度——患处起水泡,疼痛;

Ⅲ度——烧伤伤及皮肤全层及皮下、肌肉、骨骼,创面厚如皮革,毛发脱落,无感觉。

无论哪种烫伤都需要急救处理。

呼吸道烧伤的判断:面部有烧伤,鼻毛烧焦,鼻前庭烧伤,咽部肿胀,咽部或咳中有碳化物，声音嘶哑，重度烧伤人员呼吸困难或窒息，喉部可闻干鸣。

被火焰、蒸气、红热的玻璃、铁器等烫伤时，应立即将伤口处用大量水冲洗或浸泡，迅速降温，避免温度烧伤。对轻微烫伤，可在伤处涂抹甘油、鱼肝油、烫伤油膏、万花油，或用蘸有酒精的棉花包扎伤处。若皮肤起泡(二级灼伤)，不要弄破水泡，防止感染，应用纱布包扎后送医院治疗；若伤处皮肤呈棕色或黑色(三级灼伤)，应用干燥而无菌的消毒纱布轻轻包扎好，急送医院治疗。

3. 皮肤灼伤处理

(1)酸灼伤处理。

皮肤被酸灼伤要立即用大量流动清水冲洗，彻底冲洗后可用2%～5%的碳酸氢钠溶液或肥皂水进行中和，最后用水冲洗，涂上凡士林。注意：皮肤被浓硫酸沾污时切忌先用水冲洗，以免硫酸水合时强烈放热而加重伤势，应先用干抹布吸去浓硫酸，然后再用清水冲洗。

(2)碱灼伤处理。

皮肤被碱液灼伤时，要立即用大量流动清水冲洗，再用2%的醋酸或3%的硼酸溶液进一步冲洗，最后用水冲洗，再涂上凡士林。

(3)酚灼伤处理。

皮肤被酚灼伤时，立即用30%的酒精揩洗数遍，再用大量清水冲洗干净而后用硫酸钠饱和溶液湿敷4～6小时。注意：由于酚用水冲淡1∶1或2∶1浓度时，瞬间可使皮肤损伤加重而增加酚吸收，所以不可先用水冲洗污染面。

以上受酸、碱或酚灼伤后，若创面起水泡，均不宜把水泡挑破。重伤者经初步处理后，急送医务室。

(4)氢氟酸灼伤处理。

氢氟酸对皮肤有强烈的腐蚀性，渗透作用强，并对组织蛋白有脱水及溶解作用。皮肤及衣物被腐蚀者，应立即脱去被污染的衣物，皮肤用大量流动清水彻底冲洗后(尽可能冲洗15～30 min)，再用2%～5%的碳酸氢钠溶液或肥皂水冲洗。送医院后再用葡萄糖酸钙软膏涂敷按摩，再涂以浓度为33%的氧化镁甘油糊剂、维生素AD软膏或可的松软膏等。

(5)溴灼伤和磷灼伤处理。

溴灼伤后皮肤一般不易愈合，故使用溴之前应先配制好适量20%的硫代硫酸钠溶液备用，一旦被溴灼伤，应立即用乙醇或硫代硫酸钠溶液冲洗伤口，再用水冲洗干净，并敷以甘油；磷烧伤时，用5%的硫酸铜溶液、1%的硝酸银溶液或10%的高锰酸钾溶液冲洗伤口，并用浸过硫酸铜溶液的绷带包扎。上述重伤者经初步处理后，应尽快送医院治疗。

4. 酸液、碱液或其他异物溅入眼中的处理

(1)酸液溅入眼中，立即用大量清水冲洗，再用1%的碳酸氢钠溶液冲洗。

(2)若为碱液，立即用大量清水冲洗，再用1%的硼酸溶液冲洗。洗眼时要保持眼皮

张开，可由他人帮助翻开眼睑，持续冲洗 15 min。重伤者经初步处理后立即送医院治疗。

(3)若木屑、尘粒等异物进入眼睛，可由他人翻开眼睑，用消毒棉签轻轻取出异物，或任其流泪，待异物排出后，再滴入几滴鱼肝油。若玻璃屑进入眼睛内是比较危险的，这时要尽量保持平静，绝不可用手揉擦，也不要让别人翻眼睑，尽量不要转动眼球，可任其流泪，有时碎屑会随泪水流出。用纱布轻轻包住眼睛后，立即将伤者紧急送入医院处理。

5. 化学冻伤处理

化学冻伤者应迅速脱离低温环境和冰冻物体，用 40 ℃左右温水将冰融化后脱下或剪开衣物，在对冻伤部位进行复温的同时，要尽快就医。对于心跳呼吸骤停者要施行心脏按压和人工呼吸。严禁用火烤、雪搓、冷水浸泡或猛力捶打等方式作用于冻伤部位。

APPENDIX

附录

附录 A　化学实验室安全考试试题及答案

化学实验室安全考试试题(一)

一、单选题(共 85 题)

1. 当不慎把大量浓硫酸滴在皮肤上时,正确的处理方法是(　　)。

A. 用酒精棉球擦

B. 不作处理,马上去医院

C. 用碱液中和后,用水冲洗

D. 迅速以吸水性强的纸或布吸去后,马上再用大量水冲洗

2. 欲除去氯气时,以下(　　)作为吸收剂最为有效。

A. 氯化钙　　B. 稀硫酸　　C. 硫代硫酸钠　　D. 氢氧化铅

3. 不具有强酸性和强腐蚀性的物质是(　　)。

A. 氢氟酸　　B. 碳酸　　C. 稀硫酸　　D. 稀硝酸

4. 二氧化碳钢瓶瓶身颜色是(　　)。

A. 黄色　　B. 天蓝色　　C. 黑色　　D. 铝白色

5. 各实验室在运送化学废弃物到各校区临时收集中转仓库之前,可以(　　)。

A. 堆放在走廊上　　B. 堆放在过道上　　C. 集中分类存放在实验室内,贴好物品标签

6. 玻璃电极的玻璃膜表面若黏有油污,使用(　　)浸洗,最后用水洗净。

A. 酒精和四氯化碳　　B. 四氯化碳　　C. 酒精

7. 关于氢氟酸的描述,(　　)是错误的。

A. 氢氟酸有强烈的腐蚀性和危害性,皮肤接触氢氟酸后可出现疼痛及灼伤,随时间增长,疼痛渐剧

B. 皮肤下组织被破坏,这种破坏会传播到骨骼;稀的氢氟酸危害性很低,不会产生严重烧伤

C. 氢氟酸蒸气溶于眼球内的液体中,会对人的视力造成永久损害

D. 使用氢氟酸一定要戴防护手套,工作中注意不要接触氢氟酸蒸气,工作结束后要注意用水冲洗手套、器皿等,不能有任何残余留下

8. 以下药品(试剂)(　　)应放在防爆冰箱里保存。

A. 甲基丙烯酸甲酯　　B. 乙醛　　C. 苯

9. 对钠、钾等金属着火用(　　)扑灭。

A. 干燥的细沙覆盖　　B. 水

C. CCl_4 灭火器　　D. CO_2 灭火器

10. 在实验内容设计过程中,要尽量选择(　　)做实验。

A. 无公害、无毒或低毒的物品

B. 实验残液、残渣较多的物品

C. 实验残液、残渣不可回收的物品

11. 在实验室放置盛汞的容器应该(　　)。

A. 密封即可　　B. 在汞面上加盖一层硫粉

C. 在汞面上加盖一层水封　　D. 放入通风橱中

12. 用剩的活泼金属残渣应该(　　)。

A. 连同溶剂一起作为废液处理

B. 缓慢滴加乙醇将所有金属反应完毕后,整体作为废液处理

C. 将金属取出暴露在空气中使其完全氧化

13. 领取及存放化学药品时,以下说法错误的是(　　)。

A. 确认容器上标示的中文名称是否为所需的实验药品

B. 学习并清楚化学药品危害标示和图样

C. 化学药品应分类存放

D. 有机溶剂,固体化学药品,酸、碱化合物可以存放于同一药品柜中

14. 甲苯在贮存时,应远离火种、热源,防止阳光直射,其贮存库温度应不超过(　　)。

A. 25 ℃　　B. 30 ℃　　C. 40 ℃

15. 容器中的溶剂或易燃化学品发生燃烧应该(　　)。

A. 用灭火器灭火或加砂子灭火　　B. 加水灭火

C. 用不易燃的瓷砖、玻璃片盖住瓶口　　D. 用湿抹布盖住瓶口

16. 以下物品中露天存放最危险的是(　　)。

A. 氯化钠　　B. 明矾　　C. 遇湿燃烧物品

17. 当实验室发生火灾、爆炸等危险事故时,首先应当(　　)。

A. 迅速撤离实验室　　B. 自己留下来排查事故原因
C. 打电话求救　　D. 切断电源

18. 毒害品主要是经过(　　)吸入蒸气或通过皮肤接触引起人体中毒。

A. 眼　　B. 鼻　　C. 呼吸道

19. 化学危险药品有刺激眼睛、灼伤皮肤、损伤呼吸道、麻痹神经、燃烧爆炸等危险，一定要注意化学药品的使用安全，以下做法不对的是(　　)。

A. 了解所使用的危险化学药品的特性，不盲目操作，不违章使用
B. 妥善保管身边的危险化学药品，做到标签完整、密封保存、避热、避光、远离火种
C. 室内可存放大量危险化学药品
D. 严防室内积聚高浓度易燃易爆气体

20. 扑救爆炸物品火灾时，(　　)用沙土盖压，以防造成更大伤害。

A. 必须　　B. 禁止　　C. 可以

21. 静电的电量虽然不大，但其放电时产生的静电火花有可能引起爆炸和火灾，比较常见的是放电时瞬间的电流造成精密实验仪器损坏，不正确的预防措施有(　　)。

A. 适当提高工作场所的湿度
B. 进行特殊危险实验时，操作人员应先接触设置在安全区内的金属接地棒，以消除人体电位
C. 在易产生静电的场所梳理头发
D. 计算机进行维护时，使用防静电毯

22. 安装漏电保护器是属于(　　)。

A. 基本安全措施　　B. 辅助安全措施　　C. 绝对安全措施　　D. 应急安全措施

23. 由于行为人的过失引起火灾，造成严重后果的行为，构成(　　)。

A. 纵火罪　　B. 失火罪　　C. 重大责任事故罪

24. 当遇到火灾时，要迅速向(　　)逃生。

A. 着火相反的方向　　B. 安全出口的方向
C. 人员多的方向　　D. 人员少的方向

25. 被困在火场时，下列求救方法错误的是(　　)。

A. 在窗口、阳台或屋顶处向外大声呼叫
B. 白天可挥动鲜艳布条发出求救信号，晚上可挥动手电筒
C. 大声哭泣

26. 电器着火时，不能用的灭火方法是(　　)。

A. 用四氯化碳或 1211 灭火器进行灭火
B. 用沙土灭火
C. 用水灭火

27. 到床底、阁楼找东西时，应用(　　)照明。

A. 手电筒　　B. 油灯　　C. 蜡烛

28. 在使用液化石油气时，钢瓶应该(　　)。

A. 卧放　　B. 倒放　　C. 直立放置

29. 如果睡觉时被烟火呛醒，正确的做法是(　　)。

A. 寻找逃生通道

B. 往床底下钻

C. 找衣服穿或抢救心爱的东西

30. 家中经常使用的物品中属易燃易爆物品的是(　　)。

A. 摩丝　　B. 餐洗剂　　C. 洗发水

31. 火灾中对人员威胁最大的是(　　)。

A. 火　　B. 烟气　　C. 可燃物

32. 点蚊香时，正确的是(　　)。

A. 将蚊香固定在专用铁架上

B. 放在窗帘旁边

C. 放在蚊帐、床单附近

33. 以下符合急救与防护"四先四后"原则的是(　　)。

A. 先抢后救　　B. 先轻后重　　C. 先缓后急　　D. 先病后伤

34. 以下(　　)不属于死亡的特征。

A. 呼之不应　　B. 呼吸停止　　C. 心跳停止　　D. 双侧瞳孔散大、固定

35. 实验中如遇刺激性及神经性中毒，先服牛奶或鸡蛋白使之缓和，再服用(　　)。

A. 氢氧化铝膏，鸡蛋白

B. 硫酸铜溶液(30 g溶于一杯水中)催吐

C. 乙酸果汁，鸡蛋白

36. 实验中被玻璃划伤，应首先(　　)。

A. 大量水冲洗　　B. 先止血

C. 应先把碎玻璃从伤处挑出　　D. 立刻就医

37. 楼内失火应(　　)。

A. 从疏散通道逃离　　B. 乘坐电梯逃离

C. 在现场等待救援　　D. 见到门口就跑

38. 有爆炸危险工房内照明灯具和电开关应选用防爆型，电开关应安装在(　　)。

A. 室内门旁　　B. 室外门旁　　C. 室内明灯附近

39. 雷电放电具有(　　)的特点。

A. 电流大、电压高　　B. 电流小、电压高　　C. 电流大、电压低

40. 工作地点相对湿度大于75%时，此工作环境属于(　　)易触电的环境。

A. 危险　　B. 特别危险　　C. 一般

41. 漏电保护器对(　　)情况不起作用。

A. 单手碰到带电体

B. 人体碰到带电设备

C. 双手碰到两相电线(此时人体作为负载，已触电)

D. 人体碰到漏电机壳

42. 进行照明设施的接电操作，应采取的防触电措施为(　　)。

A. 湿手操作　　B. 切断电源

C. 站在金属凳子或梯子上　　D. 戴上手套

43. 金属梯子不适于以下(　　)工作场所。

A. 带电作业　　B. 坑穴或密闭

C. 高空作业　　D. 静电

44. 被电击的人能否获救，关键在于(　　)。

A. 触电的方式

B. 能否尽快脱离电源和施行紧急救护

C. 触电电压的高低、人体电阻

45. 预防电击(触电)的一条重要措施是用电设备的金属外壳要有效接地。下列(　　)是可靠的接地点。

A. 单相供电的两根线分别称为火线和地线，选择其中的地线接地

B. 三相供电中的中性点电压应该为零，可以选择这个中性点接地

C. 实验室内的自来水管(暖气管)是与埋设于地下的金属管相连的，可用来接地

D. 专门埋设地下、保证接地电阻很小的专用地线，避雷针的接地线

46. 下列有关使用漏电保护器的说法，(　　)是正确的。

A. 漏电保护器既可用来保护人身安全，还可用来对低压系统或设备的对地绝缘状况起监督作用

B. 漏电保护器安装点以后的线路不可对地绝缘

C. 漏电保护器在日常使用中不可在通电状态下按动实验按钮来检验其是否灵敏、可靠

47. 实验中吸入C12或HC1气体时，应(　　)。

A. 人工呼吸　　B. 立即到室外呼吸新鲜空气

C. 吸入少量酒精和乙醚的混合蒸气使之解毒

D. 不用管，过一会就好了

48. 在液化气浓度较高的作业场所，应该佩戴(　　)。

A. 面罩　　B. 口罩　　C. 眼罩　　D. 防毒面罩

49. 发生危险化学品事故后，应该向(　　)方向疏散。

A. 下风　　B. 上风　　C 顺风　　D. 任意

50. 以下几种气体中，最毒的气体为(　　)。

A. 氯气　　B. 光气($COCl_2$)　　C. 二氧化硫　　D. 三氧化硫

51. 实验开始前应该(　　)。

A. 认真预习，理清实验思路

B. 仔细检查仪器是否有破损，掌握正确使用仪器的要点，弄清水、电、气的管线开关和标记，保持清醒头脑，避免违规操作

C. 了解实验中使用的药品的性能和有可能引起的危害及相应的注意事项

D. 以上都是

52. 化学药品存放室要有防盗设施，保持通风，试剂存放应(　　)。

A. 按不同类别分类存放

B. 大量危险化学品存放在实验室

C. 可以存放在走廊上

53. 实验完成后，废弃物及废液应(　　)。

A. 倒入水槽中

B. 分类收集后，送中转站暂存，然后交有资质的单位处理

C. 倒入垃圾桶中

D. 任意弃置

54. 如果在试验过程中，闻到烧焦的气味应该(　　)。

A. 关机走人　　B. 打开通风装置通风

C. 立即关机并报告相关负责人员　　D. 请同实验的人帮忙检查

55. 以下几种气体中，有毒的气体为(　　)。

A. 氧气　　B. 氮气　　C. 氯气　　D. 二氧化碳

56. 大量试剂应放在(　　)。

A. 试剂架上　　B. 实验室内试剂柜中

C. 实验台下柜中　　D. 试剂库内

57. 下列实验操作中，说法正确的是(　　)。

A. 可以对容量瓶、量筒等容器加热

B. 在通风柜操作时，可将头伸入通风柜内观察

C. 非一次性防护手套脱下前必须冲洗干净，一次性手套必须从后向前把里面翻出来脱下后再扔掉

D. 可以抓住塑料瓶子或玻璃瓶子的盖子搬运瓶子

58. 对于全部参数可调的科研用激光器，为保证安全运行，必须严格按照激光器注入能量

限制匹配原则对激光加工参数进行设定，应由（　　）操作，（　　）负责管理。

A. 本科生，教师　　B. 研究生，教师　　C. 专人，专人

59. 各种气瓶的存放，必须距离明火（　　）以上，避免阳光暴晒，搬运时不得碰撞。

A. 1 米　　B. 3 米　　C. 10 米

60. 氧气瓶与乙炔发生器间距不得小于（　　）米，二者距明火不应小于（　　）米。

A. 5　10　　B. 3　6　　C. 2　4　　D. 1　2

61. 当油脂等有机物沾污氧气钢瓶时，应立即用（　　）洗净。

A. 乙醇　　B. 四氯化碳　　C. 水　　D. 汽油

62. 安全阀的作用是怎样实现的？（　　）

A. 安全阀通过作用在阀瓣上两个力的平衡来使它开启或关闭，实现防止压力容器超压

B. 安全阀通过爆破片破裂泄放容器的压力，实现防止压力容器的压力继续上升

C. 安全阀通过爆破片破裂产生声光提示，及时提醒操作者停止加热，防止压力继续上升

D. 安全阀通过爆破片破裂产生声光提示，实现防止压力容器的压力继续上升

63. 当炸药中混入惰性物质（如石蜡、硬脂酸、机油等）时，其撞击感度降低，危险性也（　　）。

A. 降低　　B. 升高　　C. 不变

64. 贮、运气瓶应（　　），防止日晒，注意通风散热。

A. 防潮　　B. 远离火源　　C. 控制湿度

65. 毒性物质氰化物发生火灾时，应用（　　）扑救。

A. 水　　B. 酸碱灭火剂　　C. 泡沫灭火剂

66. 易燃固体需明火点燃；易于自燃物质（　　）受热和明火，会自行燃烧，遇水放出易燃气体的物质遇水（包括受湿、酸类和氧化剂）会引起剧烈化学反应，放出可燃性气体和热量。

A. 需要　　B. 不需要　　C. 有时需要

67. 浓硫酸溶于水时，能释放出大量热量。因此，稀释浓硫酸时必须十分小心，应该（　　）。

A. 把水缓缓加入浓硫酸中

B. 把浓硫酸缓缓加入水中

C. 把浓硫酸迅速倒入水中

68. 氯气是一种（　　），有强烈的刺激气味。

A. 黄绿色的剧毒气体　　B. 红色的气体　　C. 绿色的气体

69. 遇水放出易燃气体的物质在常温或高温下受潮或与水剧烈反应，且反应速度快；遇酸和氧化剂也能发生反应，而且比与水的反应更为剧烈，因此危险性也（　　）。

A. 更大　　B. 更小　　C. 更弱

70. 闪点表示易燃液体的易燃程度。液体的闪点越低，易燃性越大，危险性(　　)。

A，越小　　B. 不变　　C. 越大

71. 火炸药爆炸通常伴随发热、发光、压力上升等现象，此间产生的(　　)具有很强的破坏作用。

A. 火光　　B. 烟尘　　C. 温度　　D. 冲击波

72. 液体物质的受热膨胀系数较大，加上易燃液体具有易挥发性，装满易燃液体的容器蒸气压增大，往往会造成容器胀裂而引起液体外溢。因此，易燃液体灌装时容器内应(　　)。

A. 留有足够的膨胀余位　　B. 一次性灌满　　C. 没有液体外溢即可

73. 易燃液体的温度升高，挥发量增加，易燃易爆性(　　)。

A. 增大　　B. 减小　　C. 不变

74. (　　)是从根本上解决毒物危害的首选办法。

A. 密闭毒源

B. 通风

C. 采用无毒、低毒物质代替高毒、剧毒物质

D. 个体防护

75. 当(　　)着火时，不得用水作为灭火剂。

A. 铝粉　　B. 硫黄　　C. 萘

76. 物质在发生自燃时所需要的最低温度称为自燃点。自燃点越低，其发生燃烧的可能性和危险性(　　)。

A. 越大　　B. 越小　　C. 恒定不变

77. 当(　　)着火时，禁止使用砂土覆盖。

A. 散装爆炸品　　B. 汽油　　C. 硫酸

78. 天然气(含甲烷，液化的)别名液化天然气，天然气(　　)。

A. 有腐蚀性　　B. 极易燃　　C. 不易燃烧

79. 下列粉尘中，(　　)不可能发生爆炸。

A. 生石灰　　B. 面粉　　C. 煤粉　　D. 铝粉

80. 贮运金属钠时，通常将其放入煤油或石蜡等矿物油中，主要是(　　)。

A. 防止碰撞　　B. 防止被盗　　C. 防止与空气中的氧和钠接触

81. 易燃固体同时具备 3 个条件：燃点低；燃烧迅速；放出有毒烟雾或有毒气体。易燃固体燃点越低，其发生燃烧的可能性和危险性(　　)。

A. 恒定不变　　B. 越小　　C. 越大

82. 液体的沸点越低，越易气化，越易与空气形成爆炸性混合物，其危险性(　　)。

A. 越小　　B. 越大　　C. 不变

83. 氯气溶于水，常温下 1 体积水可溶解 2.5 体积的氯气。氯气瓶漏气时，(　　)或迅速将其推入水池，或用潮湿的毛巾捂住口鼻，以减轻危害。

A. 用砂土掩埋

B. 救援人员任何时候都不用戴防毒面具

C. 可大量浇水

84. 当(　　)着火后，被水扑灭只是暂时熄灭，残留物待水分挥发后又会自燃。

A. 萘　　B. 铝粉　　C. 黄磷

85. 气温(　　)，毒性物质的挥发性越大，同时还会增加毒性物质的溶解度和加剧人体呼吸的次数，从而增加毒害品进入人体的可能性。

A. 越低　　B. 越高　　C. 越不确定

二、判断题(共 15 题)

1. 烘箱、微波炉、电磁炉、饮水加热器、灭菌锅等高热能电器设备的放置地点应远离易燃、易爆物品。同时，操作规范，避免饮水加热器、灭菌锅等无水干烧。(　　)
2. 进行电器维修必须先关掉电源再进行修理。(　　)
3. 实验室安全事故的表现形式主要有火灾、爆炸、中毒、灼伤、病原微生物感染、辐照和机电伤人等。(　　)
4. 不能将实验室易燃易爆物品带出实验室。(　　)
5. 在不影响实验室周围走廊通行的情况下，可以堆放仪器等杂物。(　　)
6. 在二级生物安全以上实验室工作区域内可佩戴戒指、耳环、手表、手镯、项链和其他珠宝，但应置于个人防护装置内。(　　)
7. 生物安全柜是防止实验操作处理过程中含有危险性或未知生物微粒气溶胶散逸的箱形空气净化正压安全装置。(　　)
8. 实验开始前，检查仪器是否完整、无损，装置是否正确、稳妥。严禁在实验室内吸烟或饮食。实验完毕要细心洗手。(　　)
9. 高压气体钢瓶应置于通风良好的场所、隔离热源，并避免日光照射、温度保持于 40 ℃以下。(　　)
10. 有机溶剂(乙醚、乙醇、苯、丙酮等)易燃，使用时一定要远离火源，用后应把瓶塞塞严，放到防火、阴凉的地方。(　　)
11. 引起某爆炸品爆炸所需的气爆能量越小，该爆炸品的敏感度越高，危险性也越小。(　　)
12. 一般地，气体的相对密度是以空气为标准的。相对密度大于 1 的气体会沉在下部表面。(　　)
13. 气体的爆炸范围越大，则其燃烧的可能性越大。(　　)
14. 当液态受热而迅速挥发时，如果液面附近的蒸气浓度正好达到其爆炸下限浓度，此时的温度就是闪点。闪点越低危险性越大。(　　)
15. 当炸药内混入坚硬物质(如玻璃、铁屑、砂石等)时，其撞击感度增加，危险性降低。(　　)

化学实验室安全考试试题(二)

一、单选题(共86题)

1. 化学品的毒性可以通过皮肤吸收、消化道吸收及呼吸道吸收等三种方式对人体健康产生危害,下列预防措施不对的是(　　)。
   A. 实验过程中使用三氯甲烷时戴防尘口罩
   B. 实验过程中移取强酸、强碱溶液应戴防酸碱手套
   C. 实验场所严禁携带食物;禁止用饮料瓶装化学药品,防止误食
   D. 称取粉末状的有毒药品时,要戴口罩,防止吸入
2. 实验时如果有有毒有害气体产生,应该采取(　　)措施。
   A. 停止工作,人员离开实验室　　B. 在通风柜内工作
   C. 移到走廊工作　　D. 戴上口罩继续工作
3. 液化气发生火灾后不可采用(　　)灭火器。
   A. 清水灭火器　　B. 干粉灭火器
   C. 二氧化碳灭火器　　D. 1121 灭火器
4. 下列实验操作中,说法对的是(　　)。
   A. 可以对容量瓶、量筒等容器加热
   B. 在通风柜操作时,可将头伸入通风柜内观察
   C. 非一次性防护手套脱下前必须冲洗干净,一次性手套必须从后向前把里面翻出来脱下后再扔掉
   D. 可以抓住塑料瓶子或玻璃瓶子的盖子搬运瓶子
5. 恒温培养箱的最高使用温度为(　　)。
   A. 60 ℃　　B. 100 ℃　　C. 45 ℃
6. 在普通冰箱中不可以存放(　　)。
   A. 普通化学试剂　　B. 酶溶液
   C. 菌体　　D. 有机溶剂
7. 如何在实验室放置盛汞的容器?(　　)
   A. 密封即可　　B. 在汞面上加盖一层硫粉
   C. 在汞面上加盖一层水封　　D. 放入通风柜中
8. 普通玻璃制品的加热温度不能超过(　　)。
   A. 180 ℃　　B. 250 ℃　　C. 140 ℃
9. 为了防止在开启或关闭玻璃容器时发生危险,下列(　　)不适宜作为盛放具有爆炸危险物质的玻璃容器的瓶塞。
   A. 软木塞　　B. 磨口玻璃塞　　C. 胶皮塞　　D. 橡胶塞
10. 实验中吸入 Cl_2 或 HCl 气体时,应如何处理?(　　)
    A. 人工呼吸

B. 立即到室外呼吸新鲜空气

C. 吸入少量酒精和乙醛的混合蒸气使之解毒

D. 不用管，过一会就好了

11. 实验室内的汞蒸气会造成人员慢性中毒，为了减少汞液面的蒸发，可在汞液面上覆盖（　　）液体，效果最好。

A. 水液体　　B. 甘油　　C. 5% Na_2S 溶液

12. 生物实验中的一次性手套及沾染 EB 致癌物质的物品，应（　　）。

A. 丢弃在普通垃圾箱内　　B. 统一收集和处理　　C. 随意放在实验室

13. 实验室各种管理规章制度应该（　　）。

A. 上墙或便于取阅的地方　　B. 存放在档案柜中

C. 由相关人员集中保管　　D. 保存在计算机内

14. 师生进入实验室工作，一定要搞清楚（　　）等位置，有异常情况，要关闭相应的总开关。

A. 日光灯开关、水槽、通风橱

B. 电源总开关、水源总开关

C. 通风设备开关、多媒体开关、计算机开关

15. 在实验室区域内，可以（　　）。

A. 吸烟、烹饪、用膳

B. 睡觉过夜和进行娱乐活动

C. 做与学习、工作有关的事情

16. 在遇到高压电线断落地面时，导线断落点（　　）米内，禁止人员进入。

A. 10　　B. 20　　C. 30　　D. 50

17. 实验室、办公室等用电场所如需增加电器设备，以下说法正确的是（　　）。

A. 老师自行改装

B. 必须经学校有关部门批准，并由学校指派电工安装

C. 学生可以私自改接

18. 实验室安全管理实行哪种管理？（　　）

A. 校、(院)系、实验室三级管理　　B. 校、(院)系两级管理

C. 院(系)、实验室两级管理　　D. 实验室自行管理

19. 对危险废物的容器和包装物，以及收集、贮存、运输、处置危险废物的设施、场所，必须（　　）。

A. 设置危险废物识别标志　　B. 设置生活垃圾识别标志　　C. 不用设置识别标志

20. 对于实验室的微波炉，下列说法错误的是（　　）。

A. 微波炉开启后，会产生很强的电磁辐射，操作人员应远离

B. 严禁将易燃易爆等危险化学品放入微波炉中加热

C. 实验室的微波炉也可加热食品

21. 据统计，火灾中死亡的人有 80% 以上属于（　　）。

A. 被火直接烧死　B. 烟气窒息致死　C. 跳楼或惊吓致死

22. 到床底、阁楼找东西时，应用(　　)照明。

A. 手电筒　B. 油灯　C. 蜡烛

23. 身上着火，最好的做法是(　　)。

A. 就地打滚或用水冲　B. 奔跑

C. 大声呼救　D. 边跑边脱衣服

24. 火灾发生时，湿毛巾折叠 8 层为宜，其烟雾浓度消除率可达(　　)。

A. 40%　B. 60%　C. 80%　D. 95%

25. 法人单位的(　　)对本单位的消防安全工作全面负责。

A. 法定代表人　B. 消防安全管理人　C. 消防安全保卫干部

26. 剧毒物品保管人员应做到(　　)。

A. 日清月结　B. 账物相符　C. 手续齐全　D. 以上都对

27. 采取适当的措施，使燃烧因缺乏或隔绝氧气而熄灭，这种方法称作(　　)。

A. 窒息灭火法　B. 隔离灭火法　C. 冷却灭火法

28. 身上着火怎么办？(　　)

A. 就地打滚　B. 奔跑　C. 用棉被裹住着火部位

29.《中华人民共和国消防法》规定：任何单位、(　　)都有参加有组织的灭火工作的义务。

A. 义务消防队员　B. 个人　C. 成年公民

30. 火灾发生的三大要素是(　　)。

A. 着火源、可燃物、助燃物

B. 空气、热量、可燃物

C. 电源、空气、热

31. 实验中如遇刺激性及神经性中毒，先服牛奶或鸡蛋白使之缓和，再服用(　　)。

A. 氢氧化铝膏，鸡蛋白

B. 硫酸铜溶液(30 g 溶于一杯水中)催吐

C. 乙酸果汁，鸡蛋白

32. 眼睛被消毒液灼伤后，正确的急救方法是(　　)。

A. 点眼药膏　B. 立即打开眼睑，用清水冲洗眼睛

C. 马上到医院看急诊　D. 点眼药水

33. 楼内失火应(　　)。

A. 从疏散通道逃离　B. 乘坐电梯逃离

C. 在现场等待救援　D. 见到门口就跑

34. 如果触电者伤势严重，呼吸停止或心脏停止跳动，应先竭力采用胸外心脏按压和(　　)方法进行施救。

A. 按摩　B. 点穴　C. 人工呼吸　D. 送医院

35. 以下哪项不是呼吸、心跳停止的表现？（　　）

A. 意识忽然丧失　　B. 颈动脉搏动不能触及

C. 面色苍白，转而紫绀　　D. 瞳孔缩小

36. 以下哪项不属于死亡的特征？（　　）

A. 呼之不应　　B. 呼吸停止　　C. 心跳停止　　D. 双侧瞳孔散大、固定

37. 对（　　）人员进行紧急救护时不能进行人工呼吸。

A. 有毒气体中毒　　B. 触电假死　　C. 溺水

38. 实验室人员发生触电时，下列哪种行为是不正确的？（　　）

A. 应迅速切断电源，将触电者上衣解开，取出口中异物，然后进行人工呼吸

B. 应迅速注射兴奋剂

C. 当患者伤势严重时，应立即送医院抢救

39. 实验中被玻璃划伤，首先应如何处理？（　　）

A. 大量水冲洗　　B. 先止血

C. 应先把碎玻璃从伤处挑出　　D. 立刻就医

40. 以下止血方法中，哪种不作为首选应用？（　　）

A. 直接压迫止血法　　B. 止血点压迫止血法

C. 填塞止血法　　D. 止血带止血法

41. 电线插座损坏时，既不美观，也不方便工作，并造成（　　）。

A. 吸潮漏电　　B. 空气开关跳闸

C. 触电伤害　　D. 以上都是

42. 低压验电笔一般适用于交、直流电压为（　　）V 以下。

A. 220　　B. 380　　C. 500

43. 配电盘（箱）、开关、变压器等各种电气设备附近不得（　　）。

A. 设放灭火器　　B. 设置围栏

C. 堆放易燃、易爆、潮湿和其他影响操作的物件

44. 为了减少电击（触电）事故对人体的损伤，经常用到电流型漏电保护开关，其保护指标设置为 W30mAS，其正确含义是（　　）。

A. 流经人体的电流（以毫安为单位）和时间（以秒为单位）的乘积小于 30，例如电流为 30 mA，则持续时间必须小于 1 s

B. 流经人体的电流必须小于 30 mA

C. 流经人体电流的持续时间必须小于 1 s

45. 一般居民住宅、办公场所，若以防止触电为主要目的，则应选用漏电动作电流为（　　）的漏电保护开关。

A. 6 mA　　B. 15 mA　　C. 30 mA　　D. 50 mA

46. 触电事故中，绝大部分是（　　）导致人身伤亡的。

A. 人体接收电流遭到电击　　B. 烧伤　　C. 电休克

47. 被电击的人能否获救，关键在于（　　）。

A. 触电的方式

B. 能否尽快脱离电源和施行紧急救护

C. 触电电压的高低、人体电阻

48. 民用照明电路电压是（　　）。

A. 直流电压 220 V　B. 交流电压 280 V　C. 交流电压 220 V

49. 漏电保护器对下列哪种情况不起作用？（　　）

A. 单手碰到带电体

B. 人体碰到带电设备

C. 双手碰到两相电线（此时人体作为负载，已触电）

D. 人体碰到漏电机壳

50. 万一发生电气火灾，首先应该采取的第一条措施是（　　）。

A. 打电话报警

B. 切断电源

C. 扑灭明火

D. 保护现场，分析火因，以便采取措施，杜绝隐患

51. 天气较热时，打开腐蚀性液体，应该（　　）。

A. 直接用手　B. 用毛巾先包住塞子

C. 戴橡胶手套　D. 用纸包住塞子

52. 实验室内使用乙炔气时，说法正确的是（　　）。

A. 室内不可有明火，不可有产生电火花的电器

B. 房间应密闭

C. 室内应有高湿度

D. 乙炔气可用铜管道输送

53. 以下几种气体中，最毒的气体为（　　）。

A. 氯气　B. 光气（$COCl_2$）　C. 二氧化硫　D. 三氧化硫

54. 剧毒物品必须保管、贮存在（　　）中。

A. 铁皮柜　B. 木柜子

C. 带双锁的铁皮保险柜　D. 带双锁的木柜子

55. 涉及有毒试剂的操作时，应采取的保护措施包括（　　）。

A. 佩戴适当的个人防护器具　B. 了解试剂毒性，在通风橱中操作

C. 做好应急救援预案　D. 以上都是

56. 危险化学品的毒害包括（　　）。

A. 皮肤腐蚀/刺激，眼损伤/刺激

B. 急性中毒致死，器官或呼吸系统损伤，生殖细胞突变，致癌

C. 水环境危害，放射性危害

D. 以上都是

57. 发生危险化学品事故后，应该向(   )方向疏散。

A. 下风　B. 上风　C. 顺风　D. 任意

58. 下列物质无毒的是(   )。

A. 乙二醇　B. 硫化氢　C. 乙醇　D. 甲醛

59. 如果在试验过程中，闻到烧焦的气味应(   )。

A. 关机走人　B. 打开通风装置通风

C. 立即关机并报告相关负责人员　D. 请同实验的人帮忙检查

60. 室温较高时，有些试剂如氨水等，打开瓶塞的瞬间很易冲出气液流，应先(   )，再打开瓶塞。

A. 先将试剂瓶在热水中浸泡一段时间　B. 振荡一段时间

C. 先将试剂瓶在冷水中浸泡一段时间　D. 先将试剂瓶颠倒一下

61. 各种气瓶的存放，必须距离明火(   )以上，避免阳光暴晒，搬运时不得碰撞。

A. 1 米　B. 3 米　C. 10 米

62. 氧气瓶与乙炔发生器间距不得小于(   )米，二者距明火不应小于(   )米。

A. 5　10　B. 3　6　C. 2　4　D. 1　2

63. 对于全部参数可调的科研用激光器，为保证安全运行，必须严格按照激光器注入能量限制匹配原则对激光加工参数进行设定，应由(   )操作，(   )负责管理。

A. 本科生，教师　B. 研究生，教师　C. 专人，专人

64. 我国气体钢瓶常用的颜色标记中，氮气的瓶身和标字颜色分别为(   )。

A. 黑色、蓝色　B. 黄色、黑色　C. 黑色、黄色　D. 蓝色、黑色

65. 当油脂等有机物沾污氧气钢瓶时，应立即用(   )洗净。

A. 乙醇　B. 四氯化碳　C. 水　D. 汽油

66. 安全阀的作用是怎样实现的？(   )

A. 安全阀通过作用在阀瓣上两个力的平衡来使它开启或关闭，实现防止压力容器超压

B. 安全阀通过爆破片破裂泄放容器的压力，实现防止压力容器的压力继续上升

C. 安全阀通过爆破片破裂产生声光提示，及时提醒操作者停止加热，防止压力继续上升

D. 安全阀通过爆破片破裂产生声光提示，实现防止压力容器的压力继续上升

67. 氯气是一种(   )，有强烈的刺激气味。

A. 黄绿色的剧毒气体　B. 红色的气体　C. 绿色的气体

68. 以下不会引发火灾事故的是(   )。

A. 电磁辐射　B. 冲击摩擦　C. 静电火花　D. 高温表面

69. 镁粉发生火灾时，应使用(   )灭火。

A. 水　B. 特殊干粉　C. 二氧化碳

70. 爆炸冲击波的破坏作用取决于(　　)。

A. 速度　　B. 超压　　C. 冲量　　D. 超压及冲量

71. 硫黄在燃烧时产生(　　)和刺激性气体,扑救时必须注意戴好防毒面具。

A. 有毒　　B. 剧毒　　C. 碱性

72. 苯是无色透明液体,易挥发,具有芳香气味,易溶于有机溶剂,不溶于水,故(　　)用水扑救苯引起的火灾。

A. 不能　　B. 能　　C. 完全可以

73. 易燃液体的蒸气与空气的混合物可被点燃,产生瞬间闪光的最低温度称为(　　)。

A. 闪点　　B. 着火点　　C. 起爆点

74. 同属氧化性物质的物品,由于氧化性的强弱不同,相互混合后(　　)引起燃烧。

A. 不能　　B. 不一定　　C. 能

75. 当爆炸物品发生大量撒漏时,应(　　)。

A. 用土覆盖就地掩埋

B. 用水湿润,撒以锯末或棉絮等松软物收集后,报请公安或消防人员处理

C. 收集起来,重新放入包装容器中

76. 天然气(含甲烷,液化的)别名液化天然气,天然气(　　)。

A. 有腐蚀性　　B. 极易燃　　C. 不易燃烧

77. 当(　　)着火时,禁止用水灭火。

A. 碳化钙(电石)　　B. 红磷　　C. 硫黄

78. 浓硫酸溶于水时,能释放出大量热量。因此,稀释浓硫酸时必须十分小心,应该(　　)。

A. 把水缓缓加入浓硫酸中　　B. 把浓硫酸缓缓加入水中

C. 把浓硫酸迅速倒入水中

79. 易燃固体需明火点燃;易于自燃物质(　　)受热和明火,会自行燃烧,遇水放出易燃气体的物质遇水(包括受湿、酸类和氧化剂)会引起剧烈化学反应,放出可燃性气体和热量。

A. 需要　　B. 不需要　　C. 有时需要

80. 有机过氧化物不稳定,容易分解,分解时生成物为(　　),容易引起爆炸。

A. 易燃气体　　B. 气体　　C. 易燃液体

81. 爆炸品通常采用(　　)灭火。

A. 水冷却法　　B. 窒息法或隔离法　　C. 砂土覆盖法

82. 电石(学名碳化钙)为灰色的不规则的块状物,有强烈的吸湿性,能从空气中吸收水分而发生反应,放出(　　)易燃气体。

A. 甲烷　　B. 乙烷　　C. 乙炔

83. 氧气瓶直接受热发生爆炸属于(　　)。

A. 爆轰　　B. 物理性爆炸　　C. 化学性爆炸　　D. 殉爆

84. 当(　　)着火时,禁止使用砂土覆盖。

A. 散装爆炸品　　B. 汽油　　C. 硫酸

85. 有机过氧化物(如过氧化甲乙酮)比无机氧化剂(如高锰酸钾)更(　　)分解，分解的产物几乎都是气体或易挥发的物质，再加上易燃性和自身氧化性，分解时易发生爆炸。

A. 容易　　B. 难　　C. 不容易

86. 氢氟酸的主要危险在于其(　　)。

A. 毒性　　B. 燃烧、爆炸危险

C. 放射性　　D. 腐蚀性

二、判断题(共 14 题)

1. 因吸入少量氯气、溴蒸气而中毒，可用碳酸氢钠溶液漱口，不可进行人工呼吸。(　　)
2. 乙炔衍生物、乙炔金属盐、1,2-环氧乙烷、偶氮氧化物等都属于易燃和易爆的化学试剂，处理时应该特别小心。(　　)
3. 在雷雨、暴风雨天气应该抓紧时间进行罐(槽)的装卸工作。(　　)
4. 误服强酸导致消化道烧灼痛，为防止进一步加重损伤，不能催吐，可口服牛奶、鸡蛋清、植物油等。(　　)
5. 玻璃器具在使用前要仔细检查，避免使用有裂痕的仪器，特别用于减压、加压或加热操作的场合，更要认真检查。(　　)
6. 铅中毒病情加重症状为腹部阵发性绞痛、肌无力、肢端麻木、贫血。(　　)
7. 碱灼伤时，必须先用大量流水冲洗至皂样物质消失，然后可用 1%～2%醋酸或 3%硼酸溶液进一步冲洗。(　　)
8. 水处理实验常用到大功率空压机，在工作时会产生较大的噪音，长期安装在离工作人员较近的地方，会造成听觉敏感性下降，甚至永久性耳聋。(　　)
9. 有损身体健康的化学药品分为两大类：一类是具有刺激性、腐蚀性的药物，另一类是有毒的化学药品。(　　)
10. 只有危险化学品生产企业需要制定应急救援预案。(　　)
11. H_2O_2、$AgNO_3$、AgCl、$KMnO_4$、草酸见光易分解，应置于棕色瓶内，放在阴凉避光处。(　　)
12. 液体表面的蒸气与空气形成可燃气体，遇到火种时，发生一闪即灭的现象，可将发生如此现象的最低温度称为闪点。(　　)
13. 皮肤被黄磷灼伤禁用含油敷料。(　　)
14. 化学易燃物品分六类：可燃、易燃液体，可燃、易燃固体，可燃、助燃气体，自燃物质，遇水燃烧物质和氧化剂。此外还有爆炸物质、放射性物质、剧毒物质和腐蚀物质，这四类均不属于防火管理的内容，但列入危险品安全管理。(　　)

化学实验室安全考试试题(三)

一、单选题(共54题)

1. 遇水发生剧烈反应,容易产生爆炸或燃烧的化学品是(　　)。

A. K、Na、Mg、Ca、Li、AlH_3、电石　　B. K、Na、Ca、Li、AlH_3、MgO、电石

C. K、Na、Ca、Li、AlH_3、电石　　D. K、Na、Mg、Li、AlH_3、电石

2. 实验室内的汞蒸气会造成人员慢性中毒,为了减少汞液面的蒸发,可在汞液面上覆盖(　　)液体,效果最好。

A. 水　　B. 甘油　　C. 5% Na_2SO_4

3. 以下(　　)具有强腐蚀性,使用时必须做必要的防护。

A. 硝酸　　B. 硼酸　　C. 稀醋酸

4. 以下物品中露天存放最危险的是(　　)。

A. 氯化钠　　B. 明矾　　C. 遇湿燃烧物品

5. 大量销毁易燃易爆化学物品时,应征得所在地(　　)监督机构的同意。

A. 化工　　B. 人民政府　　C. 公安消防

6. 当有危害的化学试剂发生泄漏、洒落或堵塞时应(　　)。

A. 首先避开并想好应对的办法再处理　　B. 赶紧打扫干净或收拾起来

C. 放着不管

7. 混合或相互接触时,不会产生大量热量而着火、爆炸的是(　　)。

A. $KMnO_4$ 和浓硫酸　　B. CCl_4 和碱金属

C. 硝铵和酸　　D. 浓 HNO_3 和胺类

8. 下列陈述正确的是(　　)。

A. 不能对瓶子、量筒等容器加热,可以对圆底烧瓶和锥形瓶加热

B. 在通风橱操作时,女士必须将长头发整理好

C. 非一次性防护手套脱下前必须冲洗干净,一次性手套必须从后向前把里面翻出来脱下后再扔掉

D. 可以抓住塑料瓶子的塞子搬运瓶子,而不能抓住玻璃瓶子的塞子搬运瓶子

9. 为了防止在开启或关闭玻璃容器时发生危险,下列(　　)不适宜作为盛放具有爆炸危险物质的玻璃容器的瓶塞。

A. 软木塞　　B. 磨口玻璃塞　　C. 胶皮塞　　D. 橡胶塞

10. 毒害品主要是经过(　　)吸入蒸气或通过皮肤接触引起人体中毒。

A. 眼　　B. 鼻　　C. 呼吸道

11. 分光光度计的吸光值在(　　)范围内准确度最高。

A. 0.0~1.0　　B. 0.6~1.0　　C. 0.2~0.7

12. 二氧化碳钢瓶瓶身颜色是(　　)。

A. 黄色　　B. 天蓝色　　C. 黑色　　D. 铝白色

13. 贮存危险化学品的仓库管理人员必须配备可靠的(　　)。

A. 劳动保护用品　　B. 安全监测仪器　　C. 手提消防器材

14. 剧毒物品保管人员应做到(　　)。

A. 日清月结　　B. 账物相符　　C. 手续齐全　　D. 以上都对

15. 当打开房门闻到燃气气味时,要迅速(　　),以防止引起火灾。

A. 打开燃气灶具查找漏气部位　　B. 打开门窗通风

C. 拨打119向消防队报警　　D. 喷空气清新剂

16. 火场逃生的原则是(　　)。

A. 抢救国家财产为上　　B. 先带上日后生活必需钱财要紧

C. 安全撤离、救助结合　　D. 逃命要紧

17. 下列不具备消防监督检查资格的是(　　)。

A. 公安消防机构　　B. 治安联防队　　C. 公安派出所

18. 经常使用的物品中属易燃易爆物品的是(　　)。

A. 摩丝　　B. 餐洗剂　　C. 洗发水

19. 当发现液化气钢瓶内残液过多时,应送往(　　)进行处理,严禁乱倒残液。

A. 消防队　　B. 环保局　　C. 液化气充装站

20. 楼内失火应(　　)。

A. 从疏散通道逃离　　B. 乘坐电梯逃离

C. 在现场等待救援　　D. 见到门口就跑

21. 以下符合急救与防护"四先四后"原则的是(　　)。

A. 先抢后救　　B. 先轻后重　　C. 先缓后急　　D. 先病后伤

22. 以下(　　)不属于死亡的特征。

A. 呼之不应　　B. 呼吸停止　　C. 心跳停止　　D. 双侧瞳孔散大、固定

23. 实验中如遇刺激性及神经性中毒,先服牛奶或鸡蛋白使之缓和,再服用(　　)。

A. 氢氧化铝膏,鸡蛋白

B. 硫酸铜溶液(30 g溶于一杯水中)催吐

C. 乙酸果汁,鸡蛋白

24. 对(　　)人员进行紧急救护时不能进行人工呼吸。

A. 有毒气体中毒　　B. 触电假死　　C. 溺水

25. 民用照明电路电压是(　　)。

A. 直流电压220 V　　B. 交流电压280 V

C. 交流电压220 V

26. 雷电由于瞬间的强大电流释放巨大能量,不仅会伤及人员,还会损坏设备,甚至引起火灾。室内防止雷电灾害的最主要的一项措施是(　　)。

A. 在较高建筑的顶端及露天的配电设施要装避雷装置

B. 雷雨时不使用计算机上网,而且尽可能关闭机器,拔掉电源线和网线

C. 雷雨发生时不使用手机

27. 电线插座损坏时,既不美观,也不方便工作,并造成(　　)。

A. 吸潮漏电　　B. 空气开关跳闸　　C. 触电伤害　　D. 以上都是

28. 触电事故中,绝大部分是(　　)导致人身伤亡的。

A. 人体接收电流遭到电击　　B. 烧伤　　C. 电休克

29. 有人触电时，使触电人员脱离电源的错误方法是(　　)。
A. 借助工具使触电者脱离电源　　B. 抓触电人的手
C. 抓触电人的干燥外衣　　D. 切断电源
30. 被电击的人能否获救，关键在于(　　)。
A. 触电的方式
B. 能否尽快脱离电源和施行紧急救护
C. 触电电压的高低、人体电阻
31. 国际规定，电压在(　　)伏以下不必考虑防止电击的危险。
A. 36 V　　B. 65 V　　C. 25 V
32. 一般居民住宅、办公场所，若以防止触电为主要目的，应选用漏电动作电流为(　　)的漏电保护开关。
A. 6 mA　　B. 15 mA　　C. 30 mA　　D. 50 mA
33. 在供电中，万一发生电击(触电)事故，为了保证不对人体产生致命危险，引入安全电压这一概念。工业中使用的安全电压是(　　)。
A. 25 V　　B. 36 V　　C. 50 V
34. 金属梯子不适于(　　)。
A. 带电作业的工作场所　　B. 坑穴或密闭场所
C. 高空作业　　D. 静电
35. 把玻璃管或温度计插入橡皮塞或软木塞时，常常会折断而使人受伤。下列操作方法不正确的是(　　)。
A. 可在玻璃管上沾些水或涂上甘油等作润滑剂，一手拿着塞子，一手拿着玻璃管一端(两只手尽量靠近)，边旋转边慢慢地把玻璃管插入塞子中
B. 橡皮塞等钻孔时，打出的孔比管径略小，可用圆锉把孔锉一下，适当扩大孔径
C. 无需润滑，且操作时与双手距离无关
36. 室温较高时，有些试剂(如氨水等)打开瓶塞的瞬间很易冲出气液流，应先(　　)，再打开瓶塞。
A. 先将试剂瓶在热水中浸泡一段时间　　B. 振荡一段时间
C. 先将试剂瓶在冷水中浸泡一段时间　　D. 先将试剂瓶颠倒一下
37. 发生危险化学品事故后，应该向(　　)方向疏散。
A. 下风　　B. 上风　　C. 顺风　　D. 任意
38. 下列实验操作中，说法正确的是(　　)。
A. 可以对容量瓶、量筒等容器加热
B. 在通风柜操作时，可将头伸入通风柜内观察
C. 非一次性防护手套脱下前必须冲洗干净，一次性手套必须从后向前把里面翻出来脱下后再扔掉
D. 可以抓住塑料瓶子或玻璃瓶子的盖子搬运瓶子
39. 在作业场所液化气浓度较高时，应该佩戴(　　)。
A. 面罩　　B. 口罩　　C. 眼罩　　D. 防毒面罩
40. 以下物质中，(　　)应该在通风橱内操作。

A. 氢气　B. 氮气　C. 氨气　D. 氯化氢

41. 实验室内使用乙炔气时,说法正确的是(　　)。

A. 室内不可有明火,不可有产生电火花的电器

B. 房间应密闭

C. 室内应有高湿度

D. 乙炔气可用铜管道输送

42. 在实验内容设计过程中,要尽量选择(　　)做实验。

A. 无公害、无毒或低毒的物品

B. 实验残液、残渣较多的物品

C. 实验残液、残渣不可回收的物品

43. 在试验过程中,如果闻到烧焦的气味,应(　　)。

A. 关机走人　B. 打开通风装置通风

C. 立即关机并报告相关负责人员　D. 请同实验的人帮忙检查

44. 下列物质无毒的是(　　)。

A. 乙二醇　B. 硫化氢　C. 乙醇　D. 甲醛

45. 以下不会引发火灾事故的是(　　)。

A. 电磁辐射　B. 冲击摩擦　C. 静电火花　D. 高温表面

46. 气体的临界温度(　　),危险性越大。

A. 越低　B. 越高　C. 越不确定

47. 浓硫酸溶于水时,能释放出大量热量。因此,稀释浓硫酸时必须十分小心,应该(　　)。

A. 把水缓缓加入浓硫酸中

B. 把浓硫酸缓缓加入水中

C. 把浓硫酸迅速倒入水中

48. 下列粉尘中,(　　)的粉尘不会发生爆炸。

A. 生石灰　B. 面粉　C. 煤粉　D. 铝粉

49. 当爆炸物品发生大量撒漏时,应(　　)。

A. 用土覆盖就地掩埋

B. 用水湿润,撒以锯末或棉絮等松软物收集后,报请公安或消防人员处理

C. 收集起来,重新放入包装容器中

50. 当炸药中混入惰性物质(如石蜡、硬脂酸、机油等)时,其撞击感度降低,危险性也(　　)。

A. 降低　B. 升高　C. 不变

51. 不属于着火源的是(　　)。

A. 摩擦　B. 静电　C. 太阳光

52. 同属氧化性物质的物品,由于氧化性的强弱不同,相互混合后(　　)引起燃烧。

A. 不能　B. 不一定　C. 能

53. 氧气瓶直接受热发生爆炸属于(　　)。

A. 爆轰　B. 物理性爆炸　C. 化学性爆炸　D. 殉爆

54. 硝酸钾又称火硝,无色透明晶体或粉末,溶于水,遇热分解放出氧气,当硝酸钾与易燃物质混合后,受热甚至轻微的摩擦冲击也会(　　)。

A. 很安全　　　B. 迅速地燃烧或爆炸　　　C. 很难燃烧

二、判断题(共 28 题)

1. 创造安全、卫生的实验室工作环境，仅仅是实验工作人员的责任。(　　)
2. 实验中，进行高温操作时，必须佩戴防高温手套。(　　)
3. 为保证安全用电，配电箱内所用的保险丝应该尽量粗。(　　)
4. 实验室必须配备符合本室要求的消防器材，消防器材要放置在明显或便于拿取的位置，严禁任何人以任何借口把消防器材移作他用。(　　)
5. 在实验室同时使用多种电器设备时，应计算所有用电的总容量，它应小于实验室的设计容量。(　　)
6. 实验仪器使用时要有人在场，不得擅自离开。(　　)
7. 一些低毒、无毒的实验废液可以不经处理，直接由下水道排放。(　　)
8. 消防队在扑救火灾时，有权根据灭火的需要，拆除或者破损临近火灾现场的建筑。(　　)
9. 发生各类案件时应立即报案，妥善保护案发现场，若有人受伤，在救人时应尽可能记住现场破坏前的情况(如手机拍照等)。(　　)
10. 实验中溅入口中而尚未下咽的毒物，应立即吐出，并用大量水冲洗口腔。(　　)
11. 上网信息的保密管理坚持“谁上网谁负责”的原则。(　　)
12. 任何单位和个人不得在电子公告系统、聊天室、网络新闻上发布、谈论和传播国家秘密信息。(　　)
13. 加热试管内物质时，管口应朝向自己，以便看清楚反应过程。(　　)
14. 爆炸是所有化学危险品的一个重要性质。(　　)
15. 对于易燃化学品，在往容器中倾倒时应保持一定速度，不可过快，避免产生静电。(　　)
16. 可以将氢气与氧气混放在一个房间。(　　)
17. 易燃固体与自燃物品不可以一同贮存。(　　)
18. 在实验室允许口尝鉴定试剂和未知物。(　　)
19. 严格执行气瓶安全技术要求所规定的内容。(　　)
20. 使用钢瓶中的气体时，要用减压阀(气压表)，各种气体的气压表不得混用，以防爆炸。(　　)
21. 只要耐压标准相同，可以根据需要向实验室中的气瓶改装其他种类的气体。(　　)
22. 各种气瓶的存放必须远离明火、避免阳光直晒，搬运时不得碰撞。(　　)
23. 易燃气体气瓶与明火距离不得小于 5 米。(　　)
24. 一般地，液态的相对密度是以水为标准的。相对密度小于 1 的液态会浮在水面上，如汽油。(　　)
25. 引起某爆炸品爆炸所需的气爆能量越小，该爆炸品的敏感度越高，危险性也越小。(　　)
26. 化学爆炸必须同时具备 3 个因素：(1)反应速度快；(2)释放出大量的热；(3)产生大量气体生成物。(　　)
27. 当炸药内混入坚硬物质(如玻璃、铁屑、砂石等)时，则其撞击感度增加，危险性降低。(　　)
28. 气体的爆炸范围越大，则其燃烧的可能性越大。(　　)

三、多选题(共 9 题)

1. 下列属于易燃液体的是(　　)。

A. 5%稀硫酸　　B. 乙醇　　C. 苯　　D. 二硫化碳

2. (　　)彼此混合时,特别容易引起火灾。

A. 活性炭与硝酸铵　　B. 硝酸、硫酸和盐酸

C. 抹布与浓硫酸　　D. 可燃性物质(木材、织物等)与浓硫酸

3. 化学品存放应注意的事项包括(　　)。

A. 叉车进入化学品仓库必须装设防火罩

B. 各类化学品必须分类存放

C. 废弃化学品容器要定点存放并按期处理

D. 化学品仓库内要保持通风并控制温度

4. 下列物质有毒的是(　　)。

A. 乙二醇　　B. 硫化氢　　C. 乙醇　　D. 甲醛

5. 可燃性及有毒气体钢瓶一律不得进入实验楼内,存放此类气体钢瓶的地方应(　　)。

A. 阴凉通风　　B. 严禁明火　　C. 有防爆设施　　D. 密闭

6. 压力容器按工作温度(低温、常温、高温)区分是(　　)。

A. 低温容器≤20 ℃　　B. 常温容器 20～450 ℃

C. 高温容器≥450 ℃

7. 实验室中常常用到一些压力容器(如高压反应釜、气体钢瓶等),下列被严格禁止的行为是(　　)。

A. 带压拆卸压紧螺栓

B. 气体钢瓶螺栓受冻,不能拧开,可以用火烧烤

C. 在搬动、存放、更换气体钢瓶时不安装防振垫圈

D. 学生在没有经过培训、没有老师在场的情况下使用气瓶

8. 怎样正确使用压力气瓶?(　　)

A. 压力气瓶要放置稳固、防止倾倒,要避免碰撞、烘烤和暴晒,受射线辐照易发生化学反应介质的压力气瓶应远离放射源或采取屏蔽措施

B. 不得对压力气瓶进行焊接或改造;不得更改气瓶的钢印或颜色标记;不得使用已报废的气瓶;气瓶内的残液不能自行处理;气瓶内的介质不能向其他容器充装

C. 易燃、易爆或有毒介质的压力气瓶,可以放心地安放在室内使用,不必担心出问题

D. 易燃和助燃气瓶要保持距离、分开存放,这是不必要的

9. 怎样选择压力容器上使用的压力表等级?(　　)

A. 选择压力表必须与压力容器的介质相适应

B. 低压容器使用的压力表精度不低于 2.5 级

C. 中压及高压容器使用的压力表精度不低于 1.5 级

化学实验室安全考试试题答案

化学实验室安全考试试题(一)

一、单选题(共 85 题)

1.D 2.C 3.B 4.D 5.C 6.A 7.A 8.A 9.A 10.A 11.C 12.B 13.D 14.B 15.A 16.C 17.D 18.C 19.C 20.B 21.C 22.A 23.B 24.A 25.C 26.C 27.A 28.C 29.A 30.A 31.B 32.A 33.A 34.A 35.B 36.C 37.A 38.B 39.A 40.A 41.C 42.B 43.A 44.B 45.D 46.A 47.B 48.A 49.B 50.B 51.D 52.A 53.B 54.C 55.C 56.D 57.C 58.C 59.B 60.A 61.B 62.A 63.A 64.B 65.A 66.B 67.B 68.A 69.A 70.C 71.D 72.A 73.A 74.C 75.A 76.A 77.A 78.B 79.A 80.C 81.C 82.B 83.C 84.C 85.B

二、判断题(共 15 题)

1.正确 2.正确 3.正确 4.正确 5.错误 6.错误 7.错误 8.正确 9.正确 10.正确 11.错误 12.正确 13.正确 14.正确 15.错误

化学实验室安全考试试题(二)

一、单选题(共 86 题)

1.A 2.B 3.A 4.C 5.A 6.D 7.C 8.A 9.B 10.B 11.B 12.B 13.A 14.B 15.C 16.B 17.B 18.A 19.A 20.C 21.B 22.A 23.A 24.B 25.A 26.D 27.A 28.C 29.C 30.A 31.B 32.B 33.A 34.C 35.D 36.A 37.A 38.B 39.C 40.D 41.D 42.C 43.C 44.A 45.C 46.A 47.B 48.C 49.C 50.B 51.C 52.A 53.B 54.C 55.D 56.D 57.B 58.C 59.C 60.C 61.B 62.A 63.C 64.C 65.B 66.A 67.A 68.A 69.B 70.D 71.A 72.A 73.A 74.C 75.B 76.B 77.A 78.B 79.B 80.A 81.A 82.C 83.B 84.A 85.A 86.D

二、判断题(共 14 题)

1.正确 2.正确 3.错误 4.正确 5.正确 6.正确 7.正确 8.正确 9.正确 10.错误 11.正确 12.正确 13.正确 14.正确

化学实验室安全考试试题(三)

一、单选题(共 54 题)

1.C 2.B 3.A 4.C 5.C 6.A 7.B 8.C 9.B 10.C 11.C 12.D 13.A 14.D 15.B 16.C 17.B 18.A 19.C 20.A 21.A 22.A 23.B 24.A 25.C 26.A 27.D 28.A 29.B 30.B 31.C 32.C 33.B 34.A 35.C 36.C 37.B 38.C 39.A 40.D 41.A 42.A 43.C 44.C 45.A 46.A 47.B 48.A 49.B

50. A　51. C　52. C　53. B　54. B

二、判断题(共 28 题)

1. 错误　2. 正确　3. 错误　4. 正确　5. 正确　6. 正确　7. 错误　8. 正确　9. 正确
10. 正确　11. 正确　12. 正确　13 错误　14. 错误　15. 正确　16. 错误　17. 正确
18. 错误　19. 正确　20. 正确　21. 错误　22. 正确　23. 正确　24. 正确　25. 错误
26. 正确　27. 错误　28. 正确

三、多选题(共 9 题)

1. BCD　2. ACD　3. ABCD　4. ABD　5. ABC　6. ABC　7. ABCD　8. AB　9. ABC

附录B 危化品安全技术说明书

1. 氢气

标识	中文名：氢；氢气		英文名：hydrogen
	分子式：H_2	分子量：2.01	CAS号：133-74-0
	危规号：21001		
理化性质	性状：无色无臭气体		
	溶解性：不溶于水，不溶于乙醇、乙醚		
	熔点(℃)：−259.2	沸点(℃)：−252.8	相对密度(水=1)：0.07(−252 ℃)
	临界温度(℃)：−240	临界压力(MPa)：1.30	相对密度(空气=1)：0.07
	燃烧热(kJ/mol)：241.0	最小点火能(mJ)：0.019	饱和蒸气压(kPa)：13.33(−257.9 ℃)
燃烧爆炸危险性	燃烧性：易燃	燃烧分解产物：水	
	闪点(℃)：无意义	聚合危害：不聚合	
	爆炸下限(%)：4.1	稳定性：稳定	
	爆炸上限(%)：74.1	最大爆炸压力(MPa)：0.720	
	引燃温度(℃)：400	禁忌物：强氧化剂、卤素	
	危险特性：与空气混合能形成爆炸性混合物，遇热或明火会发生爆炸。气体比空气轻，在室内使用和贮存时，漏气上升滞留屋顶不易排出，遇火星会引起爆炸。氢气与氟、氯、溴等卤素会剧烈反应		
	消防措施：切断气源。若不能立即切断气源，则不允许熄灭正在燃烧的气体。喷水冷却容器，可能的话将容器从火场移至空旷处。灭火剂：雾状水、泡沫、二氧化碳、干粉		
毒性	接触限值：中国 MAC(mg/m^3)，未制定标准；美国 TVL—TWA ACGIH，窒息性气体；美国 TLV−STEL，未制定标准		
对人体危害	侵入途径：吸入。 健康危害：本品在生理学上是惰性气体，仅在高浓度时，由于空气中氧分压降低才引起窒息。在很高的分压下，氢气可呈现出麻痹作用		
急救	吸入：迅速脱离现场至空气新鲜处，保持呼吸道通畅。如果呼吸困难，则输氧。如果呼吸停止，则立即进行人工呼吸、就医		
防护	工程防护：密闭系统，通风，防爆电器与照明。 个人防护：一般不需要特殊防护，高浓度接触时可佩戴空气呼吸器；穿防静电工作服；戴一般作业防护手套。 其他：工作现场严禁吸烟，避免高浓度吸入。如果进入罐、限制性空间或其他高浓度区作业，则必须有人监护		

续表

泄漏处理	迅速撤离泄漏污染区人员至上风处，并进行隔离，严格限制出入；切断火源；建议应急处理人员戴自给正压式呼吸器，穿消防防护服；尽可能切断泄漏源；合理通风，加速扩散；如有可能，将漏出气用排风机送至空旷地方或装设适当喷头烧掉；漏气容器要妥善处理，修复、检验后再用
贮运	包装标志：4。UN 编号：1049。 包装分类：Ⅱ。包装方法：钢质气瓶。 贮运条件：易燃压缩气体；贮存于阴凉、通风仓间内；仓内温度不宜超过 30 ℃；远离火种、热源，防止阳光直射；应与氧气、压缩空气、卤素(氟、氯、溴)、氧化剂等分开存放；切忌混贮混运；贮存间内的照明、通风等设施应采用防爆型，开关设在仓外；配备相应品种和数量的消防器材；禁止使用易产生火花的机械设备和工具；验收时要注意品名，注意验瓶日期，先进仓的先发用；搬运时轻装轻卸，防止钢瓶及附件破损

2. 氯气

标识	中文名：氯气；氯		英文名：chlorine
	分子式：Cl_2	分子量：70.91	CAS 号：7782-50-5
	危规号：23002		
理化性质	性状：黄绿色有刺激性气味的气体		
	溶解性：易溶于水、碱液		
	熔点(℃)：－101	沸点(℃)：－34.5	相对密度(水＝1)：1.47
	临界温度(℃)：144	临界压力(MPa)：7.71	相对密度(空气＝1)：2.48
	燃烧热(kJ/mol)：—	最小点火能(mJ)：—	饱和蒸气压(kPa)：506.62(10.3 ℃)
燃烧爆炸危险性	燃烧性：助燃	燃烧分解产物：氯化氢	
	闪点(℃)：无意义	聚合危害：不聚合	
	爆炸下限(%)：无意义	稳定性：稳定	
	爆炸上限(%)：无意义	最大爆炸压力(MPa)：—	
	引燃温度(℃)：无意义	禁忌物：易燃或可燃物、醇类、乙醚、氢	
	危险特性：本品不会燃烧，但可助燃。一般可燃物大都能在氯气中燃烧，一般易燃气体或蒸气也都能与氯气形成爆炸性混合物。氯气能与许多化学品(如乙炔、松节油、乙醚、氨、燃料气、烃类、氢气、金属粉末等)猛烈反应发生爆炸或生成爆炸性物质。它几乎对金属和非金属都有腐蚀作用		
	灭火方法：本品不燃。消防人员必须佩戴过滤式防毒面具(全面罩)或隔离式呼吸器、穿全身防火防毒服，在上风处灭火。切断气源，喷水冷却容器，可能的话将容器从火场移至空旷处。灭火剂：雾状水、泡沫、干粉		
毒性	接触限值：中国 MAC(mg/m^3)，1；美国 TVL－TWA OSHA 1 ppm，3 mg/m^3(上限值)；ACGIH 0.5 ppm，1.5 mg/m^2；美国 TLV－STEL ACGIH 1 ppm，2.9 mg/m^2；LC50 850 mg/m^3(大鼠吸入)		

续表

对人体危害	侵入途径:吸入。 健康危害:对眼、呼吸道黏膜有刺激作用。 急性中毒:轻度者流泪、咳嗽、咳少量痰、胸闷,出现气管和支气管炎的表现;中度中毒:发生支气管肺炎或间质性肺水肿,病人除有上述症状的加重外,出现呼吸困难、轻度紫绀等。 重度中毒:发生肺水肿、昏迷和休克,可出现气胸、纵隔气肿等并发症;吸入极高浓度的氯气,可引起迷走神经反射性心跳骤停或喉头痉挛而发生"电击样"死亡。 皮肤接触液氯或高浓度氯,在暴露部位可导致灼伤或急性皮炎。 慢性影响:长期低浓度接触,可引起慢性支气管炎、支气管哮喘等;可引起职业性痤疮及牙齿酸蚀症
急救	皮肤接触:立即脱去被污染的衣着,用大量流动清水冲洗,就医。 眼睛接触:提起眼睑,用流动清水或生理盐水冲洗,就医。 吸入:迅速脱离现场至空气新鲜处,呼吸、心跳停止时,立即进行人工呼吸和胸外心脏按压术,就医
防护	工程防护:严加密闭,提供充分的局部排风和全面通风;提供安全淋浴和洗眼设备。个人防护:空气中浓度超标时,建议佩戴空气呼吸器或氧气呼吸器。紧急事态抢救或撤离时,必须佩戴氧气呼吸器;穿带面罩式胶布防毒服;戴橡胶手套。工作现场严禁吸烟、进食和饮水。工作毕,淋浴更衣。保持良好的个人卫生习惯。进入罐、限制性空间或其他高浓度区作业,必须有人监护
泄漏处理	迅速撤离泄漏污染区人员至上风处,并立即进行隔离,小泄漏时隔离 150 m,大泄漏时隔离 450 m,严格限制出入;建议应急处理人员戴自给正压式呼吸器,穿防毒服;尽可能切断泄漏源;合理通风,加速扩散;喷雾状水稀释、溶解;构筑围堤或挖坑收容产生的大量废水。如有可能,用管道将泄漏物导致还原剂(酸式硫酸钠或碳酸氢钠)溶液,也可以将漏气钢瓶浸入石灰乳液中。漏气容器要妥善处理,修复、检验后再用
贮运	包装标志:6。UN 编号:1017。包装分类:Ⅱ。 包装方法:钢质气瓶。 贮运条件:不燃有毒压缩气体,贮存于阴凉、通风仓内,仓内温度不宜超过 30 ℃;远离火种、热源,防止阳光直射;应与易燃或可燃物、金属粉末等分开存放,不可混贮混运;液氯贮存区要建低于自然地面的围堤;验收时要注意品名,注意验瓶日期,先进仓的先发用;搬运时轻装轻卸,防止钢瓶及附件破损;运输按规定路线行驶,勿在居民区和人口稠密区停留

3. 硫化氢

标识	中文名:硫化氢		英文名:hydrogen sulfide
	分子式:H_2S	分子量:34.08	CAS 号:7783-06-4
	危规号:21043		
理化性质	性状:无色有恶臭气体		
	溶解性:溶于水、乙醇		
	熔点(℃):-85.5	沸点(℃):-60.4	相对密度(水=1):—
	临界温度(℃):100.4	临界压力(MPa):9.01	相对密度(空气=1):1.19
	燃烧热(kJ/mol):—	最小点火能(mJ):0.077	饱和蒸气压(kPa):2026.5(25.5 ℃)

续表

<table>
<tr><td rowspan="7">燃烧爆炸危险性</td><td>燃烧性:易燃</td><td>燃烧分解产物:氧化硫</td></tr>
<tr><td>闪点(℃):—</td><td>聚合危害:不聚合</td></tr>
<tr><td>爆炸下限(%):4.0</td><td>稳定性:稳定</td></tr>
<tr><td>爆炸上限(%):46.0</td><td>最大爆炸压力(MPa):—</td></tr>
<tr><td>引燃温度(℃):260</td><td>禁忌物:强氧化剂、碱类</td></tr>
<tr><td colspan="2">危险特性:易燃,与空气混合能形成爆炸性混合物,遇明火、高热能引起燃烧爆炸。与浓硝酸、发烟硝酸或其他强氧化剂剧烈反应,发生爆炸。气体比空气重,能在较低处扩散到相当远的地方,遇明火会引起回燃</td></tr>
<tr><td colspan="2">灭火方法:消防人员必须穿戴全身防火防毒服。切断气源,若不能立即切断气源,则不允许熄灭正在燃烧的气体。喷水冷却容器,可能的话将容器从火场移至空旷处。灭火剂:雾状水、抗溶性泡沫、干粉</td></tr>
<tr><td>毒性</td><td colspan="2">LC_{50}:618 mg/m^3(大鼠吸入)</td></tr>
<tr><td>对人体危害</td><td colspan="2">侵入途径:吸入。健康危害:本品是强烈的神经毒物,对黏膜有强烈刺激作用。急性中毒:短期内吸入高浓度硫化氢后出现流泪、眼痛、眼内异物感、畏光、视物模糊、流涕、咽喉部灼热感、咳嗽、胸闷、头痛、头晕、乏力、意识模糊等症状。部分患者可能会有心肌损害。重者可出现脑水肿、肺水肿。极高浓度(1000 mg/m^3 以上)时患者可在数秒钟内突然昏迷,呼吸和心跳骤停,发生闪电型死亡。高浓度接触眼部,会导致眼结膜发生水肿和结膜溃疡</td></tr>
<tr><td>急救</td><td colspan="2">眼睛接触:立即提起眼睑,用大量流动清水或生理盐水彻底冲洗至少 15 分钟,就医。
吸入:迅速脱离现场至空气新鲜处,保持呼吸道通畅。如呼吸困难,则输氧。如呼吸停止,立即进行人工呼吸,就医</td></tr>
<tr><td>防护</td><td colspan="2">工程防护:严加密闭,提供充分的局部排风和全面通风。提供安全淋浴和洗眼设备。
呼吸系统防护:空气中浓度超标时,佩戴过滤式防毒面具(全面罩)。紧急事态抢救或撤离时,建议佩戴氧气呼吸器或空气呼吸器。
眼睛防护:戴化学安全防护眼镜。身体防护:穿防静电工作服。手防护:戴化学品手套。
其他:工作现场严禁吸烟、进食和饮水。工作毕,淋浴更衣。及时换洗工作服。作业人员应学会自救、互救。进入罐、限制性空间或其他高浓度区作业,必须有人监护</td></tr>
<tr><td>泄漏处理</td><td colspan="2">迅速撤离泄漏污染区人员至上风处,并进行隔离,小泄漏时隔离 150 m,大泄漏时隔离 300 m,严格限制出入;切断火源;建议应急处理人员戴自给正压式呼吸器,穿防毒服;从上风处进入现场;尽可能切断泄漏源;合理通风,加速扩散;喷雾状水稀释、溶解。构筑围堤或挖坑收容产生的大量废水;如有可能,将残余气或漏出气用排风机送至水洗塔或与塔相连的通风橱内,或使其通过三氯化铁水溶液,管路装止回装置以防溶液吸回;漏气容器要妥善处理,修复、检验后再用</td></tr>
<tr><td>贮运</td><td colspan="2">包装标志:4。UN 编号:1053。包装分类:Ⅱ。
包装方法:钢制气瓶。
贮运条件:易燃有毒的压缩气体,贮存于阴凉、通风仓间内,仓内温度不宜超过 30 ℃;远离火种、热源,防止阳光直射;保持容器密封;配备相应品种和数量的消防器材;禁止使用易产生火花的机械设备和工具;验收时要注意品名,注意验瓶日期,先进仓的先发用;平时要注意检查容器是否有泄漏现象;搬运时轻装轻卸,防止钢瓶及附件破损;运输按规定路线行驶,勿在居民区和人口稠密区停留</td></tr>
</table>

4.硫黄

标识	中文名：硫；硫黄	英文名：sulfur	
	分子式：S	分子量：32.06	CAS 号：7704-34-9
	危规号：41501		
理化性质	性状：淡黄色脆性结晶或粉末，有特殊臭味		
	溶解性：不溶于水，微溶于乙醇、醚，易溶于二硫化碳		
	熔点(℃)：119	沸点(℃)：444.6	相对密度(水=1)：2.0
	临界温度(℃)：1040	临界压力(MPa)：11.75	相对密度(空气=1)：无资料
	燃烧热(kJ/mol)：无资料	最小点火能(mJ)：15	饱和蒸气压(kPa)：0.13(183.8 ℃)
燃烧爆炸危险性	燃烧性：易燃	燃烧分解产物：氧化硫	
	闪点(℃)：无意义	聚合危害：不聚合	
	爆炸下限(%)：35 mg/m^3	稳定性：稳定	
	爆炸上限(%)：无资料	最大爆炸压力(MPa)：0.415	
	引燃温度(℃)：232	禁忌物：强氧化剂	
	危险特性：与卤素、金属粉末等接触剧烈反应。硫黄为不良导体，在贮运过程中易产生静电荷，可导致硫尘起火。粉尘或蒸气与空气或氧化剂混合形成爆炸性混合物		
	灭火方法：遇小火用砂土闷熄。遇大火可用雾状水灭火。切勿将水流直接射至熔融物，以免引起严重的流淌火灾或引起剧烈的沸溅。消防人员必须戴好防毒面具，在安全距离以外，在上风处灭火		
毒性	接触限值：中国 MAC(mg/m^3)，未制定标准；美国 TVL－TWA，未制定标准；美国 TLV－STEL，未制定标准		
对人体危害	侵入途径：吸入、食入、经皮肤吸收。 健康危害：因其能在肠内部分转化为硫化氢而被吸收，故大量口服可导致硫化氢中毒。急性硫化氢中毒的全身毒作用表现为中枢神经系统症状，有头痛、头晕、乏力、呕吐、共济失调、昏迷等。本品可引起眼结膜炎、皮肤湿疹，对皮肤有弱刺激性。生产中长期吸入硫粉尘一般无明显毒性作用		
急救	皮肤接触：脱去被污染的衣着，用肥皂水和清水彻底冲洗皮肤。眼睛接触：提起眼睑，用流动清水或生理盐水冲洗，就医。 吸入：迅速脱离现场至空气新鲜处，保持呼吸道通畅。如果呼吸困难，则输氧。如果呼吸停止，则立即进行人工呼吸，就医。 食入：饮足量温水，催吐，就医		
防护	工程防护：密闭操作，局部排风。 个人防护：一般不需要特殊防护；空气中粉尘浓度较高时，佩戴自吸过滤式防尘口罩；眼睛不需要特殊防护；穿一般作业工作服；戴一般作业防护手套；工作现场严禁吸烟、进食和饮水；工作毕，淋浴更衣；注意个人清洁卫生		
泄漏处理	隔离泄漏污染区，限制出入；切断火源；建议应急处理人员戴自吸过滤式防尘口罩，穿一般作业工作服；不要直接接触泄漏物。少量泄漏：避免扬尘，用洁净的铲子收集于干燥、洁净、有盖的容器中，转移至安全场所。大量泄漏：用塑料布、帆布覆盖，减少飞散，使用无火花工具收集回收或运至废物处理场所处置		
贮运	包装标志：8。UN 编号：1350。包装分类：Ⅲ。 包装方法：塑料袋、多层牛皮纸袋外全开口钢桶；塑料袋、多层牛皮纸袋外纤维板桶、胶合板桶、硬纸板桶；塑料袋、多层牛皮纸外木板箱；螺纹口玻璃瓶、铁盖压口玻璃瓶、塑料瓶或金属桶(罐)外木板箱；塑料袋外塑料编织袋。 贮运条件：贮存于阴凉、通风仓内，远离火种、热源；包装必须密封，切勿受潮；切忌与氧化剂和磷等物品混贮混运；平时需勤检查，查仓温，查混贮；搬运时要轻装轻卸，防止包装及容器损坏		

5. 氨水

标识	中文名:氨溶液;氨水		英文名:ammonium hydroxide;ammonia water
	分子式:NH_4OH	分子量:35.05	CAS号:1336-21-6
	危规号:82503		
理化性质	性状:无色透明液体,有强烈的刺激性臭味		
	溶解性:溶于水、醇		
	熔点(℃):—	沸点(℃):—	相对密度(水=1):0.91
	临界温度(℃):—	临界压力(MPa):—	相对密度(空气=1):—
	燃烧热(kJ/mol):无意义	最小点火能(mJ):—	饱和蒸气压(kPa):1.59(20 ℃)
燃烧爆炸危险性	燃烧性:不燃	燃烧分解产物:氨	
	闪点(℃):无意义	聚合危害:不聚合	
	爆炸下限(%):无意义	稳定性:稳定	
	爆炸上限(%):无意义	最大爆炸压力(MPa):无意义	
	引燃温度(℃):无意义	禁忌物:酸类、铝、铜	
	危险特性:易分解放出氨气,温度越高,分解速度越快,可形成爆炸性气氛		
	灭火剂:水、雾状水、砂土		
毒性	接触限值:中国 MAC(mg/m^3),未制定标准;美国 TVL－TWA,未制定标准;美国 TLV－STEL,未制定标准		
对人体危害	侵入途径:吸入、食入。 健康危害:吸入后对鼻、喉和肺有刺激性,引起咳嗽、气短和哮喘等;重者发生喉头水肿、肺水肿,及心、肝、肾损害;溅入眼内可造成灼伤;皮肤接触可致灼伤;口服灼伤消化道。慢性影响:反复低浓度接触,可引起支气管炎;可致皮炎		
急救	皮肤接触:立即脱去被污染的衣着,用大量流动清水冲洗皮肤至少 15 分钟,就医。 眼睛接触:立即提起眼睑,用大量流动清水或生理盐水彻底冲洗至少 15 分钟,就医。 吸入:迅速脱离现场至空气新鲜处,保持呼吸道通畅。如果呼吸困难,则输氧。如果呼吸停止,则立即进行人工呼吸,就医。食入:误服者用水漱口,给饮牛奶或蛋清,就医		
防护	工程防护:严加密闭;提供充分的局部排风和全面通风;提供安全淋浴和洗眼设备。 个人防护:可能接触其蒸气时,应该佩戴导管式防毒面具或直接式防毒面具(半面罩),戴化学安全防护眼镜;穿防酸碱工作服;戴橡胶手套;工作现场严禁吸烟、进食和饮水;工作毕,淋浴更衣,保持良好的卫生习惯		
泄漏处理	迅速撤离泄漏污染区人员至安全区,并进行隔离,严格限制出入;建议应急处理人员戴自给正压式呼吸器,穿防酸碱工作服;不要直接接触泄漏物;尽可能切断泄漏源;防止进入下水道、排洪沟等限制性空间。 少量泄漏:用砂土、蛭石或其他惰性材料吸收;也可以用大量水冲洗,洗水稀释后放入废水系统。 大量泄漏:构筑围堤或挖坑收容;用泵转移至槽车或专用收集器内。回收或运至废物处理场所处置		
贮运	包装标志:20。UN 编号:2672。包装分类:Ⅲ。 包装方法:小开口钢桶;螺纹口;玻璃瓶、铁盖压口玻璃瓶、塑料瓶或金属桶(罐)外木板箱。 贮运条件:贮存于阴凉、干燥、通风良好的仓内;远离火种、热源,防止阳光直射;保持容器密封;应与酸类、金属粉末等分开存放;露天贮罐夏季要有降温措施;分装和搬运作业要注意个人防护;搬运要轻装轻卸,防止包装及容器损坏;运输按规定路线行驶,勿在居民区和人口稠密区停留		

6. 氯仿

标识	中文名：三氯甲烷；氯仿	英文名：trichloromethane；chloroform	
	分子式：$CHCl_3$	分子量：119.39	CAS 号：67-66-3
	危规号：61553		
理化性质	性状：无色透明重质液体，极易挥发，有特殊气味		
	溶解性：不溶于水，溶于醇、醚、苯		
	熔点(℃)：－63.5	沸点(℃)：61.3	相对密度(水＝1)：1.50
	临界温度(℃)：263.4	临界压力(MPa)：5.47	相对密度(空气＝1)：4.12
	燃烧热(kJ/mol)：—	最小点火能(mJ)：—	饱和蒸气压(kPa)：13.33(10.4 ℃)
燃烧爆炸危险性	燃烧性：不燃	燃烧分解产物：氯化氢、光气	
	闪点(℃)：—	聚合危害：不聚合	
	爆炸下限(%)：—	稳定性：稳定	
	爆炸上限(%)：—	最大爆炸压力(MPa)：—	
	引燃温度(℃)：—	禁忌物：碱类、铝	
	危险特性：与明火或灼热的物体接触时能产生剧毒的光气。在空气、水分和光的作用下，酸度增加，因而对金属有强烈的腐蚀性		
	灭火方法：消防人员必须佩戴过滤式防毒面具（全面罩）或隔离式呼吸器，穿全身防火防毒服，在上风处灭火。灭火剂：雾状水、二氧化碳、砂土		
毒性	接触限值：中国 MAC(mg/m^3)，20；美国 TVL－TWA OSHA，50ppm(上限值)；ACGIH 10ppm，49 mg/m^3；美国 TLV－STEL，未制定标准。 急性毒性：LD_{50}，908 mg/kg(大鼠经口)；LC_{50}，47702 mg/m^3，4 小时(大鼠吸入)		
对人体危害	侵入途径：吸入、食入、经皮肤吸收。 健康危害：主要作用于中枢神经系统，具有麻醉作用，对心、肝、肾有损害。急性中毒：吸入或经皮肤吸收引起急性中毒。初期有头痛、头晕、恶心、呕吐、兴奋、皮肤湿热和黏膜刺激症状，后期呈现精神紊乱、呼吸表浅、反射消失、昏迷等，重者发生呼吸麻痹、心室纤维性颤动，同时可伴有肝、肾损害。误服中毒时，胃有烧灼感，伴恶心、呕吐、腹痛、腹泻，出现麻醉症状。液态可致皮炎、湿疹，甚至皮肤灼伤。慢性影响：主要引起肝脏损害，并有消化不良、乏力、头痛、失眠等症状，少数有肾损害及嗜氯仿癖		
急救	皮肤接触：立即脱去被污染的衣着，用大量流动清水冲洗皮肤至少 15 分钟，就医。 眼睛接触：立即提起眼睑，用大量流动清水或生理盐水彻底冲洗至少 15 分钟，就医。 吸入：迅速脱离现场至空气新鲜处，保持呼吸道通畅。如果呼吸困难，则输氧。如果呼吸停止，则立即进行人工呼吸，就医。食入：饮足量温水，催吐，就医		
防护	工程防护：密闭操作，局部排风。 个人防护：空气中浓度超标时，建议佩戴直接式防毒面具（半面罩）；紧急事态抢救或撤离时，佩戴空气呼吸器；戴化学安全防护眼镜；穿防毒物渗透工作服；戴防化学品手套。工作现场禁止吸烟、进食和饮水。工作毕，淋浴更衣。单独存放被毒物污染的衣服，洗后备用。注意个人清洁卫生		

续表

泄漏处理	迅速撤离泄漏污染区人员至安全处，并进行隔离，严格限制出入；切断火源；建议应急处理人员戴自给正压式呼吸器，穿防毒服；不要直接接触泄漏物；尽可能切断泄漏源，防止进入下水道、排洪沟等限制性空间。少量泄漏：用砂土、蛭石或其他惰性材料吸收。大量泄漏：构筑围堤或挖坑收容；用泡沫覆盖，降低蒸气灾害。用泵转移至槽车或专用收集器内，回收或运至废物处理场所处置
贮运	包装标志：14。UN 编号：1888。包装分类：Ⅲ。 包装方法：螺纹口玻璃瓶、铁盖压口玻璃瓶、塑料瓶或金属桶(罐)外木板箱。 贮运条件：贮存于阴凉、通风仓内；远离火种、热源，避免光照；保持容器密封；应与氧化剂、食用化学品分开存放；不可混贮混运；搬运时要轻装轻卸，防止包装及容器损坏；分装和搬运作业要注意个人防护；运输按规定路线行驶

7. 盐酸

标识	中文名：盐酸；氢氯酸		英文名：hydrochloric acid
	分子式：HCl	分子量：36.46	CAS 号：7647-01-0
	危规号：81013		
理化性质	性状：无色或微黄色发烟液体，有刺鼻的酸味		
	溶解性：与水混溶，溶于碱液		
	熔点(℃)：－114.8(纯)	沸点(℃)：108.6(20％)	相对密度(水＝1)：1.20
	临界温度(℃)：—	临界压力(MPa)：—	相对密度(空气＝1)：1.26
	燃烧热(kJ/mol)：无意义	最小点火能(mJ)：—	饱和蒸气压(kPa)：30.66(21 ℃)
燃烧爆炸危险性	燃烧性：不燃	燃烧分解产物：氯化氢	
	闪点(℃)：无意义	聚合危害：不聚合	
	爆炸下限(％)：无意义	稳定性：稳定	
	爆炸上限(％)：无意义	最大爆炸压力(MPa)：无意义	
	引燃温度(℃)：无意义	禁忌物：碱类、胺类、碱金属、易燃或可燃物	
	危险特性：能与一些活性金属粉末发生反应，放出氢气。遇氰化物能产生剧毒的氰化氢气体。与碱发生中和反应，并放出大量的热。具有较强的腐蚀性		
	灭火方法：消防人员必须佩戴氧气呼吸器、穿全身防护服。用碱性物质(如碳酸氢钠、碳酸钠、消石灰等)中和，也可用大量水扑救		
毒性	接触限值：中国 MAC(mg/m^3)，15；美国 TVL－TWA OSHA 5 ppm，7.5(上限值)；美国 TLV－STEL ACGIH 5ppm，7.5 mg/m^3		
对人体危害	侵入途径：吸入、食入。 健康危害：接触其蒸气或烟雾，可引起急性中毒，出现眼结膜炎，鼻及口腔黏膜有烧灼感，鼻出血，齿龈出血，气管炎等；误服可引起消化道灼伤、溃疡形成，有可能引起胃穿孔、腹膜炎等；眼和皮肤接触可致灼伤。慢性影响：长期接触，引起慢性鼻炎、慢性支气管炎、牙齿酸蚀症及皮肤损害		

续表

急救	皮肤接触:立即脱去被污染的衣着,用大量流动清水冲洗皮肤至少15分钟,就医。 眼睛接触:立即提起眼睑,用大量流动清水或生理盐水彻底冲洗至少15分钟,就医。 吸入:迅速脱离现场至空气新鲜处,保持呼吸道通畅。如果呼吸困难,则输氧。如果呼吸停止,则立即进行人工呼吸,就医。 食入:误服者用水漱口,给饮牛奶或蛋清,就医
防护	工程防护:密闭操作,注意通风;尽可能机械化、自动化;提供安全淋浴和洗眼设备。 个人防护:可能接触其烟雾时,佩戴自吸过滤式防毒面具(全面罩)或空气呼吸器;紧急事态抢救或撤离时,建议佩戴氧气呼吸器;穿橡胶耐酸碱服;戴橡胶耐酸碱手套;工作现场严禁吸烟、进食和饮水;工作毕,淋浴更衣,单独存放被毒物污染的衣服,洗后备用;保持良好的卫生习惯
泄漏处理	迅速撤离泄漏污染区人员至安全区,并进行隔离,严格限制出入;建议应急处理人员戴自给正压式呼吸器,穿防酸碱工作服;不要直接接触泄漏物;尽可能切断泄漏源,防止进入下水道、排洪沟等限制性空间。少量泄漏:用砂土、干燥石灰或苏打灰混合;也可以用大量水冲洗,洗水稀释后放入废水系统。大量泄漏:构筑围堤或挖坑收容;用泵转移至槽车或专用收集器内,回收或运至废物处理场所处置
贮运	包装标志:20。UN编号:1789。包装分类:Ⅰ。 包装方法:螺纹口玻璃瓶、铁盖压口玻璃瓶、塑料瓶或金属桶(罐)外木板箱;耐酸坛、陶瓷罐外木板箱或半花格箱。 贮运条件:贮存于阴凉、干燥,通风良好的仓间;应与碱类、金属粉末、卤素(氟、氯、溴)、易燃或可燃物分开存放,不可混贮混运;搬运要轻装轻卸,防止包装及容器损坏;分装和搬运作业要注意个人防护,运输按规定路线行驶

8. 硝酸

标识	中文名:硝酸		英文名:nitric acid
	分子式:HNO_3	分子量:63.01	CAS号:7697-37-2
	危规号:81002		
理化性质	性状:无色透明发烟液体,有酸味		
	溶解性:与水混溶		
	熔点(℃):−42(无水)	沸点(℃):86(无水)	相对密度(水=1):1.50(无水)
	临界温度(℃):—	临界压力(MPa):—	相对密度(空气=1):2.17
	燃烧热(kJ/mol):无意义	最小点火能(mJ):—	饱和蒸气压(kPa):4.4(20 ℃)
燃烧爆炸危险性	燃烧性:不燃	燃烧分解产物:氧化氮	
	闪点(℃):无意义	聚合危害:不聚合	
	爆炸下限(%):无意义	稳定性:稳定	
	爆炸上限(%):无意义	最大爆炸压力(MPa):无意义	
	引燃温度(℃):无意义	禁忌物:还原剂、碱类、醇类、碱金属、铜、胺类	
	危险特性:强氧化剂。能与多种物质(如金属粉末、电石、硫化氢、松节油等)猛烈反应,甚至发生爆炸。与还原剂、可燃物(如糖、纤维素、木屑、棉花、稻草或废纱头)接触,引起燃烧并散发出剧毒的棕色烟雾。具有强腐蚀性		
	灭火方法:消防人员必须穿全身耐酸碱消防服。灭火剂:雾状水、二氧化碳、砂土		

续表

对人体危害	侵入途径:吸入、食入。 健康危害:其蒸气有刺激作用,引起眼和上呼吸道刺激症状,如流泪、咽喉刺激感,并伴有头痛、头晕、胸闷等。口服引起腹部剧痛,严重者可有胃穿孔、腹膜炎、喉痉挛、肾损害、休克以及窒息。皮肤接触引起灼伤。慢性影响:长期接触可引起牙齿酸蚀症
急救	皮肤接触:立即脱去被污染的衣着,用大量流动清水冲洗皮肤至少 15 分钟,就医。 眼睛接触:立即提起眼睑,用大量流动清水或生理盐水彻底冲洗至少 15 分钟,就医。 吸入:迅速脱离现场至空气新鲜处,保持呼吸道通畅。如果呼吸困难,则输氧。如果呼吸停止,则立即进行人工呼吸,就医。 食入:误服者用水漱口,给饮牛奶或蛋清,就医
防护	工程防护:密闭操作,注意通风;尽可能机械化、自动化;提供安全淋浴和洗眼设备。 呼吸系统防护:可能接触其烟雾时,佩戴自吸过滤式防毒面具(全面罩)或空气呼吸器;紧急事态抢救或撤离时,建议佩戴氧气呼吸器。 身体防护:穿橡胶耐酸碱服。手防护:戴橡胶耐酸碱手套。 其他:工作现场严禁吸烟、进食和饮水。工作毕,淋浴更衣。单独存放被毒物污染的衣服,洗后备用。保持良好的卫生习惯
泄漏处理	迅速撤离泄漏污染区人员至安全区,并进行隔离,严格限制出入;建议应急处理人员戴自给正压式呼吸器,穿防酸碱工作服,不要直接接触泄漏物;从上风处进入现场;尽可能切断泄漏源;防止进入下水道、排洪沟等限制性空间。少量泄漏:将地面撒上苏打灰,然后用大量水冲洗,洗水稀释后放入废水系统。大量泄漏:构筑围堤或挖坑收容,喷雾状水冷却和稀释蒸气,保护现场人员,把泄漏物稀释成不燃物,用泵转移至槽车或专用收集器内,回收或运至废物处理场所处置
贮运	包装标志:20。UN 编号:2031。包装分类:Ⅰ。 包装方法:螺纹口玻璃瓶、铁盖压口玻璃瓶、塑料瓶或金属桶(罐)外木板箱;耐酸坛、陶瓷罐外木板箱或半花格箱。 贮运条件:贮存于阴凉、干燥、通风良好的仓间;应与易燃或可燃物、碱类、金属粉末等分开存放,不可混贮混运;搬运要轻装轻卸,防止包装及容器损坏;分装和搬运作业要注意个人防护;运输按规定路线行驶,勿在居民区和人口稠密区停留

9. 双氧水

标识	中文名:双氧水		英文名:hydrogen peroxide
	分子式:H_2O_2	分子量:34.01	CAS 号:7722-84-1
	危规号:51001		
理化性质	性状:无色透明液体,有微弱的特殊气味		
	溶解性:微溶于水、醇、醚,不溶于石油醚、苯		
	熔点(℃):-2(无水)	沸点(℃):158(无水)	相对密度(水=1):1.46(无水)
	临界温度(℃):—	临界压力(MPa):—	相对密度(空气=1):—
	燃烧热(kJ/mol):—	最小点火能(mJ):—	饱和蒸气压(kPa):0.13(15.3 ℃)

续表

<table>
<tr><td rowspan="7">燃烧爆炸危险性</td><td>燃烧性:不燃</td><td>燃烧分解产物:氧气、水</td></tr>
<tr><td>闪点(℃):—</td><td>聚合危害:不聚合</td></tr>
<tr><td>爆炸下限(%):—</td><td>稳定性:稳定</td></tr>
<tr><td>爆炸上限(%):—</td><td>最大爆炸压力(MPa):—</td></tr>
<tr><td>引燃温度(℃):—</td><td>禁忌物:易燃或可燃物、强还原剂、铜、铁、铁盐、锌、活性金属粉末</td></tr>
<tr><td colspan="2">危险特性:爆炸性强氧化剂。过氧化氢本身不燃,但能与可燃物反应放出大量热量和氧气而引起着火爆炸。过氧化氢在 pH 值为 3.5～4.5 时最稳定,在碱性溶液中极易分解,在遇强光,特别是短波射线照射时也能发生分解。当加热到 100 ℃以上时,开始急剧分解。它与许多有机物如糖、淀粉、醇类、石油产品等形成爆炸性混合物,在撞击、受热或电火花作用下能发生爆炸。过氧化氢与许多有机化合物或杂质接触后会迅速分解而导致爆炸,放出大量的热量、氧和水蒸气。大多数重金属(如铁、铜、银、铅、汞、锌、钴、镍、铬、锰等)及其氧化物和盐类都是活性催化剂,尘土、香烟灰、碳粉、铁锈等也能加速分解。浓度超过 74%的过氧化氢,在具有适当的点火源或温度的密闭容器中,会产生气相爆炸</td></tr>
<tr><td colspan="2">灭火方法:消防人员必须穿戴全身防火防毒服;尽可能将容器从火场移至空旷处;喷水冷却火场容器,直至灭火结束;处在火场中的容器若已变色或从安全泄压装置中产生声音,必须马上撤离。灭火剂:雾状水、干粉、砂土</td></tr>
<tr><td>对人体危害</td><td colspan="2">侵入途径:吸入、食入。
健康危害:吸入本品蒸气或雾对呼吸道有强烈刺激性;眼直接接触液体可致不可逆损伤甚至失明;口服中毒出现腹痛、胸口痛、呼吸困难、呕吐、一时性运动和感觉障碍、体温升高、结膜和皮肤出血;个别病例出现视力障碍、癫痫样痉挛、轻瘫,长期接触本品可致接触性皮炎</td></tr>
<tr><td>急救</td><td colspan="2">皮肤接触:立即脱去被污染的衣着,用大量流动清水冲洗皮肤。
眼睛接触:立即提起眼睑,用大量流动清水或生理盐水冲洗至少 15 分钟,就医。
吸入:迅速脱离现场至空气新鲜处,保持呼吸道通畅。如果呼吸困难,则输氧。如果呼吸停止,立即进行人工呼吸,就医。
食入:饮足量温水,催吐</td></tr>
<tr><td>防护</td><td colspan="2">工程控制:生产过程密闭,全面通风;提供安全淋浴和洗眼设备。
呼吸系统防护:可能接触其蒸气时,应佩戴自吸过滤式防毒面具(全面罩)。
身体防护:穿聚乙烯防毒服。
手防护:戴氯丁橡胶手套。
其他防护:工作场所禁止吸烟;工作毕,淋浴更衣;注意个人清洁卫生</td></tr>
<tr><td>泄漏处理</td><td colspan="2">迅速撤离泄漏污染区人员至安全区,并进行隔离,严格限制出入;建议应急处理人员戴自给正压式呼吸器,穿防酸碱工作服;尽可能切断泄漏源,防止进入下水道、排洪沟等限制性空间。小量泄漏:用砂土、蛭石或其他惰性材料吸收;也可以用大量水冲洗,洗水稀释后放入废水系统。大量泄漏:构筑围堤或挖坑收容;喷雾状水冷却和稀释蒸气,保护现场人员,把泄漏物稀释成不燃物;用泵转移至槽车或专用收集器内,回收或运至废物处理场所处置</td></tr>
<tr><td>贮运</td><td colspan="2">包装标志:11,2。UN 编号:2015。包装分类:Ⅰ。
包装方法:玻璃瓶、塑料桶外木板箱或半花格箱。
贮运条件:贮存在阴凉、通风的仓内;远离火种、热源,仓内温度不宜超过 30 ℃,防止阳光直射,保持容器密封;应与易燃或可燃物、还原剂、酸类、金属粉末等分开存放;搬运时要轻装轻卸,防止包装及容器损坏;夏季应早晚运输,防止日光暴晒;禁止撞击和振荡</td></tr>
</table>

10. 次氯酸钠溶液

标识	中文名：次氯酸钠溶液		英文名：sodium hypochlorite solution
	分子式：NaClO	分子量：74.44	CAS 号：7681-52-9
	危规号：83501		
理化性质	性状：微黄色溶液，有似氯气的气味		
	溶解性：溶于水		
	熔点(℃)：−6	沸点(℃)：102.2	相对密度(水=1)：1.10
	临界温度(℃)：—	临界压力(MPa)：—	相对密度(空气=1)：—
	燃烧热(kJ/mol)：—	最小点火能(mJ)：—	饱和蒸气压(UPa)：—
燃烧爆炸危险性	燃烧性：不燃	燃烧分解产物：氯化物	
	闪点(℃)：—	聚合危害：不聚合	
	爆炸下限(%)：—	稳定性：不稳定	
	爆炸上限(%)：—	最大爆炸压力(MPa)：—	
	引燃温度(℃)：—	禁忌物：碱类	
	危险特性：受高热分解产生有毒的腐蚀性烟气，具有腐蚀性		
	灭火剂：雾状水、二氧化碳、砂土		
毒性	LD_{50}，8500 mg/kg(小鼠经口)		
对人体危害	侵入途径：吸入、食入。 健康危害：经常用手接触本品的工人，手掌大量出汗，指甲变薄，毛发脱落；本品有致敏作用，本品放出的游离氯可能引起中毒		
急救	皮肤接触：脱去被污染的衣着，用大量流动清水冲洗。 眼睛接触：提起眼睑，用流动清水或生理盐水冲洗，就医。 吸入：迅速脱离现场至空气新鲜处，保持呼吸道畅通。如果呼吸困难，则输氧。如果呼吸停止，则立即进行人工呼吸，就医。 食入：饮足量温水，催吐，就医		
防护	工程控制：生产过程密闭，全面通风；提供安全淋浴和洗眼设备。呼吸系统防护：高浓度环境中，应佩戴直接式防毒面具(半面罩)。眼睛防护：戴化学安全防护眼镜。 身体防护：穿防腐工作服。手防护：戴橡胶手套。 其他防护：工作场所禁止吸烟、进食和饮水；工作毕，淋浴更衣，注意个人清洁卫生		
泄漏处理	迅速撤离泄漏污染区人员至安全区，并进行隔离，严格限制出入；建议应急处理人员戴自给正压式呼吸器，穿一般作业工作服；不要直接接触泄漏物，尽可能切断泄漏源；防止进入下水道、排洪沟等限制性空间。少量泄漏：用砂土、蛭石或其他惰性材料吸收。大量泄漏：构筑围堤或挖坑收容；用泡沫覆盖，降低蒸气灾害；用泵转移至槽车或专用收集器内，回收或运至废物处理场所处置		
贮运	包装标志：20。UN 编号：1791。包装分类：Ⅲ。 包装方法：小开口钢桶；钢塑复合桶。 贮运条件：贮存于阴凉、干燥、通风良好的库房；远离火种、热源，防止阳光直射；应与还原剂、易燃或可燃物、酸类、碱类等分开存放；分装和搬运作业要注意个人防护；搬运时要轻装轻卸，防止包装及容器损坏		

11. 丙酮

标识	中文名：丙酮、阿西通	英文名：acetone	
	分子式：C_3H_6O	分子量：58.08	CAS 号：67-64-1
	危规号：31025		
理化性质	性状：无色透明、易流动液体，有芳香气味，极易挥发		
	溶解性：与水混溶，可混溶于乙醇、乙醚、氯仿、油类、烃类等多数有机溶剂		
	熔点(℃)：−94.6	沸点(℃)：56.5	相对密度(水=1)：0.80
	临界温度(℃)：235.5	临界压力(MPa)：4.72	相对密度(空气=1)：2.00
	燃烧热(kJ/mol)：1788.7	最小点火能(mJ)：1.157	饱和蒸气压(kPa)：53.32(39.5 ℃)
燃烧爆炸危险性	燃烧性：易燃	燃烧分解产物：一氧化碳、二氧化碳	
	闪点(℃)：−20	聚合危害：不聚合	
	爆炸下限(%)：2.5	稳定性：稳定	
	爆炸上限(%)：13.0	最大爆炸压力(MPa)：0.870	
	引燃温度(℃)：465	禁忌物：强氧化剂、强还原剂、碱	
	危险特性：其蒸气与空气可形成爆炸性混合物。遇明火、高热极易燃烧、爆炸。与氧化剂能发生强烈反应。其蒸气比空气重，能在较低处扩散到相当远的地方，遇明火会引着回燃。若遇高热，容器内压增大，有开裂和爆炸的危险		
	灭火方法：尽可能将容器从火场移至空旷处。喷水保持火场容器冷却，直至灭火结束。处在火场中的容器若已变色或从安全泄压装置中产生声音，必须马上撤离。灭火剂：抗溶性泡沫、二氧化碳、干粉、砂土。用水灭火无效		
对人体危害	侵入途径：吸入、食入、经皮肤吸收。 健康危害：急性中毒主要表现为对中枢神经系统的麻醉作用，出现乏力、恶心、头痛、头晕、易激动；重者发生呕吐、气急、痉挛，甚至昏迷；对眼、鼻、喉有刺激性；口服后，口唇、咽喉有烧灼感，然后出现口干、呕吐、昏迷、酸中毒和酮症。慢性影响：长期接触该品出现眩晕、灼烧感、咽炎、支气管炎、乏力、易激动等。皮肤长期反复接触可致皮炎		
急救	皮肤接触：脱去被污染的衣着，用肥皂水和清水彻底冲洗皮肤。眼睛接触：提起眼睑，用流动清水或生理盐水冲洗，就医。 吸入：迅速脱离现场至空气新鲜处，保持呼吸道畅通。如果呼吸困难，则输氧。如果呼吸停止，则立即进行人工呼吸，就医。 食入：饮足量温水，催吐，就医		
防护	工程控制：生产过程密闭，全面通风。 呼吸系统防护：空气中浓度超标时，佩戴过滤式防毒面具(半面罩)。 眼睛防护：一般不需要特殊防护，高浓度接触时可戴安全防护眼镜。 身体防护：穿防静电工作服。 手防护：戴橡胶手套。 其他防护：工作现场严禁吸烟，注意个人清洁卫生，避免长期反复接触		

续表

泄漏处理	迅速撤离泄漏污染区人员至安全区,并进行隔离,严格限制出入;切断火源;建议应急处理人员戴自给正压式呼吸器,穿消防防护服;尽可能切断泄漏源,防止进入下水道、排洪沟等限制性空间。少量泄漏:用砂土或其他不燃材料吸附或吸收,也可以用大量水冲洗,洗水稀释后放入废水系统。大量泄漏:构筑围堤或挖坑收容;用泡沫覆盖,降低蒸气灾害;用防爆泵转移至槽车或专用收集器内,回收或运至废物处理场所处置
贮运	包装标志:7。UN 编号:1090。包装分类:Ⅰ。 包装方法:小开口钢桶;螺纹口玻璃瓶、铁盖压口玻璃瓶、塑料瓶或金属桶(罐)外木板箱。 贮运条件:贮存在阴凉、通风仓内,远离火种、热源,仓内温度不宜超过 30 ℃,防止阳光直射;保持容器密封;应与氧化剂分开存放;贮存间内的照明、通风等设施应采用防爆型,开关设在仓外;配备相应品种和数量的消防器材;罐贮时要有防火防爆技术措施;夏季露天贮罐要有降温措施;禁止使用易产生火花的机械设备和工具;灌装时应注意流速(不超过 3 m/s),且有接地装置,防止静电积聚;搬运时要轻装轻卸,防止包装及容器损坏

12. 乙醚

标识	中文名:乙醚		英文名:ethyl ether
	分子式:$C_4H_{10}O$	分子量:74.12	CAS 号:60-29-7
	危规号:31026		
理化性质	性状:无色透明液体,有芳香气味,极易挥发		
	溶解性:微溶于水,溶于乙醇、苯、氯仿等多数有机溶剂		
	熔点(℃):−116.2	沸点(℃):34.6	相对密度(水=1):0.71
	临界温度(℃):194	临界压力(MPa):3.61	相对密度(空气=1):2.56
	燃烧热(kJ/mol):2748.4	最小点火能(mJ):0.33	饱和蒸气压(kPa):58.92(20 ℃)
燃烧爆炸危险性	燃烧性:易燃	燃烧分解产物:一氧化碳、二氧化碳	
	闪点(℃):−45	聚合危害:不聚合	
	爆炸下限(%):1.9	稳定性:稳定	
	爆炸上限(%):36.0	最大爆炸压力(MPa):—	
	引燃温度(℃):160	禁忌物:强氧化剂、氧、氯、过氯酸	
	危险特性:其蒸气与空气可形成爆炸性混合物,遇明火、高热极易燃烧爆炸;与氧化剂能发生强烈反应;在空气中久置后能生成具有爆炸性的过氧化物;在火场中,受热的容器有爆炸危险;其蒸气比空气重,能在较低处扩散到相当远的地方,遇明火会引着回燃		
	灭火方法:尽可能将容器从火场移至空旷处,喷水保持火场容器冷却,直至灭火结束;处在火场中的容器若已变色或从安全泄压装置中产生声音,必须马上撤离。灭火剂:抗溶性泡沫、二氧化碳、干粉、砂土,用水灭火无效		

续表

毒性	LD_{50}:1215 mg/kg(大鼠经口);LC_{50}:221190 mg/m^3,2 小时(大鼠吸入)。 家兔经眼:40mg,重度刺激。家兔经皮肤开放性刺激试验:500kg,轻度刺激
对人体危害	侵入途径:吸入、食入、经皮肤吸收。 健康危害:本品的主要作用为全身麻醉。急性大量接触,早期出现兴奋,继而嗜睡、呕吐、面色苍白、脉缓、体温下降和呼吸不规则,从而有生命危险。急性接触后的暂时后作用有头痛、易激动或抑郁、流涎、呕吐、食欲下降和多汗等。液体或高浓度蒸气对眼有刺激性。慢性影响:长期低浓度吸入,有头痛、头晕、疲倦、嗜睡、蛋白尿、红细胞增多症。长期皮肤接触,可发生皮肤干燥、皲裂
急救	皮肤接触:脱去被污染的衣着,用大量流动清水冲洗。 眼睛接触:提起眼睑,用流动清水或生理盐水冲洗,就医。 吸入:迅速脱离现场至空气新鲜处,保持呼吸道通畅。如果呼吸困难,则输氧。如果呼吸停止,则立即进行人工呼吸,就医。 食入:饮足量温水,催吐,就医
防护	工程防护:生产过程密闭,全面通风;提供安全淋浴和洗眼设备。 呼吸系统防护:空气中浓度超标时,佩戴过滤式防毒面具(半面罩)。 眼睛防护:必要时,戴化学安全防护眼镜。 身体防护:穿防静电工作服。手防护:戴橡胶手套。 其他:工作现场严禁吸烟;注意个人清洁卫生
泄漏处理	迅速撤离泄漏污染区人员至安全区,并进行隔离,严格限制出入;切断火源;建议应急处理人员戴自给正压式呼吸器,穿消防防护服;尽可能切断泄漏源,防止进入下水道、排洪沟等限制性空间。少量泄漏:用活性炭或其他惰性材料吸收;也可以用大量水冲洗,洗水稀释后放入废水系统
贮运	包装标志:7。UN 编号:1155。包装分类:Ⅰ。 包装方法:小开口钢桶;螺纹口玻璃瓶、铁盖压口玻璃瓶、塑料瓶或金属桶(罐)外木板箱。 贮运条件:通常商品加有稳定剂,贮存于阴凉、通风仓内,远离火种、热源,仓内温度不宜超过 28 ℃,防止阳光直射;包装要求密封,不可与空气接触;不宜大量贮存或久存;应与氧化剂、氟、氯等分仓存放。贮存间内的照明、通风等设施应采用防爆型,开关设在仓外;配备相应品种和数量的消防器材;罐贮时要有防火防爆技术措施;禁止使用易产生火花的机械设备和工具;灌装适量,应留有 5%的空容积;夏季应早晚运输,防止日光暴晒

13. 硝基苯

标识	中文名:硝基苯、密斑油		英文名:nitrobenzene;Oil of mirbane
	分子式:$C_6H_5NO_2$	分子量:123.11	CAS 号:98-95-3
	危规号:61056		
理化性质	性状:淡黄色透明油状液体,有苦杏仁味		
	溶解性:不溶于水,溶于乙醇、乙醚、苯等多数有机溶剂		
	熔点(℃):5.7	沸点(℃):210.9	相对密度(水=1):1.20
	临界温度(℃):—	临界压力(MPa):—	相对密度(空气=1):4.25
	燃烧热(kJ/mol):—	最小点火能(mJ):—	饱和蒸气压(kPa):0.13(44.4 ℃)

续表

燃烧爆炸危险性	燃烧性:可燃	燃烧分解产物:一氧化碳、二氧化碳
	闪点(℃):87.8	聚合危害:不聚合
	爆炸下限(%):1.8(93 ℃)	稳定性:稳定
	爆炸上限(%):—	最大爆炸压力(MPa):—
	引燃温度(℃):482	禁忌物:强氧化剂、强还原剂、强碱
	危险特性:遇明火、高热,或与氧化剂接触,有引起燃烧、爆炸的危险;与硝酸反应强烈	
	灭火方法:消防人员必须佩戴防毒面具、穿全身消防服;喷水冷却容器,可能的话将容器从火场移至空旷处。灭火剂:雾状水、抗溶性泡沫、二氧化碳、砂土	
毒性	LD_{50}:489 mg/kg(大鼠经口);2100 mg/kg(大鼠经皮)	
对人体危害	侵入途径:吸入,食入,经皮肤吸收。 健康危害:主要引起高铁血红蛋白血症,可引起溶血及肝损害	
急救	皮肤接触:立即脱去被污染的衣着,用肥皂水和清水彻底冲洗皮肤,就医。 眼睛接触:提起眼睑,用流动清水或生理盐水冲洗,就医。 吸入:迅速脱离现场至空气新鲜处;保持呼吸道通畅。如果呼吸困难,则输氧。呼吸心跳停止时立即进行人工呼吸,就医。 食入:引足量温水,催吐,就医	
防护	工程防护:严加密闭,提供充分的局部排风;提供安全淋浴和洗眼设备。 呼吸系统防护:可能接触其蒸气时,佩戴过滤式防毒面具(半面罩);紧急事态抢救或撤离时,佩戴自给式呼吸器。 眼睛防护:戴安全防护眼镜。身体防护:穿透气型防毒服。手防护:戴防苯耐油手套。 其他:工作现场禁止吸烟、进食和饮水;及时换洗工作服;工作前后不饮酒,用温水洗澡;注意检测毒物;实行就业前和定期的体检	
泄漏处理	迅速撤离泄漏污染区人员至安全区,并进行隔离,严格限制出入;切断火源;建议应急处理人员戴自给正压式呼吸器,穿防毒服;不要直接接触泄漏物;尽可能切断泄漏源,防止进入下水道、排洪沟等限制性空间。少量泄漏:用砂土、蛭石或其他惰性材料吸收;也可以用不燃性分散剂制成的乳液刷洗,洗液稀释后放入废水系统。大量泄漏:构筑围堤或挖坑收容;用泡沫覆盖,抑制蒸发;用泵转移至槽车或专用收集器内,回收或运至废物处理场所处置	
贮运	包装标志:13。UN 编号:1662。包装分类:Ⅱ。 包装方法:小开口钢桶;螺纹口玻璃瓶、铁盖压口玻璃瓶、塑料瓶或金属桶(罐)外木板箱;塑料瓶、镀锡薄钢板桶外满底花格箱。 贮运条件:贮存于阴凉、通风的仓内,远离火种、热源,防止阳光直射;保持容器密封;应与硝酸、氧化剂等分开存放;搬运时轻装轻卸,防止包装及容器损坏;分装和搬运作业要注意个人防护	

14. 氢氟酸

标识	中文名:氢氟酸		英文名:hydrofluoric acid
	分子式:HF	分子量:20.01	CAS 号:7664-39-3
	危规号:81016		

续表

理化性质	性状：无色透明，有刺激性臭味的液体		
	溶解性：与水混溶		
	熔点(℃)：−83.1(纯)	沸点(℃)：120(35.3%)	相对密度(水＝1)：1.26(75%)
	临界温度(℃)：—	临界压力(MPa)：—	相对密度(空气＝1)：1.27
	燃烧热(kJ/mol)：—	最小点火能(mJ)：—	饱和蒸气压(kPa)：—
燃烧爆炸危险性	燃烧性：不燃	燃烧分解产物：氟化氢	
	闪点(℃)：—	聚合危害：不聚合	
	爆炸下限(%)：—	稳定性：稳定	
	爆炸上限(%)：—	最大爆炸压力(MPa)：—	
	引燃温度(℃)：—	禁忌物：强碱、活性金属粉末、玻璃制品	
	危险特性：本品不燃，但能与大多数金属反应，生成氢气而引起爆炸；遇发泡剂 H 立即燃烧；腐蚀性极强		
	灭火方法：消防人员必须佩戴氧气呼吸器、穿全身防护服。灭火剂：雾状水、泡沫		
毒性	LC_{50}：1044 mg/m^3(大鼠吸入)		
对人体危害	侵入途径：吸入，食入，经皮肤吸收。 健康危害：主要引起高铁血红蛋白血症，可引起溶血及肝损害		
急救	皮肤接触：立即脱去被污染的衣着，用大量流动清水彻底冲洗皮肤至少 15 分钟，就医。 眼睛接触：提起眼睑，用大量流动清水或生理盐水彻底冲洗至少 15 分钟，就医。 吸入：迅速脱离现场至空气新鲜处，保持呼吸道通畅。如果呼吸困难，则输氧。呼吸心跳停止时立即进行人工呼吸，就医。 食入：误服者用水漱口，给饮牛奶或蛋清，就医		
防护	工程防护：密闭操作，注意通风；尽可能机械化、自动化；提供安全淋浴和洗眼设备。 呼吸系统防护：可能接触其烟雾时，佩戴自吸过滤式防毒面具(全面罩)或空气呼吸器；紧急事态抢救或撤离时，建议佩戴氧气呼吸器。 身体防护：穿橡胶耐酸碱服。手防护：戴橡胶耐酸碱手套。 其他：工作现场禁止吸烟、进食和饮水；工作后淋浴更衣；单独存放被毒物污染的衣服，洗后备用；保持良好的卫生习惯		
泄漏处理	迅速撤离泄漏污染区人员至安全区，并进行隔离，严格限制出入；建议应急处理人员戴自给正压式呼吸器，穿防酸碱工作服；不要直接接触泄漏物；尽可能切断泄漏源，防止进入下水道、排洪沟等限制性空间。少量泄漏：用砂土、干燥石灰或苏打灰混合；也可以用大量水冲洗，洗液稀释后放入废水系统。大量泄漏：构筑围堤或挖坑收容；用泵转移至槽车或专用收集器内，回收或运至废物处理场所处置		
贮运	包装标志：13。UN 编号：1662。包装分类：Ⅱ。 包装方法：小开口钢桶；螺纹口玻璃瓶、铁盖压口玻璃瓶、塑料瓶或金属桶(罐)外木板箱；塑料瓶、镀锡薄钢板桶外满底花格箱。 贮运条件：贮存于阴凉、通风的仓内，远离火种、热源，防止阳光直射；应与碱类、金属粉末、易燃、可燃物、发泡剂 H 等分开存放；不可混贮混运；搬运时轻装轻卸，防止包装及容器损坏；分装和搬运作业要注意个人防护；按规定路线行驶，勿在居民区和人口稠密区停留		

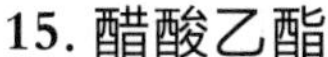

15. 醋酸乙酯

标识	中文名：醋酸乙酯；乙酸乙酯	英文名：acetic ester；ethyl acetate	
	分子式：$C_4H_8O_2$	分子量：88.10	CAS 号：141-78-6
	危规号：32127		
理化性质	性状：无色澄清液体，有芳香气味，易挥发		
	溶解性：微溶于水，溶于醇、酮、醚氯仿等多数有机溶剂		
	熔点(℃)：−83.6	沸点(℃)：77.2	相对密度(水=1)：0.90
	临界温度(℃)：250.1	临界压力(MPa)：3.83	相对密度(空气=1)：3.04
	燃烧热(kJ/mol)：2244.2	最小点火能(mJ)：—	饱和蒸气压(kPa)：13.33(27 ℃)
燃烧爆炸危险性	燃烧性：易燃	燃烧分解产物：一氧化碳、二氧化碳	
	闪点(℃)：−4	聚合危害：不聚合	
	爆炸下限(%)：2.0	稳定性：稳定	
	爆炸上限(%)：11.5	最大爆炸压力(MPa)：0.850	
	引燃温度(℃)：426	禁忌物：强氧化剂、碱类、酸类	
	危险特性：易燃，其蒸气与空气可形成爆炸性混合物；遇明火、高热能引起燃烧、爆炸；与氧化剂接触会猛烈反应；其蒸气比空气重，能在较低处扩散到相当远的地方，遇明火会引着回燃		
	灭火方法：抗溶性泡沫、干粉、二氧化碳、砂土；用水灭火无效，但可用水保持火场中容器冷却		
毒性	LD_{50}：5620 mg/kg(大鼠经口)；4940 mg/kg(兔经口)； LC_{50}：5760 mg/m^3，8 小时(大鼠吸入)		
对人体危害	侵入途径：吸入、食入、经皮肤吸收。 对眼、鼻、喉有刺激作用；高浓度吸入可引起进行性麻醉作用，急性肺水肿，肝、肾损害；持续大量吸入，可致呼吸麻痹；误服者可产生恶心、呕吐、腹泻等；有致敏作用，因血管神经障碍而致牙龈出血；可致湿疹样皮炎。慢性影响：长期接触本品有时可致角膜混浊、继发性贫血、白细胞增多等		
急救	皮肤接触：脱去污染的衣着，用肥皂水和清水彻底冲洗皮肤。眼睛接触：提起眼睑，用流动清水或生理盐水冲洗，就医。 吸入：迅速脱离现场至空气新鲜处，保持呼吸道通畅。如果呼吸困难，则输氧。如果呼吸停止，则立即进行人工呼吸，就医。 食入：饮足量温水，催吐，就医		
防护	工程防护：生产过程密闭，全面通风；提供安全淋浴和洗眼设备。 个人防护：可能接触其蒸气时，应该佩戴自吸过滤式防防毒面具(半面罩)；紧急事态抢救或撤离时，建议佩戴空气呼吸器；戴化学安全防护眼镜，穿防静电工作服，戴橡胶手套；工作现场禁止吸烟；工作毕，淋浴更衣；注意个人清洁卫生		

续表

泄漏处理	迅速撤离泄漏污染区人员至安全区，并进行隔离，严格限制出入；切断火源；建议应急处理人员戴自给正压式呼吸器，穿消防防护服；尽可能切断泄漏源，防止进入下水道、排洪沟等限制性空间。少量泄漏：用活性炭或其他惰性材料吸收；也可以用大量水冲洗，洗水稀释后放入废水系统。大量泄漏：构筑围堤或挖坑收容；用泡沫覆盖，降低蒸气灾害；用防爆泵转移至槽车或专用收集器内，回收或运至废物处理场所处置
贮运	包装标志：7。UN 编号：1173。包装分类：Ⅱ。 包装方法：小开口钢桶；螺纹口玻璃瓶、铁盖压口玻璃瓶、塑料瓶或金属桶外木板箱。 贮运条件：贮存于阴凉、通风的仓内，远离火种、热源，仓内温度不宜超过 30 ℃，防止阳光直射；保持容器密封；应与氧化剂分开存放；仓内有照明、通风等设施的消防器材；禁止使用易产生火花的机械设备和工具；定期检查是否有泄漏现象；灌装时应注意流速（不超过 3 m/s），且有接地装置，防止静电积聚；搬运时轻装轻卸，防止包装及容器损坏

16. 硫酸

标识	中文名：硫酸	英文名：sulfuric acid	
	分子式：H_2SO_4	分子量：98.08	CAS 号：7664-93-9
	危规号：81007		
理化性质	性状：纯品为无色透明油状液体，无臭		
	溶解性：与水混溶		
	熔点（℃）：10.5	沸点（℃）：330.0	相对密度（水＝1）：1.83
	临界温度（℃）：—	临界压力（MPa）：—	相对密度（空气＝1）：3.4
	燃烧热（kJ/mol）：无意义	最小点火能（mJ）：—	饱和蒸气压（kPa）：0.13（145.8 ℃）
燃烧爆炸危险性	燃烧性：不燃	燃烧分解产物：氧化硫	
	闪点（℃）：无意义	聚合危害：不聚合	
	爆炸下限（%）：无意义	稳定性：稳定	
	爆炸上限（%）：无意义	最大爆炸压力（MPa）：无意义	
	引燃温度（℃）：无意义	禁忌物：碱类、碱金属、水、强还原剂、易燃或可燃物	
	危险特性：遇水大量放热，可发生沸溅；与易燃物（如苯）和可燃物（如糖、纤维素等）接触会发生剧烈反应，甚至引起燃烧；遇电石、高氯酸盐、雷酸盐、硝酸盐、苦味酸盐、金属粉末等猛烈反应，发生爆炸或燃烧；有强烈的腐蚀性和吸水性		
	灭火方法：消防人员必须穿全身耐酸碱消防服。灭火剂：干粉、二氧化碳、砂土。避免水流冲击物品，以免遇水会放出大量热量发生喷溅而灼伤皮肤		

续表

毒性	接触限值：中国 MAC(mg/m^3)，2；美国 TVL－TWA ACGIH，1 mg/m^3；美国 TLV－STEL ACGIH，3mg/m^3。 急性毒性：LD_{50} 2140mg/kg(大鼠经口)；LC_{50} 510mg/m^3，2 小时(大鼠吸入)；320 mg/m^3，2 小时(小鼠吸入)
对人体危害	侵入途径：吸入、食入。 健康危害：对皮肤、黏膜等组织有强烈的刺激和腐蚀作用；蒸气或雾可引起结膜炎、结膜水肿、角膜混浊，以致失明；引起呼吸道刺激，重者发生呼吸困难和肺水肿；高浓度引起喉痉挛或声门水肿而窒息死亡；口服后引起消化道灼伤以致溃疡形成；严重者可能有胃穿孔、腹膜炎、肾损害、休克等；皮肤灼伤，轻者出现红斑，重者形成溃疡，愈合瘢痕收缩影响功能；溅入眼内可造成灼伤，甚至角膜穿孔、全眼炎以至失明。慢性影响：牙齿酸蚀症、慢性支气管炎、肺气肿和肺硬化
急救	皮肤接触：立即脱去被污染的衣着；用大量流动清水冲洗皮肤至少 15 分钟，就医。 眼睛接触：立即提起眼睑，用大量流动清水或生理盐水彻底冲洗至少 15 分钟，就医。 吸入：迅速脱离现场至空气新鲜处，保持呼吸道通畅。如果呼吸困难，则输氧。如果呼吸停止，则立即进行人工呼吸，就医。食入：误服者用水漱口，给饮牛奶或蛋清，就医
防护	工程防护：密闭操作，注意通风；尽可能机械化、自动化；提供安全淋浴和洗眼设备。 个人防护：可能接触其烟雾时，佩戴自吸过滤式防毒面具(全面罩)或空气呼吸器；紧急事态抢救或撤离时，建议佩戴氧气呼吸器；穿橡胶耐酸碱服，戴橡胶耐酸碱手套；工作现场严禁吸烟、进食和饮水；工作毕，淋浴更衣；单独存放被毒物污染的衣服，洗后备用；保持良好的卫生习惯
泄漏处理	迅速撤离泄漏污染区人员至安全区，并进行隔离，严格限制出入；建议应急处理人员戴自给正压式呼吸器，穿防酸碱工作服；不要直接接触泄漏物；尽可能切断泄漏源；防止进入下水道、排洪沟等限制性空间。少量泄漏：用砂土、干燥石灰或苏打灰混合；也可以用大量水冲洗，洗水稀释后放入废水系统。大量泄漏：构筑围堤或挖坑收容；用泵转移至槽车或专用收集器内；回收或运至废物处理场所处置
贮运	包装标志：20。UN 编号：1830。包装分类：Ⅰ。 包装方法：螺纹口或磨砂口玻璃瓶外木板箱；耐酸坛、陶瓷罐外木板箱或半花格箱。 贮运条件：贮存于阴凉、干燥，通风良好的仓内；应与易燃或可燃物、碱类、金属粉末等分开存放；不可混贮混运；搬运要轻装轻卸，防止包装及容器损坏；分装和搬运作业要注意个人防护

17. 对氨基苯酚

标识	中文名：对氨基苯酚；4-氨基苯酚	英文名：p-aminophenol；4-aminophenol	
	分子式：C_6H_7NO	分子量：109.12	CAS 号：123-30-8
	危规号：61720		
理化性质	性状：白色至灰褐色结晶		
	溶解性：微溶于水、醇、醚		
	熔点(℃)：184	沸点(℃)：150(0.4 kPa)	相对密度(水=1)：—
	临界温度(℃)：—	临界压力(MPa)：—	相对密度(空气=1)：—
	燃烧热(kJ/mol)：—	最小点火能(mJ)：—	饱和蒸气压(kPa)：0.4(150 ℃)
燃烧爆炸危险性	燃烧性：可燃	燃烧分解产物：一氧化碳、二氧化碳、氧化氮	
	闪点(℃)：—	聚合危害：不聚合	
	爆炸下限(%)：—	稳定性：稳定	
	爆炸上限(%)：—	最大爆炸压力(MPa)：—	
	引燃温度(℃)：—	禁忌物：酸类、酰基氯、酸酐、氯仿、强氧化剂	
	危险特性：遇明火、高热可燃；受热分解放出有毒的氧化氮烟气；与强氧化剂接触可发生化学反应		
毒性	有毒。具有苯胺和苯酚双重毒性。可经皮肤吸收，引起皮炎、高铁血红蛋白症和哮喘		
对人体危害	侵入途径：吸入、食入。 吸入过量的本品粉尘，可引起高铁血红蛋白血症；有致敏作用，能引起支气管哮喘，接触性、变应性皮炎；本品不易经皮肤吸收		
急救	皮肤接触：脱去污染的衣着，用肥皂水和清水彻底冲洗皮肤。 眼睛接触：提起眼睑，用流动清水或生理盐水冲洗，就医。 吸入：迅速脱离现场至空气新鲜处，保持呼吸道通畅。如果呼吸困难，则输氧。如果呼吸停止，则立即进行人工呼吸，就医。 食入：饮足量温水，催吐，就医		
防护	工程防护：严加密闭，提供充分的局部排风；提供安全淋浴和洗眼设备。 个人防护：空气中粉尘浓度超标时，佩戴自吸过滤式防尘口罩；紧急事态抢救或撤离时，应佩戴空气呼吸器；戴化学安全防护眼镜，穿一般作业工作服，戴橡胶手套；工作现场禁止吸烟、进食和饮水；及时换洗工作服；工作前后不饮酒，用温水洗澡；实行就业前和定期体检		
泄漏处理	隔离泄漏污染区，限制出入；切断火源；建议应急处理人员戴自给式呼吸器，穿一般工作服；不要直接接触泄漏物。少量泄漏：避免扬尘，小心扫起，置于袋中，转移至安全场所。 大量泄漏：收集回收，或运至废物处理场所处置		
贮运	包装标志：14。UN 编号：2512。包装分类：Ⅲ。 包装方法：塑料袋、多层牛皮纸袋外全开口钢桶；螺纹口玻璃瓶、铁盖压口玻璃瓶、塑料瓶或金属桶外木板箱；耐酸坛、陶瓷罐外木板箱或半花格箱；塑料瓶、镀锡薄钢板桶外满底花格箱。 贮运条件：贮存于阴凉、通风的仓内，远离火种、热源，防止阳光直射，保持容器密封；应与氧化剂、酸类、食用化学品分开存放；搬运时轻装轻卸，防止包装及容器损坏；分装和搬运作业要注意个人防护		

18. 对氯硝基苯

标识	中文名：对氯硝基苯；对硝基氯苯	英文名：1-Chloro-4-nitro benzene	
	分子式：$ClC_6H_4NO_2$	分子量：157.6	CAS 号：100-00-5
	危规号：61678		
理化性质	性状：浅黄色，单斜棱形结晶		
	溶解性：不溶于水，易溶于乙醇、乙醚、丙酮、二氧化硫等有机溶剂		
	熔点(℃)：83～84	沸点(℃)：242	相对密度(水=1)：5.43
	临界温度(℃)：—	临界压力(MPa)：—	相对密度(空气=1)：—
	燃烧热(kJ/mol)：—	最小点火能(mJ)：—	饱和蒸气压(kPa)：—
燃烧爆炸危险性	燃烧性：易燃	燃烧分解产物：—	
	闪点(℃)：110 ℃	聚合危害：—	
	爆炸下限(%)：—	稳定性：—	
	爆炸上限(%)：—	最大爆炸压力(MPa)：—	
	引燃温度(℃)：—	禁忌物：—	
	危险特性：遇火种、高热、氧化剂有引起燃烧的危险；易升华，具有爆炸性；遇高热分解，释放出有毒的氮氧化物		
	灭火方法：用雾状水、泡沫、二氧化碳、砂土灭火		
毒性	LD_{50}：1414 mg/kg(小鼠经口)高毒		
对人体危害	可通过呼吸系统和皮肤吸入引起中毒		
急救	应使吸入蒸气的患者脱离污染区，安置休息并保暖；皮肤接触，先用水冲洗，再用肥皂彻底洗涤；误服立即漱口，急送医院救治		
泄漏处理	泄漏物立即清除；扫起倒至空旷地方掩埋；对污染地面用肥皂或洗涤剂刷洗，经稀释的污水放入污水系统		
贮运	包装标志：毒害品。UN 编号：1578。包装分类：Ⅱ。 包装方法：铁桶。 贮运条件：贮存于阴凉、通风的仓内，远离火种、热源；应与氧化剂、食用原料隔离贮运；搬运时轻装轻卸，防止包装及容器损坏		

19. 硫化钠

标识	中文名：硫化钠	英文名：sodium sulfide	
	分子式：Na_2S	分子量：78.04	CAS 号：7757-83-7
	危规号：82011		
理化性质	性状：无色或黄色颗粒结晶，工业品为红褐色或砖红色块状		
	溶解性：易溶于水，不溶于乙醚，微溶于乙醇		
	熔点(℃)：1180	沸点(℃)：—	相对密度(水＝1)：1.86
	临界温度(℃)：—	临界压力(MPa)：—	相对密度(空气＝1)：—
	燃烧热(kJ/mol)：—	最小点火能(mJ)：—	饱和蒸气压(kPa)：—
燃烧爆炸危险性	燃烧性：可燃	燃烧分解产物：硫化氢、氧化硫	
	闪点(℃)：无意义	聚合危害：不聚合	
	爆炸下限(%)：—	稳定性：稳定	
	爆炸上限(%)：—	禁忌物：—	
	引燃温度(℃)：—	最小点火能(mJ)：—	
	危险特性：无水物为自燃物品，其粉尘易在空气中自燃；遇酸分解，放出剧毒的易燃气体；粉体与空气可形成爆炸性混合物；其水溶液有腐蚀性和强烈的刺激性；100 ℃时开始蒸发，蒸气可侵蚀玻璃。 灭火剂：水、雾状水、砂土		
对人体危害	侵入途径：吸入、食入。 健康危害：本品在胃肠道中能分解出硫化氢，口服后能引起硫化氢中毒；对皮肤和眼睛有腐蚀作用		
急救	皮肤接触：立即脱去被污染的衣着，用大量流动清水彻底冲洗皮肤至少 15 分钟，就医。 眼睛接触：提起眼睑，用大量流动清水或生理盐水彻底冲洗至少 15 分钟，就医。 吸入：迅速脱离现场至空气新鲜处，保持呼吸道通畅。如果呼吸困难，则输氧。如果呼吸停止，则立即进行人工呼吸，就医。 食入：误服者用水漱口，给饮牛奶或蛋清，就医		
防护	工程防护：密闭操作，提供洗眼设备和安全淋浴。 呼吸系统防护：可能接触其粉尘时，必须佩戴自吸过滤式防尘口罩；必要时，佩戴空气呼吸器。 眼睛防护：戴化学安全防护眼镜。身体防护：穿橡胶耐酸碱服。 手防护：戴橡胶耐酸碱手套。 其他：工作场所禁止吸烟、进食和饮水，饭前要洗手；工作后，沐浴更衣；注意个人卫生		
泄漏处理	隔离泄漏污染区，限制出入；建议应急处理人员戴自给式呼吸器，穿耐酸碱工作服从上风处进入现场。少量泄漏：避免扬尘，用洁净的铲子收集于干燥、洁净、有盖的容器中；也可以用大量水冲洗，洗水稀释后放入废水回收系统。大量泄漏：收集回收或运至废物处理场所处置		
贮运	包装标志：20，14。UN 编号：1849。包装分类：Ⅱ。 包装方法：小开口钢桶；螺纹口玻璃瓶、铁盖压口玻璃瓶、塑料瓶或金属桶(罐)外木板箱。 贮运条件：贮存于干燥、清洁的仓内，远离火种、热源，避免光照；包装必须密封，切勿受潮；应与氧化剂、酸类分开存放；不宜久存，以免变质；分装和搬运作业要注意个人防护；搬运时轻装轻卸，防止包装及容器损坏		

20. 过硫酸钾

类别			
标识	中文名:过硫酸钾;高硫酸钾	英文名:persulfate potassium	
	分子式:$K_2S_2O_8$	分子量:270.32	CAS 号:7727-21-1
	危规号:51504		
理化性质	性状:白色结晶,无气味,有潮解性		
	溶解性:溶于水,不溶于乙醇		
	熔点(℃):无资料	沸点(℃):无资料	相对密度(水=1):2.48
	临界温度(℃):—	临界压力(MPa):—	相对密度(空气=1):—
	燃烧热(KJ/mol):无意义	最小点火能(mJ):—	饱和蒸气压(kPa):—
燃烧爆炸危险性	燃烧性:不燃	燃烧分解产物:氧化硫、氧气	
	闪点(℃):—	聚合危害:不聚合	
	爆炸下限(%):—	稳定性:稳定	
	爆炸上限(%):—	最大爆炸压力(MPa):—	
	引燃温度(℃):—	禁忌物:强还原剂、活性金属粉末、强碱、水、醇类	
	危险特性:无机氧化剂;与有机物、还原剂、易燃物(如硫、磷等)接触或混合时有引起燃烧、爆炸的危险;急剧加热时可发生爆炸		
	灭火剂:雾状水、泡沫、砂土		
对人体危害	侵入途径:吸入、食入、经皮肤吸收。 健康危害:吸入本品粉尘对鼻、喉和呼吸道有刺激性,引起咳嗽及胸部不适;对眼有刺激性;吞咽刺激口腔及胃肠道,引起腹痛、恶心和呕吐。慢性影响:过敏性体质者接触可发生皮疹		
急救	皮肤接触:脱去被污染的衣着,用大量流动清水冲洗。 眼睛接触:提起眼睑,用流动清水或生理盐水冲洗,就医。 吸入:迅速脱离现场至空气新鲜处,保持呼吸道通畅。如果呼吸困难,则输氧。如果呼吸停止,则立即进行人工呼吸,就医。 食入:饮足量温水,催吐,就医		
防护	工程控制:生产过程密闭,加强通风;提供安全淋浴和洗眼设备。 呼吸系统防护:可能接触其粉尘时,应该佩戴头罩型电动送风过滤式防尘呼吸器;高浓度环境中,建议佩戴自给式呼吸器。 眼睛防护:呼吸系统防护中已作防护。身体防护:穿聚乙烯防毒服。 手防护:戴橡胶手套。 其他防护:工作场所禁止吸烟、进食和饮水;工作毕,淋浴更衣;保持良好的卫生习惯		
泄漏处理	隔离泄漏污染区,限制出入;建议应急处理人员戴自给式呼吸器,穿一般作业工作服;不要直接接触泄漏物;勿使泄漏物与有机物、还原剂、易燃物接触。少量泄漏:将地面洒上苏打灰,收集于干燥、洁净、有盖的容器中;也可以用大量水冲洗,洗水稀释后放入废水系统。大量泄漏:收集回收或运至废物处理场所处置		
贮运	包装标志:11。UN 编号:1492。包装分类:Ⅱ。 包装方法:塑料袋、多层牛皮纸袋外全开口钢桶;塑料袋、多层牛皮纸外木板箱;螺纹口玻璃瓶、铁盖压口玻璃瓶、塑料瓶或金属桶(罐)外木板箱。 贮运条件:贮存于阴凉、干燥、通风良好的仓内,远离火种、热源,防止阳光直射;保持容器密封;应与易燃或可燃物、还原剂、硫、磷等分开存放;切忌混贮混运;搬运时要轻装轻卸,防止包装及容器损坏;禁止振动、撞击和摩擦		

21. 硫化钠

标识	中文名：硫化钠；臭碱	英文名：sodium sulfide	
	分子式：Na_2S	分子量：78.04	CAS 号：7757-83-7
	危规号：82011		
理化性质	性状：无色或黄色颗粒结晶，工业品为红褐色或砖红色块状		
	溶解性：易溶于水，不溶于乙醚，微溶于乙醇		
	熔点(℃)：1180	沸点(℃)：102.2	相对密度(水＝1)：1.86
	临界温度(℃)：—	临界压力(MPa)：—	相对密度(空气＝1)：—
	燃烧热(kJ/mol)：	最小点火能(mJ)：	饱和蒸气压(UPa)：—
燃烧爆炸危险性	燃烧性：可燃	燃烧分解产物：硫化氢、氧化硫	
	闪点(℃)：—	聚合危害：不聚合	
	爆炸下限(%)：—	稳定性：稳定	
	爆炸上限(%)：—	最大爆炸压力(MPa)：—	
	引燃温度(℃)：—	禁忌物：酸类、强氧化剂	
	危险特性：无水物为自燃物品，其粉尘易在空气中自燃；遇酸分解，放出剧毒的易燃气体；粉体与空气可形成爆炸性混合物；其水溶液有腐蚀性和强烈的刺激性；100 ℃时开始蒸发，蒸气可侵蚀玻璃		
	灭火剂：水、雾状水、砂土		
对人体危害	侵入途径：吸入、食入。 健康危害：本品在胃肠道中能分解出硫化氢，口服后能引起硫化氢中毒；对皮肤和眼睛有腐蚀作用		
急救	皮肤接触：立即脱去被污染的衣着，用大量流动清水冲洗皮肤至少 15 分钟，就医。 眼睛接触：立即提起眼睑，用大量流动清水或生理盐水彻底冲洗至少 15 分钟，就医。 吸入：迅速脱离现场至空气新鲜处，保持呼吸道畅通。如果呼吸困难，则输氧。如果呼吸停止，则立即进行人工呼吸，就医。 食入：误服者用水漱口，给饮牛奶或蛋清，就医		
防护	工程控制：密闭操作；提供安全淋浴和洗眼设备。 呼吸系统防护：可能接触其粉尘时，必须佩戴自吸过滤式防尘口罩；必要时，佩戴空气呼吸器。 眼睛防护：戴化学安全防护眼镜。 身体防护：穿防橡胶耐酸碱服。手防护：戴橡胶耐酸碱手套。 其他防护：工作场所禁止吸烟、进食和饮水，饭前要洗手；工作毕，淋浴更衣；注意个人清洁卫生		
泄漏处理	隔离泄漏污染区，限制出入；建议应急处理人员戴自给式呼吸器，穿防酸碱工作服；从上风处进入现场。少量泄漏：避免扬尘，用洁净的铲子收集于干燥、洁净、有盖的容器中；也可以用大量水冲洗，洗水稀释后放入废水系统。大量泄漏：收集回收或运至废物处理场所处置		
贮运	包装标志：20，14。UN 编号：1849。包装分类：Ⅱ。 包装方法：小开口钢桶；螺纹口玻璃瓶、铁盖压口玻璃瓶、塑料瓶或金属桶(罐)外木板箱。 贮运条件：存放在阴凉、干燥、通风、避光处。贮存于经过防腐蚀、防渗透处理的库房里		

22. 硝酸镁

标识	中文名：硝酸镁	英文名：magnesium nitrate	
	分子式：$Mg(NO_3)_2 \cdot 2H_2O$	分子量：184.37	CAS 号：13446-18-9
	危规号：51522		
理化性质	性状：白色易潮解的单斜晶体，有苦味		
	溶解性：易溶于水，溶于乙醇、液氨		
	熔点(℃)：129.0	沸点(℃)：330	相对密度(水=1)：2.02
	临界温度(℃)：—	临界压力(MPa)：—	相对密度(空气=1)：6.0
	燃烧热(kJ/mol)：—	最小点火能(mJ)：—	饱和蒸气压(kPa)：—
燃烧爆炸危险性	燃烧性：易燃	燃烧分解产物：氧化氮	
	闪点(℃)：—	聚合危害：不聚合	
	爆炸下限(%)：—	稳定性：稳定	
	爆炸上限(%)：—	最大爆炸压力(MPa)：—	
	引燃温度(℃)：—	禁忌物：强还原剂、易燃或可燃物、活性金属粉末、硫、磷	
	危险特性：强氧化剂；在火场中能助长任何燃烧物的火势；与还原剂、有机物、易燃物(如硫、磷或金属粉末等)混合可形成爆炸性混合物；高温时分解，释放出剧毒的氮氧化物气体		
	灭火方法：消防人员必须佩戴过滤式防毒面具(全面罩)或隔离式呼吸器、穿全身防火防毒服，在上风处灭火；切勿将水流直接射至熔融物，以免引起严重的流淌火灾或引起剧烈的沸溅。灭火剂：雾状水、砂土		
毒性	刺激性：家兔经眼，150 mg，重度刺激		
对人体危害	侵入途径：吸入、食入、经皮肤吸收。 健康危害：本品粉尘对上呼吸道有刺激性，引起咳嗽和气短；刺激眼睛和皮肤，引起红肿和疼痛，大量口服出现腹痛、腹泻、呕吐、紫钳、血压下降、眩晕、惊厥和虚脱		
急救	皮肤接触：脱去被污染的衣着，用肥皂水和清水彻底冲洗皮肤，就医。 眼睛接触：提起眼睑，用流动清水或生理盐水冲洗，就医。 吸入：迅速脱离现场至空气新鲜处，保持呼吸道通畅。如果呼吸困难，则输氧。如果呼吸停止，则立即进行人工呼吸，就医。 食入：饮足量温水，催吐，就医		
防护	工程防护：生产过程密闭，全面通风；提供安全淋浴和洗眼设备。 呼吸系统防护：可能接触其粉尘时，佩戴自吸过滤式防尘口罩；必要时，佩戴自给式呼吸器。眼睛防护：戴化学安全防护眼镜。 身体防护：穿聚乙烯防毒服。手防护：戴橡胶手套。 其他防护：工作毕，淋浴更衣；保持良好的卫生习惯		
泄漏处理	隔离泄漏污染区，限制出入；建议应急处理人员戴自给式呼吸器，穿一般作业工作服；不要直接接触泄漏物；勿使泄漏物与还原剂、有机物、易燃物或金属粉末接触。少量泄漏：小心扫起，收集于干燥、洁净、有盖的容器中。大量泄漏：收集回收或运至废物处理场所处置		
贮运	包装标志：11。UN 编号：1474。包装分类：Ⅱ。 包装方法：塑料袋、多层牛皮纸袋外全开口钢桶；塑料袋、多层牛皮纸袋外木板箱；螺纹口玻璃瓶、铁盖压口玻璃瓶、塑料瓶或金属桶(罐)外木板箱；塑料袋外塑料编织袋。 贮运条件：贮存于阴凉、干燥、通风良好的仓内，远离火种、热源；包装必须密封，切勿受潮；应与易燃或可燃物、还原剂、硫、磷等分开存放；切忌混贮混运；搬运时要轻装轻卸，防止包装及容器损坏		

23. 碳化钙

<table>
<tr><td rowspan="3">标识</td><td colspan="2">中文名:碳化钙、电石</td><td>英文名:calcium carbide</td></tr>
<tr><td>分子式:CaC_2</td><td>分子量:64.10</td><td>CAS 号:75-20-7</td></tr>
<tr><td colspan="3">危规号:43025</td></tr>
<tr><td rowspan="5">理化性质</td><td colspan="3">性状:无色晶体,工业品为灰黑色块状物,断面为紫色或灰色</td></tr>
<tr><td colspan="3">溶解性:—</td></tr>
<tr><td>熔点(℃):2300</td><td>沸点(℃):—</td><td>相对密度(水=1):2.22</td></tr>
<tr><td>临界温度(℃):—</td><td>临界压力(MPa):—</td><td>相对密度(空气=1):—</td></tr>
<tr><td>燃烧热(kJ/mol):—</td><td>最小点火能(mJ):65</td><td>饱和蒸气压(UPa):0.13(487 ℃)</td></tr>
<tr><td rowspan="7">燃烧爆炸危险性</td><td>燃烧性:遇湿易燃</td><td colspan="2">燃烧分解产物:乙炔、一氧化碳、二氧化碳</td></tr>
<tr><td>闪点(℃):—</td><td colspan="2">聚合危害:不聚合</td></tr>
<tr><td>爆炸下限(%):—</td><td colspan="2">稳定性:稳定</td></tr>
<tr><td>爆炸上限(%):—</td><td colspan="2">最大爆炸压力(MPa):—</td></tr>
<tr><td>引燃温度(℃):—</td><td colspan="2">禁忌物:水、醇类、酸类</td></tr>
<tr><td colspan="3">危险特性:干燥时不燃,遇水或湿气能迅速产生高度易燃的乙炔气体,在空气中到达一定的浓度时可发生爆炸性灾害;与酸类物质能发生剧烈反应</td></tr>
<tr><td colspan="3">灭火方法:禁止用水或泡沫灭火,二氧化碳也无效,必须用干燥石墨粉或其他干粉(如干砂)灭火</td></tr>
<tr><td>对人体危害</td><td colspan="3">侵入途径:吸入、食入。
健康危害:损害皮肤,引起皮肤瘙痒、炎症、“鸟眼”样溃疡、黑皮病。皮肤灼伤表现为创面长期不愈及慢性溃疡型;接触工人出现汗少、牙釉质损害、龋齿发病率增高</td></tr>
<tr><td>急救</td><td colspan="3">皮肤接触:立即脱去被污染的衣着,用大量流动清水冲洗皮肤,就医。
眼睛接触:立即提起眼睑,用大量流动清水或生理盐水彻底冲洗至少 15 分钟,就医。
吸入:迅速脱离现场至空气新鲜处,保持呼吸道畅通。如果呼吸困难,则输氧。如果呼吸停止,则立即进行人工呼吸,就医。
食入:饮足量温水,催吐,就医</td></tr>
<tr><td>防护</td><td colspan="3">工程控制:密闭操作,全面排风。
呼吸系统防护:作业时应自吸过滤式防尘口罩。眼睛防护:戴化学安全防护眼镜。
身体防护:穿化学防护服。手防护:戴橡胶手套。
其他防护:工作场所禁止吸烟;注意个人卫生</td></tr>
<tr><td>泄漏处理</td><td colspan="3">隔离泄漏污染区,限制出入;切断火源;建议应急处理人员戴自给式呼吸器,穿消防防护服,不要直接接触泄漏物。少量泄漏:用砂土、干燥石灰或苏打灰覆盖;使用无火花工具收集于干燥、洁净、有盖的容器中;转移回收至安全场所。大量泄漏:用塑料布、帆布覆盖,减少飞散;与有关技术部门联系,确定清除方法</td></tr>
<tr><td>贮运</td><td colspan="3">包装标志:10。UN 编号:1402。包装分类:Ⅱ。
包装方法:塑料袋、多层牛皮纸袋外全开口钢桶。
贮运条件:贮存在干燥、清洁的仓内,远离火种、热源;包装必须密封,切勿受潮;室内地面要高于室外自燃地面,以防雨水侵入;应与卤素(氟、氯、溴)、潮湿物品、易燃、可燃物等分开存放;配备相应的灭火器材;要充分通风,并保持干燥;搬运时要轻装轻卸,防止包装及容器损坏;禁止撞击和振荡;雨天不宜运输</td></tr>
</table>

24. 硝酸钠

<table>
<tr><td rowspan="3">标识</td><td colspan="3">中文名:硝酸钠</td><td colspan="2">英文名:sodium nitrate</td></tr>
<tr><td colspan="2">分子式:$NaNO_3$</td><td colspan="2">分子量:85.01</td><td>CAS 号:7631-99-4</td></tr>
<tr><td colspan="5">危规号:51055</td></tr>
<tr><td rowspan="5">理化性质</td><td colspan="5">性状:无色透明或白微带黄色的菱形结晶,味微苦,易潮解</td></tr>
<tr><td colspan="5">溶解性:易溶于水、液氨,微溶于乙醇、甘油</td></tr>
<tr><td colspan="2">熔点(℃):306.8</td><td colspan="2">沸点(℃):—</td><td>相对密度(水=1):2.26</td></tr>
<tr><td colspan="2">临界温度(℃):—</td><td colspan="2">临界压力(MPa):—</td><td>相对密度(空气=1):—</td></tr>
<tr><td colspan="2">燃烧热(kJ/mol):—</td><td colspan="2">最小点火能(mJ):—</td><td>饱和蒸气压(kPa):—</td></tr>
<tr><td rowspan="7">燃烧爆炸危险性</td><td colspan="2">燃烧性:不燃</td><td colspan="3">燃烧分解产物:氮氧化物</td></tr>
<tr><td colspan="2">闪点(℃):—</td><td colspan="3">聚合危害:不聚合</td></tr>
<tr><td colspan="2">爆炸下限(%):—</td><td colspan="3">稳定性:稳定</td></tr>
<tr><td colspan="2">爆炸上限(%):—</td><td colspan="3">最大爆炸压力(MPa):—</td></tr>
<tr><td colspan="2">引燃温度(℃):—</td><td colspan="3">禁忌物:强还原剂、活性金属粉末、强酸、易燃或可燃物、铝</td></tr>
<tr><td colspan="5">危险特性:强氧化剂;遇可燃物着火时,能助长火势;与易氧化物、硫黄、亚硫酸氢钠、还原剂、强酸接触能引起燃烧或爆炸;燃烧分解时,放出有毒的氮氧化物;受高热分解,产生有毒的氮氧化物</td></tr>
<tr><td colspan="5">灭火方法:消防人员必须佩戴防毒面具,穿全身消防服,用雾状水、砂土灭火;切勿将水流直接射至熔融物,以免引起严重的流淌火灾或引起剧烈的沸溅</td></tr>
<tr><td>毒性</td><td colspan="5">LD_{50}:3236 mg/kg(大鼠经口)。
刺激性:高浓度时有明显的局部刺激作用和腐蚀作用</td></tr>
<tr><td>对人体危害</td><td colspan="5">侵入途径:吸入、食入、经皮肤吸收。
健康危害:对皮肤、黏膜有刺激性;大量口服中毒时,患者剧烈腹痛、呕吐、便血、休克、全身抽搐、昏迷,甚至死亡</td></tr>
<tr><td>急救</td><td colspan="5">皮肤接触:脱去被污染的衣着,用大量流动清水冲洗。
眼睛接触:提起眼睑,用流动清水或生理盐水冲洗,就医。
吸入:迅速脱离现场至空气新鲜处,保持呼吸道通畅。如果呼吸困难,则输氧。如果呼吸停止,则立即进行人工呼吸,就医。
食入:误服者漱口,给饮牛奶或蛋清,就医</td></tr>
<tr><td>防护</td><td colspan="5">工程防护:生产过程密闭,加强通风;提供安全淋浴和洗眼设备。
呼吸系统防护:可能接触其粉尘时,佩戴自吸过滤式防尘口罩。
眼睛防护:戴化学安全防护眼镜。
身体防护:穿聚乙烯防毒服。
手防护:戴橡胶手套。
其他防护:工作现场禁止吸烟、进食和饮水;工作毕,淋浴更衣;保持良好的卫生习惯</td></tr>
<tr><td>泄漏处理</td><td colspan="5">隔离泄漏污染区,限制出入;建议应急处理人员戴自给式呼吸器,穿一般作业工作服;不要直接接触泄漏物;勿使泄漏物与还原剂、有机物、易燃物接触。少量泄漏:用大量水冲洗,洗水稀释后放入废水系统。大量泄漏:收集回收或运至废物处理场所处置</td></tr>
<tr><td>贮运</td><td colspan="5">包装标志:11。UN 编号:1498。包装分类:Ⅰ。
包装方法:双层塑料袋、多层牛皮纸袋外盖塑箱;多层塑料袋、多层牛皮纸袋外瓦楞纸箱;塑料袋外塑料编织袋。
贮运条件:贮存于阴凉、干燥、通风良好的仓内,远离火种、热源;应与易燃或可燃物、还原剂、硫、磷等分开存放;切忌混贮混运;搬运时要轻装轻卸,防止包装及容器损坏</td></tr>
</table>

25. 碘化汞

标识	中文名:碘化汞	英文名:mercuric iodide	
	分子式:HgI_2	分子量:454.40	CAS 号:7774-29-0
	危规号:61030		
理化性质	性状:黄色结晶或粉末		
	溶解性:不溶于水、酸,微溶于无水乙醇		
	熔点(℃):259	沸点(℃):354	相对密度(水=1):6.09
	临界温度(℃):—	临界压力(MPa):—	相对密度(空气=1):—
	燃烧热(kJ/mol):—	最小点火能(mJ):—	饱和蒸气压(kPa):0.13(157 ℃)
燃烧爆炸危险性	燃烧性:不燃	燃烧分解产物:碘化氢、氧化汞	
	闪点(℃):—	聚合危害:不聚合	
	爆炸下限(%):—	稳定性:稳定	
	爆炸上限(%):—	最大爆炸压力(MPa):—	
	引燃温度(℃):—	禁忌物:强氧化剂	
	危险特性:受热分解,放出有毒的碘化物烟气;与三氟化氯、金属钾、金属钠剧烈反应		
	灭火方法:本品不燃。消防人员必须穿戴全身防火防毒服。灭火剂:雾状水、砂土		
毒性	LD_{50}:18 mg/kg(大鼠经口);75 mg/kg(大鼠经皮)		
对人体危害	侵入途径:吸入,食入,经皮肤吸收。 健康危害:吸入、口服或经皮肤吸收可致死;对眼睛、呼吸道黏膜和皮肤有强烈刺激性;汞及其化合物主要引起中枢神经系统损害及口腔炎,高浓度引起肾损害		
急救	皮肤接触:立即脱去被污染的衣着,用大量流动清水冲洗皮肤至少 15 分钟,就医。 眼睛接触:立即提起眼睑,用大量流动清水或生理盐水冲洗至少 15 分钟,就医。 吸入:迅速脱离现场至空气新鲜处,保持呼吸道通畅。如果呼吸困难,则输氧。若呼吸、心跳停止,则立即进行人工呼吸,就医。 食入:误服者用水漱口,给饮牛奶或蛋清,就医		
防护	工程防护:密闭操作,局部排放;提供安全淋浴和洗眼设备。 呼吸系统防护:作业人员应佩戴头罩型电动送风过滤式防尘呼吸器;必要时,佩戴隔离式呼吸器。 身体防护:穿连衣式胶布防毒衣。 手防护:戴橡胶手套。 其他防护:工作现场禁止吸烟、进食和饮水;工作毕,淋浴更衣;单独存放被毒物污染的衣服,洗后备用;保持良好的卫生习惯		
泄漏处理	隔离泄漏污染区,限制出入;切断火源;建议应急处理人员戴自给正压式呼吸器,穿防毒服;不要直接接触泄漏物。少量泄漏:避免扬尘,用洁净的铲子收集于干燥、洁净、有盖的容器中。大量泄漏:用塑料布、帆布覆盖,减少飞散,然后收集回收或运至废物处理场所处置		
贮运	包装标志:13。UN 编号:1638。包装分类:Ⅱ。 包装方法:塑料袋、多层牛皮纸袋外中开口钢桶;螺纹口玻璃瓶、铁盖压口玻璃瓶、塑料瓶或金属桶(罐)外木板箱。 贮运条件:贮存于阴凉、通风仓内;远离火种、热源;防止阳光直射,避免光照;保持容器密封;应与氧化剂、食用化学品分开存放;不可混贮混运;搬运时轻装轻卸,防止包装及容器损坏;分装和搬运作业要注意个人防护		

26. 氯化汞

<table>
<tr><td rowspan="3">标识</td><td colspan="2">中文名：氯化汞；升汞</td><td>英文名：mercuric chloride；mercury bichloride</td></tr>
<tr><td>分子式：$HgCl_2$</td><td>分子量：271.50</td><td>CAS 号：7487-94-7</td></tr>
<tr><td colspan="3">危规号：61030</td></tr>
<tr><td rowspan="5">理化性质</td><td colspan="3">性状：无色或白色结晶粉末，常温下微量挥发</td></tr>
<tr><td colspan="3">溶解性：溶于水、乙醇、乙醚、乙酸乙酯，不溶于二硫化碳</td></tr>
<tr><td>熔点(℃)：276</td><td>沸点(℃)：302</td><td>相对密度(水＝1)：5.44</td></tr>
<tr><td>临界温度(℃)：—</td><td>临界压力(MPa)：—</td><td>相对密度(空气＝1)：—</td></tr>
<tr><td>燃烧热(kJ/mol)：—</td><td>最小点火能(mJ)：—</td><td>饱和蒸气压(kPa)：0.13(136.2 ℃)</td></tr>
<tr><td rowspan="7">燃烧爆炸危险性</td><td>燃烧性：不燃</td><td colspan="2">燃烧分解产物：氯化物、氧化汞</td></tr>
<tr><td>闪点(℃)：—</td><td colspan="2">聚合危害：不聚合</td></tr>
<tr><td>爆炸下限(%)：—</td><td colspan="2">稳定性：稳定</td></tr>
<tr><td>爆炸上限(%)：—</td><td colspan="2">最大爆炸压力(MPa)：—</td></tr>
<tr><td>引燃温度(℃)：—</td><td colspan="2">禁忌物：强氧化剂、强碱</td></tr>
<tr><td colspan="3">危险特性：与碱金属能发生剧烈反应</td></tr>
<tr><td colspan="3">灭火方法：本品不燃。消防人员必须穿戴全身防火防毒服。灭火剂：水、砂土</td></tr>
<tr><td>毒性</td><td colspan="3">LD_{50}：1 mg/kg(大鼠经口)；41 mg/kg(兔经皮)</td></tr>
<tr><td>对人体危害</td><td colspan="3">侵入途径：吸入，食入，经皮肤吸收。
健康危害：汞离子可使含巯基的酶丧失活性，失去功能；还能与酶中的氨基、二巯基、羧基、羟基以及细胞内的磷酰基结合，引起相应的损害。
急性中毒：有头痛、头晕、乏力、失眠、多梦、口腔炎、发热等全身症状；可有食欲不振、恶心、腹痛、腹泻等；部分患者皮肤出现红斑丘疹；严重者发生间质性肺炎及肾损害；口服可发生急性腐蚀性胃肠炎，严重者昏迷、休克，甚至发生坏死性肾病，致急性肾衰竭；对眼有刺激性，可致皮炎。
慢性中毒：表现为神经衰弱综合征；易兴奋症；情绪障碍，如胆怯、害羞、易怒、爱哭等；汞毒性震颤；口腔炎；少数病例有肝、肾损伤</td></tr>
<tr><td>急救</td><td colspan="3">皮肤接触：脱去被污染的衣着，用肥皂水和清水彻底冲洗皮肤。眼睛接触：立即提起眼睑，用流动清水或生理盐水冲洗，就医。
吸入：迅速脱离现场至空气新鲜处，保持呼吸道通畅。如果呼吸困难，则输氧。如果呼吸、心跳停止，则立即进行人工呼吸，就医。
食入：误服者用水漱口，给饮牛奶或蛋清，就医</td></tr>
<tr><td>防护</td><td colspan="3">工程防护：密闭操作，局部排放；提供安全淋浴和洗眼设备。
呼吸系统防护：作业人员应佩戴自吸过滤式防尘口罩；必要时，佩戴隔离式呼吸器。
眼睛防护：戴化学安全防护眼镜。
身体防护：穿连衣式胶布防毒衣。
手防护：戴橡胶手套。
其他防护：工作现场禁止吸烟、进食和饮水；工作毕，淋浴更衣；单独存放被毒物污染的衣服，洗后备用；保持良好的卫生习惯</td></tr>
</table>

续表

泄漏处理	隔离泄漏污染区，限制出入；切断火源；建议应急处理人员戴自给式呼吸器，穿防毒服；不要直接接触泄漏物。少量泄漏：避免扬尘，用洁净的铲子收集于干燥、洁净、有盖的容器中。大量泄漏：用塑料布、帆布覆盖，减少飞散，然后收集、回收或运至废物处理场所处置
贮运	包装标志：13。UN 编号：1624。包装分类：Ⅱ。 包装方法：塑料袋、多层牛皮纸袋外中开口钢桶；螺纹口玻璃瓶、铁盖压口玻璃瓶、塑料瓶或金属桶（罐）外木板箱。 贮运条件：贮存于阴凉、通风仓内，远离火种、热源，防止阳光直射，避免光照；保持容器密封；应与食用化学品、酸类分开存放；不可混贮混运；搬运时轻装轻卸，防止包装及容器损坏；分装和搬运作业要注意个人防护

27. 叠氮化钠

标识	中文名：叠氮化钠；三氮化钠	英文名：sodium azide	
	分子式：NaN_3	分子量：271.50	CAS 号：7487-94-7
	危规号：61033		
理化性质	性状：无色至白色六面晶系结晶		
	溶解性：溶于水、液氨，不易溶于有机溶剂		
	熔点(℃)：—	沸点(℃)：—	相对密度（水＝1）：1.846
	临界温度(℃)：—	临界压力(MPa)：—	相对密度（空气＝1）：—
	燃烧热(kJ/mol)：—	最小点火能(mJ)：—	饱和蒸气压(kPa)：—
燃烧爆炸危险性	燃烧性：—	燃烧分解产物：—	
	闪点(℃)：—	聚合危害：—	
	爆炸下限(%)：—	稳定性：—	
	爆炸上限(%)：—	最大爆炸压力(MPa)：—	
	引燃温度(℃)：—	禁忌物：酸类、重金属及其盐类	
	危险特性：本品与酸类剧烈反应，产生爆炸性叠氮酸；与重金属及其盐类形成十分敏感的化合物；受热或撞击会发生爆炸；剧毒，本品比亚硝酸毒性强；许多中毒症状如氰化物中毒症状。		
	灭火方法：消防人员必须穿戴全身防护服，在有爆炸掩蔽处用雾状水、泡沫灭火机扑救，禁止用砂土		
毒性	大鼠腹腔注射本品 3～5 mg/kg，1～5 天后表现为无力、震颤、痉挛、青紫、体温下降、昏迷、严重呼吸抑制和死亡。 LD_{50}：27 mg/kg（小鼠经口）；18 mg/kg（小鼠腹腔）；19 mg/kg（小鼠静脉）；60 mg/kg（大鼠）；45 mg/kg（兔）		

续表

对人体危害	健康危害:粉尘与溶液能刺激眼睛和皮肤,引起水泡
急救	眼睛受刺激用大量水冲洗,并就医诊治;皮肤接触,先用水冲洗,再用肥皂彻底洗涤;误服立即漱口,急送医院救治
防护	对泄漏物处理必须穿戴防毒面具与手套
泄漏处理	对泄漏物处理必须戴防毒面具与手套;用水冲洗,经稀释的污水放入废水系统
贮运	包装标志:毒害品。UN 编号:1687。包装分类:Ⅱ。 包装方法:用内衬塑料袋的金属盒或内放玻璃瓶的塑料盒盛装,封严后再装入坚固、严密的木箱,箱内空隙衬垫料。每盒净重 100 g,每箱净重不超过 0.5 kg。 贮运条件:防止容器破损;贮存于阴凉、通风的地方;远离容易起火的地方;与酸类、重金属及其盐类,特别是铅、铜、银及其他化合物隔离贮运;批量较大就必须存放在炸药库内

28. 重铬酸钠

标识	中文名:重铬酸钠;红矾钠		英文名:sodium dichromate
	分子式:$Na_2Cr_2O_7 \cdot 2H_2O$	分子量:297.99	CAS 号:7789-12-0
	危规号:51520		
理化性质	性状:橘红色结晶,易潮解		
	溶解性:溶于水,不溶于醇		
	熔点(℃):357(无水)	沸点(℃):400(无水)	相对密度(水=1):2.35
	临界温度(℃):—	临界压力(MPa):—	相对密度(空气=1):—
	燃烧热(kJ/mol):无意义	最小点火能(mJ):—	饱和蒸气压(kPa):—
燃烧爆炸危险性	燃烧性:不燃	燃烧分解产物:氧化硫、氧气	
	闪点(℃):—	聚合危害:不聚合	
	爆炸下限(%):—	稳定性:稳定	
	爆炸上限(%):—	最大爆炸压力(MPa):—	
	引燃温度(℃):—	禁忌物:强还原剂、醇类、水、活性金属粉末、硫、磷、强酸	
	危险特性:强氧化剂;遇强酸或高温时能释放出氧气,从而促使有机物燃烧;与硝酸盐、氯酸盐接触剧烈反应;有水时与硫化钠混合能引起自燃;与有机物、还原剂、易燃物(如硫、磷等)接触或混合时有引起燃烧、爆炸的危险;具有较强的腐蚀性		
	灭火剂:雾状水、砂土		

续表

毒性	急性毒性：LD_{50}：50 mg/kg(大鼠经口)。 致突变性：微生物致突变，鼠伤寒沙门氏菌 35 μg/皿；微粒体诱变试验，鼠伤寒沙门氏菌 30 μg/皿
对人体危害	侵入途径：吸入、食入、经皮肤吸收。 急性中毒：吸入后可引起急性呼吸道刺激症状、鼻出血、声音嘶哑、鼻黏膜萎缩，有时出现哮喘和紫钳，重者可发生化学性肺炎；口服可刺激和腐蚀消化道，引起恶心、呕吐、腹痛、便血等，重者出现呼吸困难、紫钳、休克、肝损害及急性肾衰竭等。 慢性影响：有接触性皮炎、铬溃疡、鼻炎、鼻中隔穿孔及呼吸道炎症等
急救	皮肤接触：脱去被污染的衣着，用肥皂水和清水彻底冲洗皮肤。 眼睛接触：提起眼睑，用流动清水或生理盐水冲洗，就医。 吸入：迅速脱离现场至空气新鲜处，保持呼吸道通畅。如果呼吸困难，则输氧。如果呼吸停止，则立即进行人工呼吸，就医。 食入：误服者用水漱口，用清水或1%硫代硫酸钠溶液洗胃，给饮牛奶或蛋清，就医
防护	工程控制：生产过程密闭，加强通风；提供安全淋浴和洗眼设备。 呼吸系统防护：可能接触其粉尘时，应该佩戴头罩型电动送风过滤式防尘呼吸器；必要时，建议佩戴自给式呼吸器。 眼睛防护：呼吸系统防护中已作防护。 身体防护：穿聚乙烯防毒服。 手防护：戴橡胶手套。 其他防护：工作毕，淋浴更衣；保持良好的卫生习惯
泄漏处理	隔离泄漏污染区，限制出入；建议应急处理人员戴自给正压式呼吸器，穿防毒服；勿使泄漏物与有机物、还原剂、易燃物接触。少量泄漏：用洁净的铲子收集于干燥、洁净、有盖的容器中。大量泄漏：收集回收或运至废物处理场所处置
贮运	包装标志：11。包装分类：Ⅱ。 包装方法：塑料袋、多层牛皮纸袋外全开口钢桶；螺纹口玻璃瓶、铁盖压口玻璃瓶、塑料瓶或金属桶(罐)外木板箱；螺纹口玻璃瓶、塑料瓶或塑料袋再装入金属桶(罐)或塑料桶(罐)外木板箱。 贮运条件：贮存于阴凉、干燥、通风良好的仓内，远离火种、热源，保持容器密封；应与易燃或可燃物、还原剂、硫、磷、酸类等分开存放；切忌混贮混运。搬运时要轻装轻卸，防止包装及容器损坏

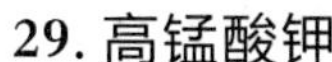

29. 高锰酸钾

标识	中文名:高锰酸钾	英文名:potassium permanganate	
	分子式:$KMnO_4$	分子量:158.03	CAS号:7722-64-7
	危规号:51048		
理化性质	性状:深紫色细长斜方柱状结晶,有金属光泽		
	溶解性:溶于水、碱液,微溶于甲醇、丙酮、硫酸		
	熔点(℃):—	沸点(℃):—	相对密度(水=1):2.7
	临界温度(℃):—	临界压力(MPa):—	相对密度(空气=1):—
	燃烧热(kJ/mol):—	最小点火能(mJ):—	饱和蒸气压(kPa):—
燃烧爆炸危险性	燃烧性:不燃	燃烧分解产物:—	
	闪点(℃):—	聚合危害:不聚合	
	爆炸下限(%):—	稳定性:稳定	
	爆炸上限(%):—	最大爆炸压力(MPa):—	
	引燃温度(℃):—	禁忌物:强还原剂,铝、锌及其合金,易燃或可燃物	
	危险特性:强氧化剂;遇硫酸、铵盐或过氧化氢能发生爆炸;遇甘油、乙醇能引起自燃;与有机物、还原剂、易燃物(如硫、磷等)接触或混合有引起燃烧爆炸的危险		
	灭火剂:水、雾状水、砂土		
毒性	急性毒性:LD_{50}: 1090 mg/kg(大鼠经口)		
对人体危害	侵入途径:吸入、食入。 健康危害:吸入后可引起呼吸道损害;溅落眼睛内,刺激结膜,重者致灼伤;刺激皮肤,浓溶液或结晶对皮肤有腐蚀性;口服腐蚀口腔和消化道,出现口内烧灼感、上腹痛、恶心、呕吐、口咽肿胀等;口服剂量大者,口腔黏膜呈棕黑色、肿胀糜烂,剧烈腹痛,呕吐,血便,休克,最后死于循环衰竭		
急救	皮肤接触:立即脱去被污染的衣着,用大量流动清水冲洗皮肤至少15分钟,就医。 眼睛接触:立即提起眼睑,用大量流动清水或生理盐水彻底冲洗至少15分钟,就医。 吸入:迅速脱离现场至空气新鲜处,保持呼吸道通畅。如果呼吸困难,则输氧。如果呼吸停止,则立即进行人工呼吸,就医。 食入:误服者用水漱口,给饮牛奶或蛋清,就医		
防护	工程防护:生产过程密闭,加强通风;提供安全淋浴和洗眼设备。 个人防护:可能接触其粉尘时,建议佩戴头罩型电动送风过滤式防尘呼吸器。 身体防护:穿胶布防毒衣。 手防护:戴氯丁橡胶手套。 其他防护:工作现场禁止吸烟、进食和饮水;工作毕,淋浴更衣;保持良好的卫生习惯		
泄漏处理	隔离泄漏污染区,限制出入;建议应急处理人员戴自给式呼吸器,穿防毒服;不要直接接触泄漏物。少量泄漏:用砂土、干燥石灰和苏打灰混合后覆盖,用洁净的铲子收集于干燥、洁净、有盖的容器中,转移至安全场所。大量泄漏:收集回收或运至废物处理场所处置		
贮运	包装标志:11。UN编号:1490。包装分类:Ⅰ。 包装方法:塑料袋、多层牛皮纸袋外全开口钢桶;塑料袋、多层牛皮纸袋外木板箱;螺纹口玻璃瓶、塑料瓶或塑料袋再装入金属桶(罐)或塑料桶(罐)外木板箱。 贮运条件:贮存于阴凉、通风仓内,远离火种、热源,防止阳光直射;注意防潮和雨淋;保持容器密封;应与易燃或可燃物、还原剂、硫、磷、铵化合物、金属粉末等分开存放;切忌混贮混运;搬运时要轻装轻卸,防止包装及容器损坏		

30. 氟化钠

<table>
<tr><td rowspan="3">标识</td><td colspan="2">中文名:氟化钠</td><td colspan="2">英文名:sodium fluoride</td></tr>
<tr><td>分子式:NaF</td><td>分子量:42.00</td><td colspan="2">CAS 号:7681-49-4</td></tr>
<tr><td colspan="4">危规号:61513</td></tr>
<tr><td rowspan="5">理化性质</td><td colspan="4">性状:白色粉末或结晶,无臭</td></tr>
<tr><td colspan="4">溶解性:溶于水,微溶于醇</td></tr>
<tr><td>熔点(℃):993</td><td>沸点(℃):1700</td><td colspan="2">相对密度(水=1):2.56</td></tr>
<tr><td>临界温度(℃):—</td><td>临界压力(MPa):—</td><td colspan="2">相对密度(空气=1):—</td></tr>
<tr><td>燃烧热(kJ/mol):—</td><td>最小点火能(mJ):—</td><td colspan="2">饱和蒸气压(kPa):0.13(1077 ℃)</td></tr>
<tr><td rowspan="7">燃烧爆炸危险性</td><td>燃烧性:不燃</td><td colspan="3">燃烧分解产物:氟化氢</td></tr>
<tr><td>闪点(℃):—</td><td colspan="3">聚合危害:不聚合</td></tr>
<tr><td>爆炸下限(%):—</td><td colspan="3">稳定性:稳定</td></tr>
<tr><td>爆炸上限(%):—</td><td colspan="3">最大爆炸压力(MPa):—</td></tr>
<tr><td>引燃温度(℃):—</td><td colspan="3">禁忌物:强酸</td></tr>
<tr><td colspan="4">危险特性:与酸类反应放出有腐蚀性、更强刺激性的氢氟酸,能腐蚀玻璃</td></tr>
<tr><td colspan="4">灭火方法:用大量水灭火,用雾状水驱散烟雾与刺激性气体</td></tr>
<tr><td>毒性</td><td colspan="4">LD_{50}:52 mg/kg(大鼠经口);57 mg/kg(小鼠经口)</td></tr>
<tr><td>对人体危害</td><td colspan="4">侵入途径:吸入,食入。
健康危害:急性中毒,多为误服所致;服后立即出现剧烈恶心、呕吐、腹痛、腹泻;重者休克、呼吸困难、紫绀,如不及时抢救可致死;部分患者出现荨麻疹、吞咽肌麻痹、手足抽搐或四肢肌肉痉挛;短期内吸入大量本品粉尘,引起呼吸道刺激症状,并伴有头昏、头痛、无力及消化道症状。
慢性影响:长期较高浓度吸入可引起氟骨症,可致皮炎,重者出现溃疡或大疱</td></tr>
<tr><td>急救</td><td colspan="4">皮肤接触:脱去被污染的衣着,用肥皂水和清水彻底冲洗皮肤。
眼睛接触:提起眼睑,用流动清水或生理盐水冲洗,就医。
吸入:迅速脱离现场至空气新鲜处,保持呼吸道通畅。如果呼吸困难,则输氧。如果呼吸、心跳停止,则立即进行人工呼吸,就医。
食入:饮足量温水,催吐,就医</td></tr>
<tr><td>防护</td><td colspan="4">工程防护:密闭操作,局部排风和全面通风;提供安全淋浴和洗眼设备。
呼吸系统防护:可能接触其粉尘时,应佩戴自吸过滤式防尘口罩;紧急事态抢救或撤离时,建议佩戴自吸式呼吸器。
眼睛防护:戴化学安全防护眼镜。
身体防护:穿透气型防毒服。
手防护:戴乳胶手套。
其他防护:工作现场禁止吸烟、进食和饮水;工作毕,淋浴更衣;工作服不准带至非作业场所;单独存放被毒物污染的衣服,洗后备用;保持良好的卫生习惯</td></tr>
<tr><td>泄漏处理</td><td colspan="4">隔离泄漏污染区,限制出入;建议应急处理人员戴自给式呼吸器,穿防毒服;不要直接接触泄漏物。少量泄漏:避免扬尘,用洁净的铲子收集于干燥、洁净、有盖的容器中。大量泄漏:用塑料布、帆布覆盖,减少飞散,然后收集、回收或运至废物处理场所处置</td></tr>
<tr><td>贮运</td><td colspan="4">包装标志:14。UN 编号:1690。包装分类:Ⅲ。
包装方法:塑料袋、多层牛皮纸袋外木板箱;螺纹口玻璃瓶、铁盖压口玻璃瓶、塑料瓶或金属桶(罐)外木板箱;螺纹口玻璃瓶、塑料瓶或塑料袋再装入金属桶(罐)或塑料桶(罐)外木板箱。
贮运条件:贮存于阴凉、通风的仓内;保持容器密封;应与氧化剂、酸类、食用化学品分开存放;不可混贮混运;搬运时轻装轻卸,防止包装及容器损坏;分装和搬运作业要注意个人防护</td></tr>
</table>

31. 硝化棉（含氮≤12.6%）

<table>
<tr><td rowspan="3">标识</td><td colspan="2">中文名：硝化棉；硝化纤维素</td><td>英文名：—</td></tr>
<tr><td>分子式：$C_{24}H_{36}N_8O_{38}$</td><td>分子量：1044.57344</td><td>CAS 号：9004-70-0</td></tr>
<tr><td colspan="3">危规号：41031</td></tr>
<tr><td rowspan="5">理化性质</td><td colspan="3">性状：白色纤维，与棉纤维一样，但较棉纤维硬和脆</td></tr>
<tr><td colspan="3">溶解性：—</td></tr>
<tr><td>熔点(℃)：—</td><td>沸点(℃)：—</td><td>相对密度(水=1)：—</td></tr>
<tr><td>临界温度(℃)：—</td><td>临界压力(MPa)：—</td><td>相对密度(空气=1)：—</td></tr>
<tr><td>燃烧热(kJ/mol)：—</td><td>最小点火能(mJ)：无资料</td><td>饱和蒸气压(kPa)：—</td></tr>
<tr><td rowspan="7">燃烧爆炸危险性</td><td>燃烧性：易燃</td><td colspan="2">燃烧分解产物：—</td></tr>
<tr><td>闪点(℃)：—</td><td colspan="2">聚合危害：—</td></tr>
<tr><td>爆炸下限(%)：—</td><td colspan="2">稳定性：—</td></tr>
<tr><td>爆炸上限(%)：—</td><td colspan="2">最大爆炸压力(MPa)：无资料</td></tr>
<tr><td>引燃温度(℃)：—</td><td colspan="2">禁忌物：—</td></tr>
<tr><td colspan="3">危险特性：易燃；能着火、爆炸，威力取决于含氮量的多少；干燥的硝化棉易被点燃，松散的硝化棉在空气中燃烧不留残渣，增大密度时，燃烧速度下降；大量硝化棉在堆积和密闭容器中燃烧能转为爆轰</td></tr>
<tr><td colspan="3">灭火方法：消防人员必须戴氧气防毒面具，在一定距离的上风方向操作，用大量水灭火；禁止用砂土压盖</td></tr>
<tr><td>急救</td><td colspan="3">立即把灼伤者从火中救出，保护好创面；对危重烧伤人员、呼吸道阻塞者要及时采取措施，保护呼吸道通畅；要警惕和防止出现烧伤和休克，迅速送医院救治</td></tr>
<tr><td>泄漏处理</td><td colspan="3">首先切断一切火源，戴好防毒面具与手套；将泄漏物用水润湿，在空旷地方倒入铁桶，加等体积的 10%氢氧化钠溶液，放置 1 小时，稀释后放入废水系统</td></tr>
<tr><td>贮运</td><td colspan="3">包装标志：易燃固体。UN 编号：2557。
包装方法：按主管当局的规定。
贮运条件：一般用 25%以上的水、乙醇或增塑剂(18%以上)湿润；贮存在铁桶内(内层二层塑料袋封口)；搬运时轻装轻卸，防止容器破损液体挥发，不得摩擦发热或受热，必须使物品永久保持湿润；贮存在阴凉、通风的爆炸品专库内，库温不宜超过 30 ℃；必须防热、防晒，避免与电灯、蒸气管或其他热源接触，并严格控制各种明火，远离容易产生火源的地方；与有机胺、酸、碱、还原剂以及其他抵触性物品隔离贮运；必须掌握先进先出，经常检查湿润剂湿润情况，必要时增加湿润剂；要定时将包装倒放，以使湿润剂分布均匀；贮存期不宜过长，以防硝化棉变质产生事故</td></tr>
</table>

附录C　化学实验室安全相关法律法规名录

1. 环境保护

(1)《中华人民共和国环境保护法》(2014 年 4 月 24 日修订,2015 年 1 月 1 日起施行)。

(2)《中华人民共和国水污染防治法》(2017 年 6 月 27 日第二次修订,2018 年 1 月 1 日起施行)。

(3)《中华人民共和国大气污染防治法》(2018 年 10 月 26 日第二次修订,2018 年 10 月26 日起施行)。

(4)《中华人民共和国固体废物污染环境防治法》(2020 年 4 月 29 日第二次修订,2020 年 9 月 1 日起施行)。

(5)《中华人民共和国环境影响评价法》(2018 年 12 月 29 日第二次修订,2018 年 12 月29 日起施行)。

(6)《中华人民共和国噪声污染防治法》(2021 年 12 月 24 日通过,2022 年 6 月 5 日起施行)。

(7)《建设项目环境保护管理条例》(2017 年 7 月 16 日修订,2017 年 10 月 1 日起施行)。

(8)《环境行政处罚办法》(2009 年 12 月 30 日修订,2010 年 3 月 1 日起施行)。

(9)《建设项目环境影响评价分类管理名录》(2020 年 11 月 5 日通过,2021 年 1 月 1 日起施行)。

2. 消防安全

(1)《高等学校消防安全管理规定》(2009 年 7 月 3 日通过,2010 年 1 月 1 日起施行)。

(2)《中华人民共和国消防法》(2008 年 10 月 28 日修订,2009 年 5 月 1 日起施行)。

(3)《机关、团体、企业、事业单位消防安全管理规定》(2001 年 10 月 19 日通过,2002 年 5 月 1 日起施行)。

3. 化学安全

(1)《首批重点监管的危险化学品安全措施和事故应急处置原则》(2011 年 7 月 1 日发布)。

(2)《危险化学品安全管理条例》(2013 年 12 月 7 日修订)。

(3)《新化学物质环境管理办法》(2009 年 12 月 30 日修订,2010 年 10 月 15 日起施行)。

(4)《危险化学品建设项目安全设施目录(试行)》(安监总危化〔2007〕225 号,2007 年 11 月 30 日起试行)。

(5)《危险化学品事故灾难应急预案》(国家安全生产监督管理总局,2006 年 10 月生成)。

(6)《危险化学品重大危险源监督管理暂行规定》(2011 年 8 月 5 日通过,2011 年 12 月1 日起施行)。

(7)《化学品物理危险性鉴定与分类管理办法》(2013 年 7 月 10 日,2013 年 9 月 1 日起施行)。

(8)《危险化学品建设项目安全监督管理办法》(2012 年 1 月 30 日通过,2012 年 4 月 1 日起施行,2015 年 5 月 27 日修正)。

(9)《危险化学品登记管理办法》(2012 年 7 月 1 日公布,2012 年 8 月 1 日起施行)。

(10)《废弃危险化学品污染环境防治办法》(2005 年 8 月 18 日通过,2005 年 10 月 1 日起施行)。

(11)《剧毒化学品购买和公路运输许可证管理办法》(2005 年 4 月 21 日通过,2005 年 8 月1 日起施行)。

(12)《使用有毒物品作业场所劳动保护条例》(2002 年 5 月 12 日公布并施行)。

(13)《民用爆炸物品安全管理条例》(2006 年 5 月 10 日公布,2006 年 9 月 1 日起施行,2014 年 7 月 29 日修正)。

(14)《药品类易制毒化学品管理办法》(2010 年 2 月 23 日通过,2010 年 5 月 1 日起施行)。

(15)《易制毒化学品管理条例》(2005 年 8 月 26 日公布,2018 年 9 月 18 日第三次修订)。

(16)《麻醉药品和精神药品管理条例》(2005 年 8 月 3 日公布,2016 年 2 月 6 日第二次修订)。

(17)《医疗用毒性药品管理办法》(1988 年 12 月 27 日发布并施行)。

(18)《易制爆危险化学品名录》(2017 年 5 月 11 日公布)。

(19)《国家危险废物名录》(2020 年 11 月 5 日通过,2021 年 1 月 1 日起施行)。

(20)《危险化学品目录》(2015 年 5 月 1 日起施行,2022 年调整)。

4. 生物安全

(1)《病原微生物实验室生物安全管理条例》(2004 年 11 月 12 日公布,2018 年 3 月 19 日第二次修订)。

(2)《实验动物管理条例》(1988 年 11 月 14 日发布,2017 年 3 月 1 日第三次修订)。

(3)《医疗废物管理条例》(2003 年 6 月 16 日公布,2011 年 1 月 8 日修订)。

(4)《农业部重点实验室管理办法》(2010 年 9 月 27 日制定,2017 年 9 月 5 日修订)。

(5)《动物病原微生物菌(毒)种保藏管理办法》(2008 年 11 月 26 日公布,2009 年 1 月 1 日起施行,2022 年 1 月 7 日修订)。

(6)《病原微生物实验室生物安全环境管理办法》(2006 年 3 月 2 日通过,2006 年 5 月 1 日起施行)。

(7)《实验动物许可证管理办法(试行)》(2001 年 12 月 5 日公布,2002 年 1 月 1 日起施行)。

(8)《人间传染的病原微生物名录》(2006 年 1 月 11 日制定)。

(9)《动物病原微生物分类名录》(2005 年 5 月 24 日公布)。

5. 特种设备

(1)《中华人民共和国特种设备安全法》(2013 年 6 月 29 日通过,2014 年 1 月 1 日起施行)。

(2)《特种设备安全监察条例》(2003 年 3 月 11 日公布,2003 年 6 月 1 日起施行,2009 年1月 24 日修订)。

(3)《特种作业人员安全技术培训考核管理规定》(2010 年 5 月 24 日公布,2015 年 5 月29 日第二次修订,2015 年 7 月 1 日起施行)。

(4)《特种设备作业人员监督管理办法》(2011 年 5 月 3 日修订,2011 年 7 月 1 日起施行)。

6. 辐射安全

(1)《中华人民共和国放射性污染防治法》(2003 年 6 月 28 日通过,2003 年 10 月 1 日起施行)。

(2)《放射性同位素与射线装置安全和防护条例》(2005 年 9 月 14 日公布,2019 年 3 月2 日第二次修订)。

(3)《放射性物品运输安全管理条例》(2009 年 9 月 14 日公布,2010 年 1 月 1 日起施行)。

(4)《放射性废物安全管理条例》(2011 年 12 月 20 日公布,2012 年 3 月 1 日起施行)。

(5)《放射性同位素与射线装置安全和防护管理办法》(2011 年 4 月 18 日公布,2011 年 5 月 1 日起施行)。

(6)《放射性物品运输安全许可管理办法》(2010 年 9 月 25 日公布,2010 年 11 月 1 日起施行)。

(7)《放射性同位素与射线装置安全许可管理办法》(2008 年 12 月 6 日修订)。

(8)《放射工作人员职业健康管理办法》(2007 年 6 月 3 日公布,2007 年 11 月 1 日起施行)。

(9)《城市放射性废物管理办法》(1987 年 7 月 16 日发布并施行)。

(10)《建设项目环境影响评价分类管理名录》(2020 年 11 月 30 日公布,2021 年 1 月 1 日起施行)。

(11)《射线装置分类》(2017 年 12 月 6 日发布并施行)。

(12)《放射源分类办法》(2005 年 12 月 23 日发布)。

(13)《放射事故管理规定》(2001 年 8 月 26 日发布并施行)。

(14)《放射源编码规则》(2004 年 8 月 24 日发布)。

7. 安全生产

(1)《中华人民共和国安全生产法》(2021 年 6 月 10 日第三次修正,2021 年 9 月 1 日起施行)。

(2)《生产安全事故报告和调查处理条例》(2007 年 4 月 9 日公布,2007 年 6 月 1 日起施行)。

(3)《生产经营单位安全培训规定》(2006 年 1 月 17 日公布,2015 年 5 月 19 日第二次修正,2015 年 7 月 1 日起施行)。

(4)《生产安全事故罚款处罚规定(试行)》(2015 年 4 月 2 日第二次修正,2015 年 5 月 1 日起施行)。

(5)《安全生产违法行为行政处罚办法》(2007 年 11 月 30 日公布,2008 年 1 月 1 日起施行)。

(6)《安全生产事故隐患排查治理暂行规定》(2007 年 12 月 28 日公布,2008 年 2 月 1 日起施行)。

8. 职业防护

(1)《中华人民共和国职业病防治法》(2018 年 12 月 29 日公布并施行)。

(2)《职业病诊断与鉴定管理办法》(2021 年 1 月 4 日公布并施行)。

(3)《职业病危害项目申报管理办法》(2012 年 4 月 27 日公布,2012 年 6 月 1 日起施行)。

(4)《国家职业卫生标准管理办法》(2002 年 3 月 28 日公布,2002 年 5 月 1 日起施行)。

9. 其他

(1)《中华人民共和国突发事件应对法》(2007 年 8 月 30 日通过,2007 年 11 月 1 日起施行)。

(2)《国务院办公厅关于加强基层应急队伍建设的意见》(2009 年 10 月 22 日发布)。

(3)《学生伤害事故处理办法》(2002 年 6 月 25 日发布,2002 年 9 月 1 日起施行,2010 年 12 月 13 日修改并施行)。

(4)《高等学校实验室工作规程》(1992 年 6 月 27 日发布)。

附录D　化学实验室安全相关标准名录

1. 环境保护

(1)《工作场所有害因素职业接触限值　第1部分:化学有害因素》(GBZ 2.1—2019)。

(2)《污水综合排放标准》(GB 8978—1996)。

(3)《大气污染物综合排放标准》(GB 16297—1996)。

(4)《危险废物贮存污染控制标准》(GB 18597—2023)。

(5)《危险废物鉴别标准　通则》(GB 5085.7—2019)。

(6)《危险废物鉴别标准　腐蚀性鉴别》(GB 5085.1—2007)。

(7)《危险废物鉴别标准　急性毒性初筛》(GB 5085.2—2007)。

(8)《危险废物鉴别标准　浸出毒性鉴别》(GB 5085.3—2007)。

(9)《危险废物鉴别标准　易燃性鉴别》(GB 5085.4—2007)。

(10)《危险废物鉴别标准　反应性鉴别》(GB 5085.5—2007)。

(11)《危险废物鉴别标准　毒性物质含量鉴别》(GB 5085.6—2007)。

2. 建筑与消防安全

(1)《消防应急照明和疏散指示系统》(GB 17945—2010)。

(2)《火灾自动报警系统施工及验收规范》(GB 50166—2007)。

(3)《特种火灾探测器》(GB 15631—2008)。

(4)《建设设计防火规范》(GB 50016—2014)。

(5)《自动喷水灭火系统施工及验收规范》(GB 50261—2017)。

(6)《建筑灭火器配置设计规范》(GB 50140—2005)。

(7)《自动喷水灭火系统设计规范》(GB 50084—2017)。

(8)《火灾报警控制器》(GB 4717—2005)。

(9)《火灾声和/或光警报器标准》(GB 26851—2011)。

(10)《化工采暖通风与空气调节设计规范》(HG/T 20698—2009)。

3. 化学安全

(1)《危险化学品重大危险源辨识》(GB 18218—2018)。

(2)《化学品安全标签编写规定》(GB 15258—2009)。

(3)《化学品分类和危险性公示　通则》(GB 13690—2009)。

(4)《化学品安全技术说明书　内容和项目顺序》(GB/T 16483—2008)。

(5)《危险货物品名表》(GB 12268—2012)。

(6)《危险货物分类和品名编号》(GB 6944—2012)。
(7)《危险化学品从业单位安全标准化通用规范》(AQ 3013—2008)。
(8)《工作场所有害因素职业接触限值　第1部分:化学有害因素》(GBZ 2.1—2019)。
(9)《职业性接触毒物危害程度分级》(GBZ 230—2010)。
(10)《常用化学危险品贮存通则》(GB 15603—1995)。
(11)《毒害性商品储存养护技术条件》(GB 17916—2013)。
(12)《腐蚀性商品储存养护技术条件》(GB 17915—2013)。
(13)《易燃易爆性商品储存养护技术条件》(GB 17914—2013)。
(14)《常用危险化学品安全周知卡编制导则》(HG 23010—1997)。

4. 生物安全

(1)《生物安全实验室建筑技术规范》(GB 50346—2011)。
(2)《实验室生物安全通用要求》(GB 19489—2008)。
(3)《实验动物　环境及设施》(GB 14925—2010)。

5. 特种设备

(1)《液化气体气瓶充装规定》(GB 14193—2009)。
(2)《溶解乙炔气瓶定期检验与评定》(GB 13076—2009)。
(3)《固定式压力容器安全技术监察规程》(TSG R0004—2009)。
(4)《高压无缝钢瓶定期检验与评定》(GJB 6542—2008)。
(5)《永久气体气瓶充装规定》(GB 14194—2006)。
(6)《气瓶颜色标志》(GB/T 7144—2016)。
(7)《钢质焊接气瓶定期检验与评定》(GB/T 13075—2016)。
(8)《气瓶充装站安全技术条件》(GB 27550—2011)。
(9)《气瓶警示标签》(GB 16804—2011)。
(10)《瓶装气体分类》(GB/T 16163—2012)。
(11)《气瓶阀出气口连接型式和尺寸》(GB 15383—2011)。
(12)《大口径液氮容器》(GB/T 14174—2012)。

6. 辐射安全

(1)《操作非密封源的辐射防护规定》(GB 11930—2010)。
(2)《γ辐照装置的辐射防护与安全规范》(GB 10252—2009)。
(3)《密封放射源　一般要求和分级》(GB 4075—2009)。
(4)《γ辐照装置设计建造和使用规范》(GB 17568—2008)。
(5)《电离辐射防护与辐射源安全基本标准》(GB 18871－2002)。
(6)《放射性废物管理规定》(GB 14500—2002)。
(7)《使用密封放射源的放射卫生防护要求》(GB 16354—1996)。

(8)《放射性废物分类标准》(GB 9133—1995)。

(9)《粒子加速器辐射防护规定》(GB 5172—1985)。

(10)《剧毒化学品、放射源存放场所治安防范要求》(GA 1002—2012)。

(11)《过量照射人员的医学检查与处理原则》(GBZ 215—2009)。

(12)《医用放射性废物的卫生防护管理》(GBZ 133—2009)。

(13)《含密封源仪表的放射卫生防护要求》(GBZ 125—2009)。

(14)《γ射线探伤机》(GB/T 14058—2008)。

(15)《辐射加工用电子加速器工程通用规范》(GB/T 25306—2010)。

(16)《放射治疗机房的辐射屏蔽规范　第1部分:一般原则》(GBZ/T 201.1—2007)。

(17)《放射治疗机房的辐射屏蔽规范　第2部分:电子直线加速器放射治疗机房》(GBZ/T 201.2—2011)。

(18)《密封放射源及密封γ放射源容器的放射卫生防护标准》(GBZ 114—2006)。

(19)《便携式X射线检查系统放射卫生防护标准》(GBZ 177—2006)。

(20)《γ射线工业CT放射卫生防护标准》(GBZ 175—2006)。

(21)《临床核医学放射卫生防护标准》(GBZ 120—2006)。

(22)《工业X射线探伤放射卫生防护标准》(GBZ 117—2006)。

(23)《工业γ射线探伤放射防护标准》(GBZ 132—2008)。

(24)《医用X射线CT机房的辐射屏蔽规范》(GBZ/T 180—2006)。

(25)《放射性污染的物料解控和场址开放的基本要求》(GBZ 167—2005)。

(26)《医用γ射束远距治疗防护与安全标准》(GBZ 161—2004)。

(27)《γ射线和电子束辐照装置防护检测规范》(GBZ 141—2002)。

(28)《医用X射线治疗卫生防护标准》(GBZ 131—2002)。

(29)《X射线行李包检查系统卫生防护标准》(GBZ 127—2002)。

(30)《粒子加速器工程设施辐射防护设计规范》(EJ 346—1988)。

7. 其他

(1)《工作场所有害因素接触限值　第二部分:物理因素》(GBZ 2.2—2007)。

(2)《防止静电事故通用导则》(GB 12158—2006)。

(3)《科研建筑设计规范》(JGJ 91—2019)。

附录E 化学实验室安全检查项目表（2023年）

序号	检查项目	检查要点	情况记录
1	责任体系		
1.1	学校层面安全责任体系		
1.1.1	实验室安全工作纳入学校决策研究事项	有学校相关会议（校务会议、党委常委会会议等）纪要，内容包含实验室安全工作	
1.1.2	有校级实验室安全工作责任人与领导机构	有校级正式发文，明确学校党政主要负责人是第一责任人；分管实验室安全工作的校领导是重要领导责任人，协助第一责任人负责实验室安全工作；其他校领导在分管工作范围内对实验室安全工作负支持、监督和指导职责；设立校级领导机构，明确其部门组成和工作职责，分管实验室安全工作的校领导为该机构负责人	
1.1.3	有明确的实验室安全管理职能部门	明确牵头职能部门负责实验室安全工作，相关职能部门切实配合落实工作	
1.1.4	学校与院系签订实验室安全责任书	档案或信息系统里有现任学校领导与院系负责人签字盖章的安全责任书	
1.2	院系层面安全责任体系		
1.2.1	有院系实验室安全工作队伍	(1)院系安全工作队伍由党政负责人、分管实验室安全领导、院系实验室安全助理或安全主管、实验室负责人、实验室安全员等共同组成。 (2)有带文号的院系文件，如党政联席会/办公会等纪要、通知或制度等，明确其内容	
1.2.2	院系签订实验室安全责任书	院系签订责任书到实验房间安全责任人	
1.3	实验室层面安全责任体系		
1.3.1	明确实验室层面各级责任人及其职责	实验室负责人是本实验室安全工作的直接责任人，应严格落实实验室安全准入、隐患整改、个人防护等日常安全管理工作，切实保障实验室安全；项目负责人（含教学课程任课教师）是项目安全的第一责任人，必须对项目进行危险源辨识和风险评估，并制定防范措施及现场处置方案；实验室负责人应指定安全员，负责本实验室日常安全管理	
1.3.2	实验室签订实验室安全责任书	实验室负责人与相关实验人员签订实验室安全责任书	
1.4	安全工作奖惩机制		

续表

序号	检查项目	检查要点	情况记录
1.4.1	奖惩机制落实到岗位或个人	是否有明确的奖惩管理办法，以及实际执行情况	
1.4.2	依法依规进行事故调查和责任追究	检查事故调查执行情况	
1.5	经费保障		
1.5.1	学校每年有实验室安全常规经费预算	学校职能部门有预算审批凭据证明有专款用于实验室安全工作	
1.5.2	学校有专项经费投入实验室安全工作，重大安全隐患整改经费能够落实	学校职能部门有支出凭据证明有专款用于实验室安全工作，尤其是用于重大安全隐患整改项目	
1.5.3	院系有自筹经费投入实验室安全建设与管理	院系有支出凭据证明有专款用于实验室安全工作	
1.6	队伍建设		
1.6.1	学校根据需要配备专职或兼职的实验室安全管理人员	(1)有重要危险源，即有毒有害(剧毒、易制爆、易制毒、易爆炸等)化学品、危险(易燃、易爆、有毒、窒息、高压等)气体、动物及病原微生物、辐射源及射线装置、同位素及核材料、危险性机械加工装置、强电强磁与激光设备、特种设备等的高校应依据工作量，在校级管理机构配备足够的专职实验室安全管理人员。 (2)有重要危险源的院系应依据工作量配备专职实验室安全管理人员；艺术类、数学及信息等相关院系配备兼职实验室安全管理人员	
1.6.2	有校级实验室安全检查队伍，可以由教师、实验技术人员组成，也可以利用有相关专业能力的社会力量	有文件证明学校设立了检查队伍，并有工作记录	
1.6.3	各级主管实验室安全的负责人、管理人员及技术人员到岗一年内必须接受实验室安全培训	有培训记录(证书、电子文档、书面记录)等证明培训及合格情况	
1.7	其他		
1.7.1	采用信息化手段管理实验室安全	学校建设信息管理等系统用于实验室安全管理	
1.7.2	建立实验室安全工作档案	包括责任体系、队伍建设、安全制度、奖惩、教育培训、安全检查、隐患整改、事故调查与处理、专业安全、其他相关的常规或阶段性工作，且档案分类科学、合理，便于查找	

续表

序号	检查项目	检查要点	情况记录
2	规章制度		
2.1	实验室安全管理制度		
2.1.1	学校和院系应有正式发文的实验室安全管理制度	有正式发文的实验室安全管理制度，内容包括上位法依据、实验室范围、安全管理原则、组织架构、责任体系、奖惩、事故处理、责任与追究、安全文化等要素	
2.2	实验室安全管理办法或细则		
2.2.1	有正式发文的实验室安全管理办法或细则	依据危险源情况制定实验室分类分级、准入管理、安全检查，以及各类安全等二级管理办法，文件应具有可操作性或实际管理效用，及时修订、更新，并正式发文	
2.3	安全应急制度		
2.3.1	学校、院系、实验室有相应的应急预案	学校、二级单位和实验室应建立应急预案和应急演练制度，定期开展应急知识学习、应急处置培训和应急演练，保障应急人员、物资、装备和经费，保证应急功能完备、人员到位、装备齐全、响应及时，保证实验防护用品与装备、应急物资的有效性	
3	教育培训		
3.1	安全教育培训活动		
3.1.1	开设实验室安全必修课或选修课	对于有重要危险源的院系和专业，要开设有学分的安全教育必修课或将安全教育课程纳入必修环节；鼓励其他专业开设安全选修课	
3.1.2	开展安全教育培训活动	(1)校级层面有档案证明开展了实验室安全教育培训。 (2)院系层面有档案证明开展了实验室安全教育培训，重点关注外来人员和研究生新生	
3.1.3	开展结合学科特点的应急演练	有实验室安全事故应急演练	
3.1.4	组织实验室安全知识考试	建设考试系统或考试题库并及时更新，从事实验工作的学生、教职工及外来人员均必须参加考试，通过者发放合格证书或保留记录	
3.2	安全文化		
3.2.1	建设有学校特色的安全文化	(1)学校有网页设立专栏开展安全宣传。 (2)编印学校实验室安全手册，将实验室安全手册发放到每一位从事实验活动的师生。 (3)创新宣传教育形式，通过微信公众号、微博、工作简报、文化月、专项整治活动、安全评估、知识竞赛、微电影等方式，加强安全宣传	
3.2.2	建立实验室安全隐患举报制度	建立实验室安全隐患举报制度，公布实验室安全隐患举报邮箱、电话、信箱等	

续表

序号	检查项目	检查要点	情况记录
4	安全准入		
4.1	项目安全准入		
4.1.1	对项目进行实验室安全风险评估,保证实验室满足开展项目活动的安全条件	项目负责人负责对实验项目进行危险源辨识、风险评估和控制,制定现场处置方案,指导有关人员做好安全防护	
4.2	人员安全准入		
4.2.1	实验人员必须经过安全培训和考核,获得实验室安全准入资格	实验人员应获得实验室准入资格,并严格遵守各项管理制度	
4.3	安全风险分析		
4.3.1	对研究选题进行安全风险分析,做好防控和应急准备	开展实验前应进行安全风险分析,并通过审核	
5	安全检查		
5.1	危险源辨识		
5.1.1	学校、院系层面建立危险源分布清单	清单内容必须包括单位、房间、类别、数量、责任人等信息	
5.1.2	涉及危险源的实验场所,必须有明确的警示标识	涉及重要危险源的场所,有显著的警示标识	
5.1.3	建立针对重要危险源的风险评估和应急预案	(1)建立风险分级管控方案。 (2)院系和实验室应建立针对重要危险源的应急预案	
5.2	安全检查		
5.2.1	学校、院系层面安全检查及实验室自检自查	学校层面检查每年不少于4次,院系层面检查每月不少于1次,实验室应经常检查,安全检查及整改都应保存记录。	
5.2.2	针对高危实验物品及实验过程开展专项检查	针对重要险源,开展定期专项检查	
5.2.3	安全检查人员应配备专业的防护和计量用具	安全检查人员要佩戴标识、配备照相器具。进入涉及危化品、生物、辐射等实验室要穿戴必要的防护装具;检查辐射场所要佩戴个人辐射剂量计;配备必要的测量、计量用具(手持式VOC检测仪、声级计、风速仪、电笔、万用表等)	
5.3	安全隐患整改		
5.3.1	检查中发现的问题应以正式形式通知到相关负责人	通知的方式包括校网公告、实验室安全简报、书面或电子的整改通知书等形式	
5.3.2	院系必须及时组织隐患整改	(1)整改报告应在规定时间内提交学校管理部门。 (2)如存在重大隐患,实验室应立即停止实验活动,整改完成或采取相应防护措施后方能恢复实验	

续表

序号	检查项目	检查要点	情况记录
5.4	安全报告		
5.4.1	学校有定期/不定期的安全检查通报;院系有安全检查及整改记录	存有相关资料或电子文档	
6	实验场所		
6.1	场所环境		
6.1.1	实验场所应张贴安全信息牌	每个房间门口挂有安全信息牌,信息包括安全风险点的警示标识、安全责任人、涉及危险类别、防护措施和有效的应急联系电话等,并及时更新	
6.1.2	实验场所应具备合理的安全空间布局	(1)超过 200 m^2 的实验楼层至少具有两处安全出口,75 m^2 以上实验室要有两个出入口。 (2)实验楼大走廊保证留有净宽大于 1.5 m 的消防通道。 (3)实验室操作区层高不低于 2 m。 (4)理工农医类实验室多人同时进行实验时,人均操作面积不小于 2.5 m^2	
6.1.3	实验室消防通道通畅,公共场所不堆放仪器和物品	保持消防通道通畅	
6.1.4	实验室建设和装修应符合消防安全要求	(1)实验操作台应选用合格的防火、耐腐蚀材料。 (2)仪器设备安装符合建筑物承重载荷。 (3)有可燃气体的实验室不设吊顶。 (4)不用的配电箱、插座、水管水龙头、网线、气体管路等,应及时拆除或封闭。 (5)实验室门上有观察窗,外开门不阻挡逃生路径	
6.1.5	实验室所有房间均必须配有应急备用钥匙	应急备用钥匙必须集中存放、统一管理,应急时方便取用	
6.1.6	实验设备必须做好减振、电磁屏蔽和降噪	(1)容易产生振动的设备,必须考虑采取合理的减振措施。 (2)易对外产生磁场或易受磁场干扰的设备,必须做好电磁屏蔽。 (3)实验室噪声一般不高于 55 dB(机械设备不高于 70 dB)	
6.1.7	实验室水、电、气管线布局合理,安装施工规范	(1)采用管道供气的实验室,输气管道及阀门无漏气现象,并有明确标识。供气管道有名称和气体流向标识,无破损。 (2)高温、明火设备放置位置与气体管道有安全间隔距离。 (3)实验室改造工程应经过审批后实施	
6.2	卫生与日常管理		

续表

序号	检查项目	检查要点	情况记录
6.2.1	实验室分区应相对独立，布局合理	有毒有害实验区与学习区明确分开，合理布局，重点关注化学、生物、辐射、激光等类别实验室。如果部分区域分区不明显，则现场查看，确保有毒有害物质的管理必须对工作环境无健康危害	
6.2.2	实验室环境应整洁、卫生、有序	(1)实验室物品摆放有序，卫生状况良好，实验完毕物品归位，无废弃物品，不放无关物品。 (2)不在实验室睡觉，不存放和烧煮食物、饮食，禁止吸烟，不使用可燃性蚊香	
6.2.3	实验室有卫生安全制度	实验期间有记录	
6.3	场所其他安全		
6.3.1	每间实验室均有编号并登记造册	现场查看门牌，查阅档案	
6.3.2	危险性实验室应配备急救物品	配备的药箱不得上锁，并定期检查药品是否在保质期内	
6.3.3	停用的实验室有安全防范措施和明显标识	查看现场	
7	安全设施		
7.1	消防设施		
7.1.1	实验室应配备合适的灭火设备，并定期开展使用训练	(1)烟感报警器、灭火器、灭火毯、消防砂、消防喷淋等应正常有效、方便取用。 (2)灭火器种类配置正确，且在有效期内(压力指针位置正常等)，保险销正常，瓶身无破损、腐蚀	
7.1.2	紧急逃生疏散路线通畅	(1)在显著位置张贴有紧急逃生疏散路线图，疏散路线图的逃生路线应有两条(含)以上，路线与现场情况符合。 (2)主要逃生路径(室内、楼梯、通道和出口处)有足够的紧急照明灯，功能正常，并设置有效标识指示逃生方向。 (3)人员应熟悉紧急疏散路线及火场逃生注意事项(现场调查人员熟悉程度)	
7.2	应急喷淋与洗眼装置		
7.2.1	存在燃烧、腐蚀等风险的实验区域，必须配置应急喷淋和洗眼装置	应急喷淋和洗眼装置的区域有显著标识	
7.2.2	应急喷淋与洗眼装置安装合理，并能正常使用	(1)应急喷淋安装地点与工作区域之间畅通，距离不超过 30 m。应急喷淋安装位置合适，拉杆位置合适、方向正确。应急喷淋装置水管总阀为常开状，喷淋头下方 410 mm 范围内无障碍物。 (2)不能以普通淋浴装置代替应急喷淋装置。 (3)洗眼装置接入生活用水管道，应至少以 1.5 L/min 的流量供水，水压适中，水流畅通、平稳	

续表

序号	检查项目	检查要点	情况记录
7.2.3	定期对应急喷淋与洗眼装置进行维护	经常对应急喷淋与洗眼装置进行维护，无锈水、脏水，有检查记录	
7.3	通风系统		
7.3.1	有需要的实验场所配备符合设计规范的通风系统	(1)管道风机必须防腐，使用可燃气体场所宜采用防爆风机。 (2)实验室通风系统运行正常，柜口面风速为 0.35～0.75 m/s，定期进行维护、检修。 (3)屋顶风机固定，无松动、无异常噪声	
7.3.2	通风柜配置合理、使用正常、操作合规	(1)实验室排出的有害物质浓度超过国家现行标准规定的允许排放标准时，必须采取净化措施，做到达标排放。 (2)任何可能产生有毒有害气体，或产生可燃、可爆炸气体或蒸气而导致积聚的实验，都必须在通风柜内进行。 (3)进行实验时，通风柜可调玻璃视窗开至离台面 10～15 cm，保持通风效果，并保护操作人员胸部以上部位。实验人员在通风柜进行实验时，避免将头伸入调节门内。不可将一次性手套或较轻的塑料袋等留在通风柜内，以免堵塞排风口。通风柜内放置的物品应距离调节门内侧 15 cm 以上，以免掉落。不得将通风柜作为化学试剂存放场所。玻璃视窗材料应是钢化玻璃	
7.4	门禁监控		
7.4.1	重点场所必须安装门禁和监控设施，并有专人管理	关注重点场所，如剧毒品、病原微生物、放射源存放点，核材料等危险源的管理	
7.4.2	门禁和监控系统运转正常，与实验室准入制度相匹配	(1)监控不留死角，图像清晰，人员出入记录可查，视频记录贮存时间不少于 30 天。 (2)停电时，电子门禁系统应是开启状态或者有备用机械钥匙	
7.5	实验室防爆		
7.5.1	有防爆需求的实验室必须符合防爆设计要求	(1)安装有防爆开关、防爆灯等，安装必要的气体报警系统、监控系统、应急系统等。 (2)可燃气体管道，应科学选用和安装阻火器。 (3)采取有效措施，避免或减少出现危险爆炸性环境，避免出现任何潜在的有效点燃源	
7.5.2	应妥善防护具有爆炸危险性的仪器设备	使用适合的防护安全罩	

续表

序号	检查项目	检查要点	情况记录
8	基础安全		
8.1	用电用水基础安全		
8.1.1	实验室用电安全应符合国家标准(导则)和行业标准	(1)实验室配电容量、插头插座与用电设备功率必须匹配,不得私自改装。 (2)电源插座必须有效、固定。 (3)电气设备应配备空气开关和漏电保护器。 (4)不私自乱拉乱接电线电缆,禁止多个接线板串接供电,接线板不宜直接置于地面。 (5)禁止使用老化的线缆/花线、木质配电板、有破损的接线板,电线接头绝缘可靠,无裸露连接线,穿越通道的线缆应有盖板或护套,不使用老国标接线板、插座。 (6)大功率仪器(包括空调等)使用专用插座。 (7)电器长期不用时,应切断电源。 (8)配电箱前不应有物品遮挡并便于操作,周围不应放置烘箱、电炉、易燃易爆气瓶、易燃易爆化学试剂、废液桶等;配电箱的金属箱体应与箱内保护零线或保护地线可靠连接	
8.1.2	给水、排水系统布置合理,运行正常	(1)水槽、地漏及下水道畅通,水龙头、上下水管无破损。 (2)各类连接管无老化破损(特别是冷却、冷凝系统的橡胶管接口处)。 (3)各楼层及实验室的各级水管总阀必须有明显的标识	
8.2	个体防护		
8.2.1	实验人员必须配备合适的个人防护用品	(1)进入实验室的人员必须穿着质地合适的实验服或防护服。 (2)按需要佩戴防护眼镜、防护手套、安全帽或防护帽、呼吸器或面罩(呼吸器或面罩在有效期内,不用时必须密封放置)等。 (3)进行化学、生物安全和高温实验时,谨慎佩戴隐形眼镜。 (4)操作机床等旋转设备时,不得穿戴长围巾、丝巾、领带等,长发必须盘在工作帽内。 (5)穿着化学、生物类实验服或戴实验手套时,不得随意进入非实验区	
8.2.2	个人防护用品合理存放,存放地点有明显标识	紧急情况必须使用的个人防护器具应分散存放在安全场所,以便于取用	

续表

序号	检查项目	检查要点	情况记录
8.2.3	各类个人防护用品的使用有培训及定期检查、维护记录	检查培训及维护记录	
8.3	其他		
8.3.1	危险性实验(如高温、高压、高速运转等)时必须有两人在场	实验时不能脱岗,通宵实验必须两人在场并有事先审批制度	
8.3.2	实验台面整洁、实验记录规范	查看实验台面和实验记录	
9	化学安全		
9.1	危险化学品贮存区		
9.1.1	学校建有危险化学品贮存区并规范管理	(1)危险化学品贮存区必须有通风、隔热、避光、防盗、防爆、防静电、泄漏报警、应急喷淋、安全警示标识等措施,符合相关规定,专人管理。 (2)危险化学品贮存区的消防设施符合国家相关规定,正确配备灭火器材(如灭火器、灭火毯、砂箱、自动喷淋等)。 (3)危险化学品贮存区不能建设在地下或半地下,不得建设在实验楼内。若只能在实验楼内存放,则应按照实验室的标准要求(见 9.3 实验室化学品存放)。 (4)危险化学品贮存区的试剂不混放,整箱试剂的叠加高度不大于 1.5 m	
9.2	危险化学品购置		
9.2.1	危险化学品采购必须符合要求	危险化学品必须向具有生产经营许可资质的单位进行购买,查看相关供应商的经营许可资质证书复印件	
9.2.2	剧毒品、易制爆品、易制毒品、爆炸品的购买程序合规	(1)购买前必须经学校审批,报公安部门批准或备案后,向具有经营许可资质的单位购买,并保留报批及审批记录。 (2)建立购买、验收、使用等台账资料。 (3)不得私自从外单位获取管制类化学品,也不得给外单位或个人提供管制化学品	
9.2.3	麻醉药品、精神药品等购买前必须向食品、药品监督管理部门申请	报批同意后向定点供应商或者定点生产企业采购	

续表

序号	检查项目	检查要点	情况记录
9.2.4	校内危险化学品的运输安全	现场抽查，校园内的运输车辆、运送人员、送货方式等符合相关规范	
9.3	实验室化学品存放		
9.3.1	实验室内危险化学品建有动态台账	(1)建立实验室危险化学品动态台账，并有危险化学品安全技术说明书(SDS)或安全周知卡，方便查阅。 (2)定期清理废旧试剂，无累积现象	
9.3.2	化学品有专用存放空间并科学、有序存放	(1)储藏室、储藏区、贮存柜等应通风、隔热，避免阳光直射。 (2)易泄漏、易挥发的试剂存放设备与地点应保证充足的通风。 (3)试剂柜中不能有电源插座或接线板。 (4)化学品有序分类存放，固体、液体不混乱放置，互为禁忌的化学品不得混放，试剂不得叠放。有机溶剂贮存区应远离热源和火源。装有试剂的试剂瓶不得开口放置。实验台架无挡板不得存放化学试剂。 (5)配备必要的二次泄漏防护、吸附，或防溢流功能	
9.3.3	实验室内存放的危险化学品总量符合规定要求	(1)危险化学品(不含压缩气体和液化气体)原则上不应超过 100 L 或 100 kg，其中易燃易爆化学品的存放总量不应超过 50 L 或 50 kg，且单一包装容器不应大于 20 L 或 20 kg(按 50 m^2 为标准，存放量以实验室面积比考量)。 (2)常年大量使用易燃易爆溶剂或气体必须加装泄漏报警器；贮存部位应加装常时排风装置，或与检测报警联动的排风装置	
9.3.4	化学品标签应显著、完整、清晰	(1)化学品包装物上必须有符合规定的化学品标签。 (2)当化学品由原包装物转移或分装到其他包装物内时，转移或分装后的包装物应及时重新粘贴标识。化学品标签脱落、模糊、腐蚀后应及时补上，如不能确认，则以不明废弃化学品处置	
9.3.5	其他化学品存放问题	(1)装有配制试剂、合成品、样品等的容器上标签信息明确，标签信息包括名称或编号、使用人、日期等。 (2)无使用饮料瓶存放试剂、样品的现象，如果确实需要使用，必须撕去原包装纸，贴上试剂标签。 (3)不使用破损量筒、试管、移液管等玻璃器皿	

续表

序号	检查项目	检查要点	情况记录
9.4	实验操作安全		
9.4.1	制定危险实验、危险化工工艺指导书，各类标准操作规程(SOP)，应急预案	指导书和预案上墙或便于取阅，实验人员熟悉所涉及的危险性及应急处理措施，按照指导书进行实验	
9.4.2	危险化工工艺和装置应设置自动控制和电源冗余设计	(1)涉及危险化工工艺、重点监管危险化学品的反应装置设置自动化控制系统。 (2)涉及放热反应的危险化工工艺生产装置应设置双重电源供电或控制系统配置不间断电源	
9.4.3	做好有毒有害废气的处理和防护	对于产生有毒有害废气的实验，必须在通风柜中进行，并在实验装置尾端配有气体吸收装置，操作者佩戴合适、有效的呼吸防护用具	
9.5	管制类化学品管理		
9.5.1	剧毒化学品执行“五双”管理(即双人验收、双人保管、双人发货、双把锁、双本账)，技防措施符合管制要求	(1)单独存放，不得与易燃物品、易爆物品、腐蚀性物品等一起存放。 (2)有专人管理并做好贮存、领取、发放情况登记，登记资料至少保存1年。 (3)防盗安全门应符合GB 17565—2022的要求，防盗安全级别为乙级(含)以上，防盗锁应符合GA/T 73—2015的要求，防盗保险柜应符合GB 10409—2019《防盗保险柜(箱)》的要求，监控、管控执行公安要求	
9.5.2	易制毒化学品贮存规范，台账清晰	(1)应设置专用贮存区，或者专柜贮存并有防盗措施。 (2)第一类易制毒化学品、药品类易制毒化学品实行双人双锁管理，账册保存期限不少于2年	
9.5.3	易制爆化学品存量合规、双人双锁保管	(1)易制爆化学品存量合规。 (2)存放场所出入口应设置防盗安全门，或存放在专用贮存柜内，贮存场所防盗安全级别应为乙级(含)以上，专用贮存柜应具有防盗功能，符合双人双锁管理要求，台账账册保存期限不少于1年	
9.5.4	麻醉药品和第一类精神药品管理符合“双人双锁”，有专用账册	(1)设立专库或者专柜贮存，专库应当设有防盗设施并安装报警装置，专柜应当使用保险柜，专库和专柜应当实行双人双锁管理。 (2)配备专人管理并建立专用账册，专用账册的保存期限应当自药品有效期期满之日起不少于5年	

续表

序号	检查项目	检查要点	情况记录
9.5.5	爆炸品单独隔离、限量贮存，使用、销毁按照公安部门要求执行	收存和发放民用爆炸物品必须进行登记，做到账目清楚、账物相符	
9.6	实验气体管理		
9.6.1	从合格供应商处采购实验气体，建立气体（气瓶）台账	查看记录	
9.6.2	气体（气瓶）的存放和使用符合相关要求	(1)气体（气瓶）存放点必须通风，远离热源，避免暴晒，地面平整、干燥。 (2)气瓶应合理、固定。 (3)危险气体气瓶尽量置于室外，室内放置应使用常时排风且带监测报警装置的气瓶柜。 (4)气瓶的存放应控制在最小需求量。 (5)涉及有毒、可燃气体的场所，配有通风设施和相应的气体监测和报警装置等，张贴必要的安全警示标识。 (6)可燃性气体与氧气等助燃气体气瓶不得混放。 (7)独立的气体气瓶室应通风、不混放、有监控，有专人管理和记录。 (8)有供应商提供的气瓶定期检验合格标识，无超过检验有效期的气瓶、无超过设计年限的气瓶。 (9)气瓶颜色符合 GB/T 7144—2016《气瓶颜色标志》的规定要求，确认“满、使用中、空瓶”三种状态。 (10)使用完毕，应及时关闭气瓶总阀。 (11)气瓶附件齐全	
9.6.3	较小密封空间使用可引起窒息的气体，必须安装氧含量监测装置，设置必要的气体报警装置	存有大量无毒窒息性压缩气体或液化气体（液氮、液氩）的较小密闭空间，为防止大量泄漏或蒸发导致缺氧，必须安装氧含量监测和报警装置	
9.6.4	气体管路和气瓶连接正确、有清晰标识	管路材质选择合适，无破损或老化现象，定期进行气密性检查；存在多条气体管路的房间必须张贴详细的管路图，管路标识正确	
9.7	实验室化学废弃物的收集、分类和转运		
9.7.1	实验室应设立化学废弃物暂存区	(1)暂存区应远离火源、热源和不相容物质，避免日晒、雨淋，存放两种及以上不相容的实验室危险废物时，应分不同区域存放。 (2)暂存区应有警示标识，并有防遗洒、防渗漏设施或措施	

续表

序号	检查项目	检查要点	情况记录
9.7.2	实验室内必须规范收集化学废弃物	(1)危险废物应按化学特性和危险特性分类收集和暂存。 (2)废弃的化学试剂应存放在原试剂瓶中,保留原标签,并瓶口朝上放入专用固废箱中。 (3)针头等利器必须放入利器盒中收集。 (4)废液应分类装入专用废液桶中,液面不超过容量的3/4。废液桶必须满足耐腐蚀、抗溶剂、耐挤压、抗冲击的要求。 (5)实验室危险废物收集容器上应粘贴危险废物信息标签、警示标志。 (6)严禁将实验室危险废物直接排入下水道,严禁与生活垃圾、感染性废物或放射性废物等混装	
9.7.3	学校应建设化学废弃物贮存站并规范管理	(1)贮存设施、场所应当按照规定设置危险废物识别标志,贮存装置符合GB/T 41962—2022《实验室废弃物存储装置技术规范》的要求,易燃废弃物室外贮存装置的单套内部面积应不大于30 m^2、高应不大于3 m(尺寸误差应不大于10%),并在通风口处设置防火阀,公称动作温度为70 ℃。 (2)贮存站应有具体的管理办法并将贮存站安全运行、实验室危险废物出站转运等日常管理工作落实到相关人员的岗位职责中。 (3)制定意外事故的防范措施和应急预案,并向所在地生态环境主管部门备案	
9.7.4	化学废弃物的转运必须合规	(1)委托有危险废物处置资质的专业厂家集中处置化学废弃物,查看协议。 (2)建立危险废物管理台账,如实记录有关信息,包括种类、产生量、流向、贮存、处置等有关资料。 (3)校外转运之前,贮存站必须妥善管理实验室危险废物,采取有效措施,防止废物的扬散、流失、渗漏或其他环境污染。 (4)转运人员应使用专用运输工具,运输前根据运输废物的危险特性,应携带必要的应急物资和个体防护用具,如收集工具、手套、口罩等。 (5)实验室危险废物的校外转运必须按照国家有关规定填写危险废物电子或者纸质转移联单,任何单位和个人未经许可不得非法转运	

续表

序号	检查项目	检查要点	情况记录
10	生物安全		
10.1	实验室生物安全等级		
10.1.1	开展病原微生物实验研究的实验室，必须具备相应的安全等级资质	BSL-3/ABSL-3、BSL-4/ABSL-4 实验室必须经政府部门批准建设，BSL-1/ABSL-1、BSL-2/ABSL-2 实验室由学校建设后报卫生或农业部门备案	
10.1.2	在相应等级的实验室开展涉及致病性生物因子的实验活动	以国家法律、法规、标准、规范，以及权威机构发布的指南、数据等为依据，对涉及的致病性生物因子进行风险评估，选择对应的实验室安全级别进行致病性病原微生物研究，重点关注：开展未经灭活的高致病性病原微生物（列入一类、二类）相关实验和研究，必须在 BSL-3/ABSL-3、BSL-4/ABSL-4 实验室中进行；开展低致病性病原微生物（列入三类、四类），或经灭活的高致病性感染性材料的相关实验和研究，必须在 BSL-1/ABSL-1、BSL-2/ABSL-2 或以上等级实验室中进行	
10.2	场所与设施		
10.2.1	实验室安全防范设施达到相应生物安全实验室要求，各区域分布合理、气压正常	实验室必须设门禁管理和准入制度，贮存病原微生物的场所或储柜配备防盗设施，BSL-3/ABSL-3 及以上安全等级实验室必须安装监控报警装置	
10.2.2	配有符合相应要求的生物安全设施	（1）BSL-2 以上安全等级实验室必须配有Ⅱ级生物安全柜，ABSL-2 适用时配备，并定期进行检测，B 型生物安全柜必须有正常通风系统。 （2）病原微生物实验室应有可靠和充足的电力供应，配备适用的消防器材、洗眼装置和必要的应急喷淋。 （3）已设传递窗的实验室要保证传递窗功能正常，内部不存放物品；室外排风口应有防风、防雨、防鼠、防虫设计，但不影响气体向上空排放。相关实验室采取有效措施防止昆虫、啮齿动物进入或逃逸，如安装防虫纱窗、挡鼠板等。 （4）生物安全实验室配有压力蒸气灭菌器，按规定要求监测灭菌效果	
10.2.3	场所消毒要保证人员安全	（1）使用紫外灯的生物安全实验室应设安全警示标志，尤其要对紫外灯开关张贴警示标识。 （2）使用紫外灯的生物安全实验室在消毒过程中禁止人员进入。采用紫外加臭氧方式消毒应在消毒时间结束后有一定的排风时间，臭氧消散后人员方可进入	

续表

序号	检查项目	检查要点	情况记录
10.3	病原微生物获取与保管		
10.3.1	使用高致病性病原微生物菌(毒)种,必须办理相应申请和报批手续	(1)从正规渠道获取病原微生物菌(毒)株,学校应有审批流程。 (2)转移和运输高致病病原微生物必须按规定报卫生和农业主管部门批准,并按相应的运输包装要求包装后转移和运输	
10.3.2	高致病性病原微生物菌(毒)种应妥善保存和严格管理	病原微生物菌(毒)种保存在带锁冰箱或柜子中,高致病性病原微生物实行双人双锁管理。有病原微生物菌(毒)种保存、实验使用、销毁的记录	
10.4	人员管理		
10.4.1	开展病原微生物相关实验和研究的人员必须经过专业培训	人员经考核合格,并取得证书	
10.4.2	为从事高致病性病原微生物的工作人员提供适宜的医学评估	实施监测和治疗方案,并妥善保存相应的医学记录。有上岗前体检和离岗体检,长期工作有定期体检	
10.4.3	制定相应的人员准入制度	外来人员进入生物安全实验室必须经负责人批准,并有相关的教育培训、安全防控措施。出现感冒、发热等症状时,不得进行病原微生物实验	
10.5	操作与管理		
10.5.1	制定并采用生物安全手册,有相关标准操作规范	有从事病原微生物相关实验活动的标准操作规范	
10.5.2	开展相关实验活动的风险评估和制定相应的应急预案	开展病原微生物的相关实验活动应有风险评估和应急预案,包括病原微生物及感染材料溢洒和意外事故的书面处置程序	
10.5.3	实验操作合规,安全防护措施合理	(1)在合适的生物安全柜中进行实验操作;不得在超净工作台中进行病原微生物实验。 (2)安全操作高速离心机,防止离心管破损或盖子破裂造成溢洒或气溶胶扩散。 (3)有合适的个体防护措施,禁止戴防护手套操作相关实验以外的设施设备	
10.6	实验动物安全		
10.6.1	实验动物的购买、饲养、解剖等必须符合相关规定	(1)饲养实验动物的场所应有资质证书,实验动物必须从具有资质的单位购买,有合格证明,用于解剖的实验动物必须经过检验检疫合格。 (2)解剖实验动物时,必须做好个人安全防护。 (3)定期组织健康检查	

续表

序号	检查项目	检查要点	情况记录
10.6.2	动物实验按相关规定进行伦理审查,保障动物权益	学校有伦理审查机构,查看伦理审查记录	
10.7	生物实验废物处置		
10.7.1	生物废弃物的中转和处置规范	(1)学校与有资质的单位签约处置感染性废物,有交接记录,形成电子或者纸质台账。 (2)学校有生物废弃物中转站或收集点,生物废物及时收集转运	
10.7.2	生物废弃物与其他类别废物分开,且做好防护和消杀	(1)生物废物应与化学废物、生活垃圾等分开贮存。 (2)实验室内配备生物废物垃圾桶(内置生物废物专用塑料袋),并粘贴专用标签标识。 (3)刀片、移液枪头等尖锐物应使用利器盒或耐扎纸板箱盛放,送贮时再装入生物废物专用塑料袋,贴好标签。 (4)动物实验结束后,动物尸体及组织应做无害化处理,废物彻底灭菌后方可处置。 (5)涉及病原微生物或其他细菌类的生物废物必须进行高温高压灭菌或化学浸泡处理,然后由有资质的公司进行最终处置。 (6)高致病性生物材料废物处置实现溯源追踪	
11	辐射安全与核材料管制		
11.1	资质与人员要求		
11.1.1	辐射工作单位必须取得辐射安全许可证	按规定在放射性核素种类和用量以及射线种类许可范围内开展实验。除已被豁免管理外,射线装置、放射源或者非密封放射性物质应纳入许可证范畴	
11.1.2	辐射工作人员必须经过专门培训,定期参加职业体检	(1)辐射工作人员具有《辐射安全与防护培训合格证书》,或者《生态环境部辐射安全与防护考核通过成绩报告单》。 (2)辐射工作人员按时参加放射性职业体检(2年1次),有健康档案。 (3)辐射工作人员进入实验场所必须佩带个人剂量计,剂量计委托有资质的单位按时进行剂量监测(3个月一次)	
11.1.3	核材料许可证持有单位必须建立专职机构或指定专人负责保管核材料,执行国家法律法规要求。有账目与报告制度,保证账物相符	持有核材料数量达到法定要求的单位必须取得核材料许可证,有负责机构或指定专人负责核材料管制工作,核材料衡算和核安保工作执行国家法律法规要求	

续表

序号	检查项目	检查要点	情况记录
11.2	场所设施与采购运输		
11.2.1	辐射设施和场所应设有警示、连锁和报警装置	(1)放射源贮存库应设“双人双锁”,并有安全报警系统和视频监控系统。 (2)辐照设施设备和射线装置具有能正常工作的安全联锁装置和报警装置,有明显的安全警示标识、警戒线和剂量报警仪	
11.2.2	辐射实验场所每年有合格的实验场所检测报告	查看场所辐射环境监测报告	
11.2.3	放射性物质的转让、转移和运输应按规定报批	(1)放射源和放射性物质转让、转移必须有学校及生态环境部门的审批备案材料,转让、转移前必须先做环境影响评价工作。 (2)放射性物质的转移和运输必须有学校及公安部门的审批备案材料。 (3)放射性物质以及射线装置贮存和使用场所变更应重新开展环境影响评价	
11.3	放射性实验安全及废物处置		
11.3.1	各类放射性装置有符合国家相关规定的操作规程、安保方案及应急预案,并遵照执行	(1)重点关注γ辐照、电子加速器、射线探伤仪、非密封放射性实验操作、V类以上的密封性放射性实验操作。 (2)查看辐射事故应急预案及应急演练记录(每年不少于一次演练)	
11.3.2	放射源及设备报废时有符合国家相关规定的处置方案或回收协议	(1)中、长半衰期核素固液废物有符合国家相关规定的处置方案或回收协议,短半衰期核素固液废弃物放置10个半衰期经检测达标并经审管部门的批准可以作为普通废物处理,并有处置记录。 (2)报废含有放射源或可产生放射性的设备,必须报学校管理部门同意,并按国家规定进行退役处置。X光管报废时应破坏高压设备,拍照留存。 (3)涉源实验场所退役,必须按国家相关规定执行	
11.3.3	放射性废物(源)应严加管理,不得作为普通废物处理,不得擅自处置	(1)相关实验室应当配置专门的放射性废物收集桶;放射性废液送贮前应进行固化整备。 (2)放射性废物应及时送交有资质的放射性废物集中贮存单位贮存。 (3)排放气态或液态放射性流出物应严格按照环评和地方生态环境部门批准的排放量和排放方式执行	
12	机电等安全		
12.1	仪器设备常规管理		

续表

序号	检查项目	检查要点	情况记录
12.1.1	建立设备台账，设备上有资产标签，有明确的管理人员	查看电子或纸质台账	
12.1.2	大型、特种设备的使用必须符合相关规定	大型仪器设备、高功率设备与电路容量相匹配，有设备运行维护记录，有安全操作规程或注意事项	
12.1.3	仪器设备的接地和用电符合相关要求	(1)仪器设备接地系统应按规范要求，采用铜质材料，接地电阻不高于 0.5 Ω。 (2)电脑、空调、电加热器等不随意开机过夜。对于不能断电的特殊仪器设备，采取必要的防护措施(如双路供电、不间断电源、监控报警等)	
12.1.4	特殊设备应配备相应安全防护措施	(1)关注高温、高压、高速运动、电磁辐射等特殊设备，对使用者有培训要求，有安全警示标识和安全警示线(黄色)，设备安全防护措施完好。 (2)非标准设备、自制设备应经安全论证合格后方可使用，必须充分考虑安全系数，并有安全防护措施	
12.2	机械安全		
12.2.1	机械设备应保持清洁、整齐，可靠接地	(1)机床应保持清洁、整齐，严禁在床头、床面、刀架上放置物品。 (2)机械设备可靠接地，实验结束后，应切断电源，整理好场地并将实验用具等摆放整齐，及时清理机械设备产生的废渣、废屑	
12.2.2	操作机械设备时实验人员应做好个体防护	(1)个人防护用品要穿戴齐全，如工作服、工作帽、工作鞋、防护眼镜等。操作冷加工设备必须穿“三紧式”工作服，不能留长发(长发要盘在工作帽内)，禁止戴手套。 (2)进入高速切削机械操作工作场所，穿好工作服工作鞋、戴好防护眼镜、扣紧衣袖口、戴好工作帽(长发学生必须将长发盘在工作帽内)，禁止戴手套、长围巾、领带、手镯等配饰物，禁穿拖鞋、高跟鞋等。设备运转时严禁用手调整工件	
12.2.3	铸锻及热处理实验应满足场地和防护要求	(1)铸造实验场地宽敞、通道畅通，使用设备前，操作者要按要求穿戴好防护用品。 (2)盐浴炉加热零件必须预先烘干，并用铁丝绑牢，缓慢放入炉中，以防盐液炸崩烫伤。 (3)淬火油槽不得有水，油量不能过少，以免发生火灾。 (4)与铁水接触的一切工具，使用前必须加热，严禁将冷的工具伸入铁水内，以免引起爆炸。 (5)不得空打锻压设备，或大力敲打过薄锻件，锻造时锻件应达到 850 ℃以上，锻锤空置时应垫有木块	

续表

序号	检查项目	检查要点	情况记录
12.2.4	高空作业应符合相关操作规程	(1)在坠落高度基准面 2 m 及以上有可能坠落的高处进行作业,必须穿防滑鞋、佩戴安全帽、使用安全带。 (2)临边作业必须在临空一侧设置防护栏杆,有相关安全操作规程	
12.3	电气安全		
12.3.1	电气设备的使用应符合用电安全规范	(1)各种电器设备及电线应始终保持干燥,防止浸湿,以防短路引起火灾或烧坏电气设备。 (2)实验室内的功能间墙面都应设有专用接地母排,并设有多点接地引出端。 (3)高压、大电流等强电实验室要设定安全距离,按规定设置安全警示牌、安全信号灯、联动式警铃、门锁,有安全隔离装置或屏蔽遮栏(由金属制成,并可靠接地,高度不低于 2 m)。 (4)控制室(控制台)应铺橡胶、绝缘垫等。 (5)强电实验室禁止存放易燃品、易爆品、易腐品,保持通风散热。 (6)应为设备配备残余电流泄放专用的接地系统。 (7)禁止在有可燃气体泄漏隐患的环境中使用电动工具;电烙铁有专门搁架,用毕立即切断电源。 (8)强磁设备应配备与大地相连的金属屏蔽网	
12.3.2	操作电气设备应配备合适的防护器具	强电类高电压实验必须两人(含)以上,操作时应戴绝缘手套;防护器具按规定进行周期试验或定期更换;静电场所,要保持空气湿润,工作人员要穿戴防静电服、手套和鞋靴	
12.4	激光安全		
12.4.1	激光实验室配有完备的安全屏蔽设施	功率较大的激光器有互锁装置、防护罩,激光照射方向不会对他人造成伤害,防止激光发射口及反射镜上扬	
12.4.2	激光实验时必须佩戴合适的个体防护用具	操作人员穿戴防护眼镜等防护用品,不带手表等能反光的物品,禁止直视激光束和它的反向光束,禁止对激光器件做任何目视准直操作,禁止用眼睛检查激光器故障,激光器必须在断电情况下进行检查	
12.4.3	警告标识	所有激光区域内张贴警告标识	

续表

序号	检查项目	检查要点	情况记录
12.5	粉尘安全		
12.5.1	粉尘爆炸危险场所，应选用防爆型的电气设备	(1)防爆灯、防爆电气开关，导线敷设应选用镀锌管，必须达到整体防爆要求。 (2)粉尘加工要有除尘装置，除尘器符合防静电安全要求，除尘设施应有阻爆、隔爆、泄爆装置，使用工具具有防爆功能或不产生火花	
12.5.2	产生粉尘的实验场所，必须穿戴合适的个体防护用具	粉尘爆炸危险场所应穿防静电服，禁止穿化纤材料制作的衣服，工作时必须佩戴防尘口罩和护耳器	
12.5.3	确保实验室粉尘浓度在爆炸极限以下，并配备灭火装置	粉尘浓度较高的场所，适当配备加湿装置；配备合适的灭火装置	
13	特种设备与常规冷热设备		
13.1	起重类设备		
13.1.1	达到《特种设备目录》中起重机械指标的起重设备必须取得《特种设备使用登记证》	额定起重量大于或者等于 0.5 t 的升降机、额定起重量大于或者等于 3 t 且提升高度大于或者等于 2 m 的起重机(或额定起重力矩大于或者等于 40 t·m 的塔式起重机，或生产率大于或者等于 300 t/h 的装卸桥)、层数大于或者等于 2 层的机械式停车设备均必须取得《特种设备使用登记证》	
13.1.2	起重机械作业人员、检验单位必须有相关资质	(1)起重机指挥、起重机司机必须取得相应的《特种设备安全管理和作业人员证》，持证上岗，并每 4 年复审一次。 (2)委托有资质单位进行定期检验，并将定期检验合格证置于特种设备显著位置	
13.1.3	起重机械必须定期保养，设置警示标识，安装防护设施	(1)在用起重机械至少每月进行一次日常维护保养和自行检查，并做记录。 (2)制定安全操作规程，并在周边醒目位置张贴警示标识，有必要的安全距离和防护措施。 (3)起重设备声光报警正常，室内起重设备应标有运行通道。 (4)废弃不用的起重机械应及时拆除	

续表

序号	检查项目	检查要点	情况记录
13.2	压力容器		
13.2.1	压力容器使用登记、相关人员资格	(1)盛装气体或者液体、承载一定压力的密闭设备,其范围规定为最高工作压力大于或者等于 0.1 MPa(表压)的气体、液化气体,最高工作温度高于或者等于标准沸点的液体、容积大于或者等于 30 L 且内直径(非圆形截面指截面内边界最大几何尺寸)大于或者等于 150 mm 的固定式容器和移动式容器,以及氧舱,必须取得《特种设备使用登记证》。设备铭牌上标明为简单压力容器的则不需办理(气瓶的安全检查要点见 9.6)。 (2)快开门式压力容器操作人员、移动式压力容器充装人员、氧舱维护保养人员、特种设备安全管理员应取得相应的《特种设备安全管理和作业人员证》,持证上岗,并每 4 年复审一次	
13.2.2	压力容器定期检验	(1)委托有资质单位进行定期检验,并将定期检验合格证置于特种设备显著位置。 (2)安全阀或压力表等附件必须委托有资质单位定期校验或检定	
13.2.3	压力容器使用管理	(1)设置安全管理机构,配备安全管理负责人、安全管理人员和作业人员,建立各项安全管理制度,制定操作规程。 (2)实验室应经常巡回检查,发现异常及时处理,并做记录。 (3)建立压力容器自行检查制度,对压力容器本体及其安全附件、装卸附件的安全保护装置、测量调控装置、附属仪器仪表进行经常性维护保养,每月至少进行 1 次月度检查,每年至少进行 1 次年度检查,并做记录。 (4)简单压力容器也应建立设备安全管理档案。 (5)盛装可燃、爆炸性气体的压力容器,其电气设施应防爆,电器开关和熔断器都应设置在明显位置。室外放置大型气罐应注意防雷	
13.2.4	压力容器的使用年限及报废	达到设计使用年限的压力容器应及时报废(未规定设计使用年限,但是使用超过 20 年的压力容器视为达到使用年限),如若超期使用,则必须进行检验和安全评估	
13.3	场(厂)内专用机动车辆		
13.3.1	场(厂)内专用机动车辆必须取得《特种设备使用登记证》	校园内使用的专用机动车辆必须取得《特种设备使用登记证》	

续表

序号	检查项目	检查要点	情况记录
13.3.2	作业人员取得相应的《特种设备安全管理和作业人员证》,持证上岗	作业人员取得相应的《特种设备安全管理和作业人员证》,证书在有效期内	
13.3.3	委托有资质单位进行定期检验	合格证在有效期内	
13.4	加热及制冷装置管理		
13.4.1	贮存危险化学品的冰箱满足防爆要求	贮存危险化学品的冰箱应为防爆冰箱或经过防爆改造的冰箱,并在冰箱门上注明是否防爆	
13.4.2	冰箱内存放的物品必须标识明确,试剂必须可靠、密封	(1)标识至少包括名称、使用人、日期等,并经常清理。 (2)实验室冰箱中试剂瓶螺口拧紧,无开口容器,不得放置非实验用食品、药品。超低温冰箱门上有储物分区标识,置于走廊等区域的超低温冰箱必须上锁	
13.4.3	冰箱、烘箱、电阻炉的使用满足使用期间和空间等要求	(1)冰箱不超期使用(一般使用期限控制为10年),如超期使用必须经审批。 (2)冰箱周围留出足够空间,周围不堆放杂物,不影响散热。 (3)烘箱、电阻炉不超期使用(一般使用期限控制为12年),如果超期使用,则必须经审批。 (4)加热设备应放置在通风干燥处,不直接放置在木桌、木板等易燃物品上,周围有一定的散热空间,设备旁不能放置易燃易爆化学品、气瓶、冰箱、杂物等,应远离配电箱、插座、接线板等设备	
13.4.4	烘箱、电阻炉等加热设备必须制定安全操作规程	(1)加热设备周边醒目位置张贴有高温警示标识,并有必要的防护措施,张贴有安全操作规程、警示标识。 (2)烘箱等加热设备内不准烘烤易燃易爆试剂及易燃物品。 (3)不得使用塑料筐等易燃容器盛放实验物品在烘箱等加热设备内烘烤。 (4)使用烘箱完毕,清理物品、切断电源,确认其冷却至安全温度后方能离开。 (5)使用电阻炉等明火设备时有人值守。 (6)使用加热设备时,温度较高的实验必须有人值守或有实时监控措施	
13.4.5	使用明火电炉或者电吹风必须有安全防范举措	(1)涉及化学品的实验室不使用明火电炉。如果必须使用,则必须有安全防范措施。 (2)不使用明火电炉加热易燃易爆试剂。 (3)明火电炉、电吹风、电热枪等用毕,必须及时拔除电源插头。 (4)不可用纸质、木质等材料自制红外灯烘箱	

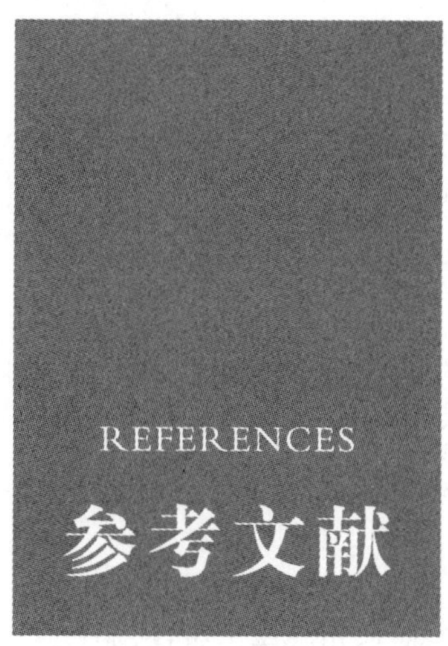

REFERENCES

参考文献

[1] 王永红，钟国伦. 有机化学实验室安全隐患分析和安全管理对策思考[J]. 科技信息，2014(12):64-65.

[2] 孙岩，李世洪，钟华. CNAS 认可化学实验室安全设施配置与管理[J]. 化工管理，2015(21):42,44.

[3] 汪秋安，范华芳，廖头根. 有机化学实验室技术手册[M]. 北京：化学工业出版社，2012.

[4] 柯丁宁，高尚，王凯，等. 高校化学类实验室安全设施设计探索与实践[J]. 实验技术与管理，2020,37(1):284-286.

[5] 吴阳. 高校化学实验室常见安全隐患及防范要求[J]. 河南教育：高教版(中)，2022(10):51-53.

[6] 余振国，罗梦婷，陈飞飞，等. 浅谈高校基础化学实验室安全隐患与应急处理——以无机化学实验室为例[J]. 科教导刊(电子版)，2023(6)：284-286.

[7] B Wang, C Wu, G Reniers, et al. The future of hazardous chemical safety in China: Opportunities, problems, challenges and tasks[J]. Netherlands: Science of the Total Environment. 2018(DECa1):1-11.

[8] R J Wang, K L Xu, Y Y Xu, et al. Study on prediction model of hazardous chemical accidents[J]. Netherlands:Journal of Loss Prevention in the Process Industries. 2020, 66:104183.

[9] 韩志跃. 危险化学品概论及应用[M]. 天津：天津大学出版社，2018.

[10] 梅庆慧，王红松，丁晓阳. 化学品危害性分类与信息传递和危险货物安全法规[M]. 上海：华东理工大学出版社，2018.

[11] 朱兆华，姜松，高汛. 危险化学品储运安全管理[M]. 徐州：中国矿业大学出版社，2010.

[12] 李婷婷,武子敬. 实验室化学安全基础[M]. 成都:电子科技大学出版社, 2016.
[13] 谢静,付凤英,朱香英. 高校化学实验室安全与基本规范[M]. 武汉:中国地质大学出版社, 2014.
[14] 蔡炳新,陈贻文. 基础化学实验[M]. 北京:科学出版社,2001.
[15] 北京大学化学与分子工程学院实验室安全技术教学组. 化学实验室安全知识教程[M]. 北京:北京大学出版社,2012.
[16] 宋志军,王天舒. 图说高校实验室安全[M]. 杭州:浙江工商大学出版社,2017.
[17] 孟敏. 实验室安全管理教育指导[M]. 西安:西北农林科技大学出版社,2020.
[18] 鲁登福,朱启军,龚跃法. 化学实验室安全与操作规范[M]. 武汉:华中科技大学出版社,2021.
[19] 施盛江. 高校实验室安全准入教育[M]. 北京:航空工业出版社,2021.
[20] 敖天其,金永东. 实验室建设与管理工作研究[M]. 成都:四川大学出版社,2021.
[21] 刘海峰,曾晖,李瑞. 化工实践实验室安全手册[M]. 广州:中山大学出版社,2020.
[22] 陆紫生. 高校实验室安全技术概论及多级立体管理制度体系[M]. 上海:上海交通大学出版社,2020.
[23] 蔡乐. 高等学校化学实验室安全基础[M]. 北京:化学工业出版社,2018.
[24] 杨世芳. 化工分离工程实验[M]. 北京:科学出版社,2017.
[25] 刘延超. 化工生产危险化学反应及安全技术探讨[J]. 科技创新与应用,2019 (23): 149-150.
[26] 林启凰,林聪炜,叶廷秀,等. 可远程控制的安全化学反应装置的创新研究及应用[J]. 应用化工,2018 (06):1267-1269,1273.
[27] 张钧. 化学反应工艺的安全对策[J]. 石油化工安全环保技术,1999 (02):35-38.
[28] 王立进. 化工工艺的风险识别与安全评价[J]. 化学工程与装备,2022,309 (10): 251-252.
[29] 林羿潇. 化工安全与环境保护重要性分析[J]. 化工管理,2019 (36):96-97.
[30] 王治泽,牛贵洋. 实验室用危险化学品的管理及废弃物处置[J]. 化工管理, 2016 (5):259.
[31] 徐烜峰,李维红,边磊,等. 高等院校化学实验室废弃物问题的思考[J]. 大学化学, 2018, 33(4):41-45.
[32] 金雪明,蒋芸. 高校化学实验室废弃物安全管理研究[J]. 实验教学与仪器, 2018 (10):72-73,80.
[33] 冯建跃. 高校实验室安全工作参考手册[M]. 北京:中国轻工业出版社,2019.
[34] 鲁登福,朱启军,龚跃法. 化学实验室安全与操作规范[M]. 武汉:华中科技大学出版社,2021.
[35] 孙建之,王敦青,杨敏. 化学实验室安全基础[M]. 北京:化学工业出版社,2021.
[36] 黄晓琴. 无机及分析化学[M]. 武汉:华中师范大学出版社,2015.
[37] 周健民,沈仁芳. 土壤学大辞典[M]. 北京:科学出版社,2013.

[38] 章诒学. 原子吸收光谱仪器发展现状探究[J]. 光谱仪器与分析,2006,Z1:27-32.

[39] 李昌厚. 原子吸收分光光度计仪器及应用[M]. 北京:科学出版社,2006.

[40] 冯念伦,孙铁军,刘玲铃. 原子吸收光谱分析仪器原理及组成[J]. 医疗卫生装备,2006(11):62-63.

[41] J A C Broekaert,姚建明. 原子吸收光谱仪器:商品介绍[J]. 分析试验室,1983(06):84-92.

[42] 王桂友,臧斌,顾昭. 质谱仪技术发展与应用[J]. 现代科学仪器,2009(06):124-128.

[43] 梁翠玲. 浅谈实验室气相色谱仪的使用与维护[J]. 化工管理,2016(36): 44.

[44] 李军. 气相色谱仪的使用及其常见故障分析[J]. 科技资讯, 2016, 14(04): 48-49.

[45] 徐辉. 气相色谱法与液相色谱法测定地下水样品中 10 种有机污染物的研究[D]. 长春:吉林大学, 2013.

[46] 杨远高. 高效液相色谱法在几种中草药中的应用研究[D]. 重庆:西南大学, 2013.

[47] 孙会敏,田颂九. 高效液相色谱法简介及其在药品检验中的应用[J]. 齐鲁药事, 2011, 30(1):38-42.

[48] 章斐. 热分析仪器的气密性问题及检漏方法[J]. 实验技术与管理,2012,29(01):36-39.

[49] 刘长起,王学华. 热分析仪器使用过程中应注意的问题[J]. 中国铸造装备与技术,2007(01):15-16.

[50] 凌妍,钟娇丽,唐晓山,等. 扫描电子显微镜的工作原理及应用[J]. 山东化工,2018,47(09):78-79,83.

[51] 陈木子,高伟建,张勇,等. 浅谈扫描电子显微镜的结构及维护[J]. 分析仪器,2013(04):91-93.

[52] 百度文库:http://wenku. baidu. com/.

[53] 超星学习通:https://m. chaoxing. com/ebook/.

[54] 百度百科:https://baike. baidu. com/.

[55] 仪器信息网:https://www. instrument. com. cn.